新华三数字化技术人才培养系列丛书
1+X 证书系列教材

大数据平台运维（中级）

新华三技术有限公司　主　编
李　涛　汤　徽　刘朝晖　于　鹏
陈永波　张　毅　梁同乐　陈　觎　　参　编
任越美　王　宇　何颂颂　王　涛　（排名不分先后）
李　涛　俞　涵　李　静

电子工业出版社
Publishing House of Electronics Industry
北京·BEIJING

内 容 简 介

本书为"1+X"职业技能等级证书配套教材，按国家 1+X 证书制度试点大数据平台运维职业技能等级标准编写。本书从大数据平台运维工程师的角度，由浅入深、全方位地介绍了大数据平台运维的相关实践知识和核心实操。本书共六部分，包括 21 章：第一部分，大数据平台架构，涉及大数据的特点及发展趋势、大数据的实施和运维流程、大数据的应用场景与案例；第二部分，大数据平台高可用（HA）集群部署，涉及 Hadoop 集群基础环境的配置、Hadoop HA 集群的配置、Hadoop HA 集群的启动；第三部分，大数据组件的维护，涉及 HBase 组件的维护、Hive 组件的维护、ZooKeeper 组件的维护、ETL 组件的维护、Spark 组件的维护；第四部分，大数据平台优化，涉及 Linux 系统优化、HDFS 配置优化、MapReduce 配置优化、Spark 配置优化；第五部分，大数据平台的诊断与处理，涉及 Hadoop 及生态圈组件负载均衡的诊断与处理、集群节点故障的诊断与处理、集群组件服务故障的诊断与处理；第六部分，大数据平台项目综合案例，涉及数据仓库运维项目实战、金融行业运维项目实战、典型大数据平台监控运维项目实战。

本书可作为中职院校和高职院校大数据及计算机类相关专业的教材，也可作为大数据平台运维人员的参考用书。

未经许可，不得以任何方式复制或抄袭本书之部分或全部内容。
版权所有，侵权必究。

图书在版编目（CIP）数据

大数据平台运维：中级 / 新华三技术有限公司主编. —北京：电子工业出版社，2021.4
ISBN 978-7-121-41030-7

Ⅰ. ①大… Ⅱ. ①新… Ⅲ. ①数据处理－高等职业教育－教材 Ⅳ. ①TP274

中国版本图书馆 CIP 数据核字（2021）第 071457 号

责任编辑：胡辛征　　　　特约编辑：田学清
印　　刷：三河市鑫金马印装有限公司
装　　订：三河市鑫金马印装有限公司
出版发行：电子工业出版社
　　　　　北京市海淀区万寿路 173 信箱　　邮编：100036
开　　本：787×1092　1/16　印张：18.25　字数：489.7 千字
版　　次：2021 年 4 月第 1 版
印　　次：2025 年 1 月第 8 次印刷
定　　价：69.80 元

凡所购买电子工业出版社图书有缺损问题，请向购买书店调换。若书店售缺，请与本社发行部联系，联系及邮购电话：（010）88254888，88258888。
质量投诉请发邮件至 zlts@phei.com.cn，盗版侵权举报请发邮件至 dbqq@phei.com.cn。
本书咨询联系方式：（010）88254361，hxz@phei.com.cn。

前 言

职业教育的发展对教材的内容提出了更高的要求，特别是在《国家职业教育改革实施方案》中提出"要落实立德树人根本任务，深化专业、课程、教材改革，提升实习实训水平，努力实现职业技能和职业精神培养高度融合。"，要求教材的内容既要符合教师对知识要点的讲解要求，又要能够适应学徒制、双师型等人才培养模式的要求，还要满足"1+X"认证的特点。大数据运维人才是当前社会的紧缺人才，本书对于填补当前大数据运维人才培养的空缺是十分及时的。本书按照国家对相关企业和高职院校编制专业认证教学标准编写，形成高水平、高质量的职业技能认证标准，能够更好地指导大数据采集、分析、平台运维等职业技能的人才培养。

移动互联网、云计算、物联网等信息技术产业的发展日新月异，信息传输、存储、处理能力快速提升，每天的数据量都在以指数级的速度递增。数据的生产模式带来了数据处理方式的革命，传统的数据采集、加工、处理方式已无法满足当下对数据时效性、海量性、精确性的要求。大数据和人工智能的广泛应用，使数据来源更加广泛。另外，数据结构的多元异构、数据处理技术日益复杂等都给数据运维带来了挑战。数据运维不同于传统的IT运维，其运维工程师不仅要掌握大数据平台维护管理的技巧，利用监控分析工具掌握大数据系统的运行状态，还要具备分析运维日志并通过运维数据挖掘客户价值的能力。

随着各行各业向数字化应用的转型，对于大数据运维人才，不但需求量大，而且要求高，高、中、低层次的运维人才都呈现出了供不应求的状态。在这样的契机下，特别是在国家"新基建"战略的推动下，大数据领域将迎来建设高峰和投资良机。新华三大学结合一线专业教师，共同编撰了本套教材。本套教材紧跟大数据行业发展，按照"以岗位能力为课程目标，以工作过程为课程模块，以实训项目为课程内容，以最新技术为课程视野，以职业能力为课程核心"的要求，对接职业资格标准，重新对课程进行分析定位，进而制定有效、合理的课程标准。通过学习这套教材，读者可以了解Hadoop核心组件的功能配置及工作原理，熟悉常用系统性能诊断工具及集群监控管理工具，掌握大数据平台的安装和配置与大数据平台的优化策略和方法。

本套教材均以培养大数据平台运维能力为中心，将职业认证资源课程化，构建了一系列资格认证等级标准，分初级、中级、高级三个难度级别，读者可以根据学习进度选择对应的难度级别并完成认证，实现技术技能的阶梯式提升。

本书共六部分，包括 21 章，内容包括大数据平台架构、大数据平台高可用（HA）集群部署、大数据组件（HBase、Hive、ZooKeeper、ETL、Spark）的维护、大数据平台优化、大数据平台的诊断与处理、大数据平台项目综合案例。

教师可发邮件至邮箱 Pub.xqhz@h3c.com 获取教学基本资源。

由于编者水平有限，书中疏漏之处在所难免，希望广大读者提供宝贵意见。

编者

目 录

第一部分 大数据平台架构

第1章 大数据的特点及发展趋势 2
- 1.1 大数据平台架构概述 2
  - 1.1.1 大数据的概念 2
  - 1.1.2 大数据的特征 3
  - 1.1.3 大数据的处理流程及相关技术 4
  - 1.1.4 大数据平台架构的特点 5
- 1.2 大数据平台架构的原理 5
- 1.3 大数据的发展历程 6
  - 1.3.1 大数据的具体发展过程 6
  - 1.3.2 大数据技术的具体发展历程 7
- 1.4 大数据的发展趋势 8
  - 1.4.1 大数据技术面临的挑战 8
  - 1.4.2 大数据应用的发展趋势 10
- 1.5 本章小结 11

第2章 大数据的实施和运维流程 12
- 2.1 大数据实施和运维工程师的工作职责 12
  - 2.1.1 大数据职位体系 12
  - 2.1.2 大数据实施工程师的工作职责 14
  - 2.1.3 大数据运维工程师的工作职责 15
- 2.2 大数据实施和运维工程师的工作能力素养要求 15
  - 2.2.1 大数据实施工程师的工作能力素养要求 15
  - 2.2.2 大数据运维工程师的工作能力素养要求 16
- 2.3 大数据项目实施的工作流程 18
  - 2.3.1 大数据项目规划阶段 18
  - 2.3.2 大数据项目数据治理阶段 19
  - 2.3.3 大数据项目设计阶段 20
  - 2.3.4 大数据项目数据应用阶段 21
  - 2.3.5 大数据项目迭代实施与应用推广阶段 22
- 2.4 大数据运维的日常工作 23
  - 2.4.1 应急处置 23
  - 2.4.2 故障报告 24
  - 2.4.3 故障检查 24
  - 2.4.4 故障诊断 25
  - 2.4.5 故障测试与修复 25
- 2.5 本章小结 26

第3章 大数据的应用场景与案例 27
- 3.1 大数据平台架构的典型行业应用场景 27
  - 3.1.1 医疗行业的应用 27
  - 3.1.2 金融行业的应用 28
  - 3.1.3 零售行业的应用 29
  - 3.1.4 地产行业的应用 29
  - 3.1.5 农业的应用 30
  - 3.1.6 政务和智慧城市的应用 30
  - 3.1.7 教育行业的应用 30
  - 3.1.8 环境行业的应用 30
- 3.2 大数据平台架构的典型企业应用场景 30
  - 3.2.1 舆情分析 31
  - 3.2.2 商业智能 31
- 3.3 Hadoop生态圈中行业应用的典型实战案例 32
  - 3.3.1 电信行业——中国移动基于Hadoop的大数据应用 32
  - 3.3.2 金融行业——VISA公司的Hadoop应用案例 33
  - 3.3.3 电商行业——eBay网站的Hadoop应用案例 33
- 3.4 Hadoop生态圈中企业应用的典型实战案例 33
  - 3.4.1 新华三大数据集成平台在大地影院的应用案例背景 33
  - 3.4.2 大地的应用案例的用户痛点分析 34
  - 3.4.3 大地的应用案例的项目需求 34
  - 3.4.4 大地的应用案例的数据构成 34
  - 3.4.5 大地的应用案例的技术方案设计与实现 34

3.4.6 大地的应用案例系统核心组件
（H3C 数据集成组件）简介 ···· 36

3.4.7 大地的应用案例的系统
优势及成效·················· 36

3.5 本章小结························· 36

第二部分　大数据平台高可用（HA）集群部署

第 4 章　Hadoop 集群基础环境的配置···· 38
  4.1 Hadoop 集群概述·················· 38
    4.1.1 Hadoop 集群的核心组件······ 38
    4.1.2 Hadoop 集群的网络拓扑
         结构······················ 40
  4.2 平台系统的环境设置··············· 41
    4.2.1 Linux 系统环境配置·········· 41
    4.2.2 创建 hadoop 用户············ 43
  4.3 Linux 防火墙···················· 43
    4.3.1 Linux 防火墙的种类与特点···· 44
    4.3.2 Linux 防火墙管理············ 45
  4.4 SELinux························· 47
    4.4.1 SELinux 简介··············· 47
    4.4.2 SELinux 的功能············· 47
    4.4.3 SELinux 的配置············· 47
    4.4.4 关闭集群中的 SELinux······· 47
  4.5 配置集群主机之间时钟同步···· 48
    4.5.1 直接同步··················· 48
    4.5.2 平滑同步··················· 49
  4.6 SSH 无密码登录·················· 50
    4.6.1 生成 SSH 密钥·············· 50
    4.6.2 交换 SSH 密钥·············· 51
    4.6.3 验证 SSH 无密码登录········ 52
  4.7 Java 环境变量配置················ 52
    4.7.1 JDK 功能简介··············· 52
    4.7.2 下载 JDK 安装包············ 53
    4.7.3 JDK 的安装与环境变量配置··· 53
  4.8 Hadoop 的安装与配置············· 54
    4.8.1 获取 Hadoop 安装包········· 54
    4.8.2 安装 Hadoop 软件·········· 54
  4.9 本章小结························· 55

第 5 章　Hadoop HA 集群的配置········· 56
  5.1 Hadoop HA 集群的特点·········· 56
  5.2 Hadoop HA 集群的实现原理······ 57
    5.2.1 HDFS HA 的实现原理········ 57
    5.2.2 YARN HA 的实现原理········ 58
  5.3 ZooKeeper 的特点················ 58
    5.3.1 ZooKeeper 的功能原理······· 58
    5.3.2 ZooKeeper 集群节点组成····· 59

    5.3.3 ZooKeeper 的同步机制······· 60
    5.3.4 ZooKeeper 的选举机制······· 60
  5.4 ZooKeeper HA 集群··············· 61
    5.4.1 在 master 节点上安装
         部署 ZooKeeper············ 61
    5.4.2 在 master 节点上配置
         ZooKeeper 文件参数········ 61
    5.4.3 分发 ZooKeeper 给 slave1 节点
         和 slave2 节点············· 62
  5.5 Hadoop HA 集群的文件参数···· 64
    5.5.1 在 master 节点上配置
         Hadoop HA 集群的文件参数··· 64
    5.5.2 分发 hadoop 相关文件给
         slave1 节点和 slave2 节点··· 68
  5.6 JournalNode 服务················· 69
    5.6.1 JournalNode 服务的原理····· 69
    5.6.2 启动 JournalNode 服务······ 70
  5.7 本章小结························· 70

第 6 章　Hadoop HA 集群的启动········· 71
  6.1 HDFS 的格式化··················· 71
    6.1.1 active NameNode 的格式化
         和启动···················· 71
    6.1.2 standby NameNode 的格式化
         和启动···················· 72
    6.1.3 格式化 ZKFC··············· 73
  6.2 Hadoop HA 集群的启动流程···· 73
    6.2.1 启动 HDFS················· 73
    6.2.2 启动 YARN················· 74
    6.2.3 启动 MapReduce 的
         历史服务器··············· 75
  6.3 启动后验证······················· 75
    6.3.1 查看进程··················· 75
    6.3.2 查看端口··················· 76
    6.3.3 运行测试··················· 77
  6.4 Hadoop HA 集群的主备切换···· 78
    6.4.1 Hadoop HA 集群的切换
         机制······················ 78
    6.4.2 手动切换测试··············· 79
    6.4.3 自动切换测试··············· 79
  6.5 本章小结························· 81

第三部分　大数据组件的维护

第 7 章　HBase 组件的维护 ………… 84
　7.1　NoSQL 与传统 RDBMS 的
　　　差异 ………………………………… 84
　　　7.1.1　传统 RDBMS 及其
　　　　　　应用场景 ……………………… 84
　　　7.1.2　NoSQL 简介 ………………… 85
　7.2　HBase 组件的原理 ……………… 86
　　　7.2.1　HBase 简介 ………………… 86
　　　7.2.2　HBase 的体系结构 ………… 86
　7.3　HBase 的分布式部署 …………… 87
　　　7.3.1　HBase 集群环境准备 ……… 87
　　　7.3.2　HBase 的分布式安装 ……… 88
　7.4　HBase 库/表管理 ………………… 90
　　　7.4.1　HBase 库管理 ……………… 90
　　　7.4.2　HBase 表管理 ……………… 91
　7.5　HBase 数据操作 ………………… 93
　　　7.5.1　基础操作 …………………… 93
　　　7.5.2　模糊查询 …………………… 94
　　　7.5.3　批量导入/导出 ……………… 95
　7.6　HBase 错误恢复 ………………… 97
　7.7　退出 HBase 库 …………………… 98
　7.8　卸载 HBase 库 …………………… 98
　7.9　本章小结 ………………………… 98

第 8 章　Hive 组件的维护 …………… 99
　8.1　Hive 的架构 ……………………… 99
　　　8.1.1　Hive 简介 …………………… 99
　　　8.1.2　Hive 的数据类型 …………… 100
　8.2　分布式部署 Hive ………………… 101
　　　8.2.1　环境需求 …………………… 101
　　　8.2.2　MySQL 的安装与启动 …… 102
　　　8.2.3　配置 Hive 参数 …………… 103
　　　8.2.4　Beeline CLI 远程访问 Hive … 105
　8.3　Hive 库操作 ……………………… 106
　8.4　Hive 表操作 ……………………… 107
　　　8.4.1　创建表 ……………………… 107
　　　8.4.2　查看与修改表 ……………… 108
　　　8.4.3　删除表和退出 Hive ………… 108
　8.5　Hive 数据操作 …………………… 109
　　　8.5.1　数据导入 …………………… 109
　　　8.5.2　查询 ………………………… 110
　8.6　Hive 宕机恢复 …………………… 111
　　　8.6.1　数据备份 …………………… 111
　　　8.6.2　基于 HDFS 的数据恢复 …… 112
　　　8.6.3　基于 MySQL 元数据
　　　　　　生成表结构 …………………… 112
　8.7　退出和卸载 Hive 组件 ………… 115
　　　8.7.1　退出 Hive …………………… 115
　　　8.7.2　卸载 Hive …………………… 115
　8.8　本章小结 ………………………… 115

第 9 章　ZooKeeper 组件的维护 … 116
　9.1　ZooKeeper 基础 ………………… 116
　　　9.1.1　ZooKeeper 简介 …………… 116
　　　9.1.2　ZooKeeper 中的重要概念 … 117
　9.2　ZooKeeper 的功能及其优点
　　　和局限性 ………………………… 117
　　　9.2.1　ZooKeeper 的功能 ………… 117
　　　9.2.2　ZooKeeper 的优点 ………… 118
　　　9.2.3　ZooKeeper 的局限性 ……… 118
　9.3　ZooKeeper 的架构 ……………… 118
　9.4　ZooKeeper 仲裁模式 …………… 119
　9.5　配置 ZooKeeper ………………… 120
　9.6　配置 ZooKeeper 集群 …………… 120
　　　9.6.1　集群环境准备 ……………… 120
　　　9.6.2　ZooKeeper 集群的安装 …… 121
　9.7　Zookeeper 集群的决策选举 …… 122
　9.8　ZooKeeper 组件管理 …………… 123
　　　9.8.1　JMX 管理框架 ……………… 123
　　　9.8.2　ZooKeeper Shell 操作 …… 125
　9.9　本章小结 ………………………… 127

第 10 章　ETL 组件的维护 ………… 128
　10.1　Sqoop 概述与架构 …………… 128
　　　10.1.1　Sqoop 概述 ……………… 128
　　　10.1.2　Sqoop 的架构 …………… 129
　10.2　Flume 概述与架构 …………… 130
　　　10.2.1　Flume 概述 ……………… 130
　　　10.2.2　Flume 的架构 …………… 130
　10.3　Kafka 概述与架构 …………… 131
　　　10.3.1　Kafka 概述 ……………… 131
　　　10.3.2　Kafka 的架构 …………… 132
　10.4　Sqoop 导入数据 ……………… 133
　10.5　Sqoop 导出数据 ……………… 134
　10.6　修改控制 Sqoop 组件的
　　　　参数 ……………………………… 134
　10.7　Flume 组件代理配置 ………… 136
　10.8　Flume 组件的数据获取 ……… 137

10.9 Flume 组件管理 …… 137
10.10 Kafka 组件的部署 …… 138
10.11 Kafka 组件的验证部署 …… 139
10.12 Kafka 组件的数据处理 …… 140
10.13 本章小结 …… 141

第 11 章 Spark 组件的维护 …… 142
11.1 Spark 概述与架构 …… 142
11.1.1 Spark 概述 …… 142
11.1.2 Spark 的架构 …… 144
11.2 Spark 的工作原理 …… 146
11.3 Scala 的安装部署 …… 148
11.3.1 Scala 简介 …… 148
11.3.2 Scala 的安装 …… 148
11.4 安装 Spark …… 149
11.4.1 Spark 模式介绍 …… 149
11.4.2 Spark 的安装部署 …… 151
11.5 修改 Spark 参数 …… 154
11.5.1 Spark 属性 …… 154
11.5.2 环境变量 …… 155
11.5.3 Spark 日志 …… 156
11.5.4 覆盖配置目录 …… 156
11.6 Spark Shell 编程 …… 156
11.6.1 Spark Shell 概述 …… 156
11.6.2 Spark Shell 操作 …… 156
11.7 Spark 的基本管理 …… 158
11.8 本章小结 …… 160

第四部分 大数据平台优化

第 12 章 Linux 系统优化 …… 162
12.1 Linux 系统优化工具 …… 162
12.1.1 free 命令 …… 162
12.1.2 top 命令 …… 163
12.2 优化 Linux 系统的内存 …… 164
12.2.1 将 hadoop 用户添加到 sudo 组中 …… 164
12.2.2 避免使用 Swap 分区 …… 164
12.2.3 脏页配置优化 …… 165
12.3 优化 Linux 系统网络 …… 167
12.3.1 关闭 Linux 防火墙 …… 167
12.3.2 禁用 IPv6 …… 167
12.3.3 修改 somaxconn 参数 …… 167
12.3.4 Socket 读/写缓冲区的调优 …… 168
12.3.5 iperf 网络测试工具 …… 169
12.4 优化 Linux 系统磁盘 …… 169
12.4.1 I/O 调度器的选择 …… 169
12.4.2 禁止记录访问时间戳 …… 171
12.5 优化 Linux 文件系统 …… 172
12.5.1 增大可打开文件描述符的数目 …… 172
12.5.2 关闭 THP …… 172
12.5.3 关闭 SELinux …… 173
12.6 优化 Linux 系统预读缓冲区 …… 173
12.7 本章小结 …… 174

第 13 章 HDFS 配置优化 …… 175
13.1 HDFS 概述 …… 175
13.1.1 HDFS 写数据流程 …… 176
13.1.2 HDFS 读数据流程 …… 176
13.2 存储优化 …… 176
13.2.1 合理的副本系数 …… 177
13.2.2 合理的数据块大小 …… 178
13.3 磁盘 I/O 优化 …… 179
13.3.1 多数据存储目录 …… 179
13.3.2 开启 HDFS 的短路本地读配置 …… 183
13.4 节点通信优化 …… 183
13.4.1 延迟 blockreport 次数 …… 183
13.4.2 增大 DataNode 文件并发传输的大小 …… 184
13.4.3 增大 NameNode 工作线程池的大小 …… 184
13.4.4 增加 DataNode 连接 NameNode 的 RPC 请求的线程数量 …… 185
13.4.5 调整 DataNode 用于平衡操作的带宽 …… 185
13.5 其他常见的优化项 …… 186
13.5.1 避免读取"过时"的 DataNode …… 186
13.5.2 避免写入失效的 DataNode …… 186
13.5.3 为 MapReduce 任务保留一些硬盘资源 …… 187
13.6 本章小结 …… 187

第 14 章 MapReduce 配置优化 …… 188
14.1 MapReduce 概述 …… 188
14.2 Map 阶段的优化 …… 190
14.2.1 降低溢出（spill）的次数 …… 190
14.2.2 在 Map Task 结束前对 spill

　　　　　　　文件进行合并 …………… 191
　　　14.2.3 减少合并写入磁盘文件的
　　　　　　数据量 ………………… 192
　　　14.2.4 控制 Map 中间结果是否
　　　　　　使用压缩 ……………… 192
　　　14.2.5 选择 Map 中间结果的
　　　　　　压缩算法 ……………… 193
　14.3 Reduce 阶段的优化 ……………… 193
　　　14.3.1 Reduce Task 的数量 …… 193
　　　14.3.2 Reduce I/O 的相关参数 … 195
　　　14.3.3 Reduce Shuffle 阶段并行
　　　　　　传输数据的数量 ……… 196
　　　14.3.4 tasktracker 并发执行的
　　　　　　Reduce 数 ……………… 196
　　　14.3.5 可并发处理来自 tasktracker
　　　　　　的 RPC 请求数 ………… 197
　14.4 本章小结 …………………………… 197

第 15 章 Spark 配置优化 …………………… 198
　15.1 优化 Spark Streaming 配置 … 198
　　　15.1.1 Spark Streaming 简介 …… 198
　　　15.1.2 Spark 参数的配置方式 …… 199
　　　15.1.3 Spark 常用的优化参数 …… 202
　15.2 优化 Spark 读取 Kafka ……… 202
　　　15.2.1 Spark 参数设置 …………… 202
　　　15.2.2 Kafka 参数设置 …………… 203
　15.3 优化读取 Flume ………………… 205
　　　15.3.1 Flume 参数设置 …………… 205
　　　15.3.2 接收端参数设置 ………… 206
　　　15.3.3 Spark 读取 Flume ………… 206
　15.4 优化 Spark 写入 HDFS ……… 208
　　　15.4.1 Spark Shell 读取并
　　　　　　写入 HDFS …………… 208
　　　15.4.2 显示调用 Hadoop API
　　　　　　写入 HDFS …………… 208
　　　15.4.3 Spark Streaming 实时
　　　　　　监控 HDFS …………… 209
　15.5 优化 Spark Scala 代码 ………… 210
　　　15.5.1 Scala 编程技巧 …………… 210
　　　15.5.2 Scala 数据优化 …………… 211
　15.6 本章小结 …………………………… 212

第五部分　大数据平台的诊断与处理

第 16 章 Hadoop 及生态圈组件负载均衡的诊断与处理 ………………… 214
　16.1 HDFS 磁盘负载不均衡问题
　　　及解决方案 ………………………… 214
　　　16.1.1 问题概述 ………………… 214
　　　16.1.2 磁盘负载不均衡的原因
　　　　　　与影响 ………………… 215
　　　16.1.3 HDFS 磁盘负载不均衡
　　　　　　的解决方案 …………… 215
　16.2 MapReduce 负载不均衡
　　　问题 ………………………………… 215
　　　16.2.1 问题概述 ………………… 215
　　　16.2.2 MapReduce 的原理分析 … 216
　　　16.2.3 MapReduce 负载不均衡的
　　　　　　解决方案 ……………… 216
　16.3 Spark 负载不均衡问题 ……………… 216
　　　16.3.1 问题概述 ………………… 216
　　　16.3.2 Spark 负载不均衡的危害 … 217
　　　16.3.3 Spark 负载不均衡的原因 … 217
　　　16.3.4 问题发现与定位 ………… 217
　　　16.3.5 Spark 负载不均衡的
　　　　　　解决方案 ……………… 218
　　　16.3.6 自定义 Partitioner ………… 219
　　　16.3.7 Reduce 端 Join 转化为
　　　　　　Map 端 Join …………… 219
　16.4 HBase 负载不均衡问题 …………… 220
　　　16.4.1 问题概述 ………………… 220
　　　16.4.2 HBase 负载不均衡的
　　　　　　原因及解决方案 ……… 220
　　　16.4.3 性能指标 ………………… 221
　16.5 Hive 数据不均衡问题 …………… 222
　　　16.5.1 问题概述 ………………… 222
　　　16.5.2 Hive 数据不均衡的
　　　　　　原因及解决方案 ……… 223
　　　16.5.3 Hive 的典型业务场景 …… 223
　16.6 本章小结 …………………………… 224

第 17 章 集群节点故障的诊断与处理 … 225
　17.1 使用集群日志对节点
　　　故障进行诊断 ……………………… 225
　　　17.1.1 Hadoop 集群中的
　　　　　　日志文件 ……………… 226
　　　17.1.2 日志主要结构解析 ……… 226
　　　17.1.3 日志级别分析 …………… 227
　17.2 使用集群告警信息诊断节点
　　　故障 ………………………………… 227
　　　17.2.1 集群告警信息监控 ……… 227
　　　17.2.2 集群节点主机告警信息 … 228
　17.3 Ganglia 大数据集群
　　　节点监控 …………………………… 229
　17.4 处理集群节点故障 ………………… 230
　　　17.4.1 集群节点硬件异常 ……… 230

17.4.2 集群节点组件及系统异常…231
17.5 本章小结……………………231

第18章 集群组件服务故障的诊断与处理……………………232
18.1 使用集群日志诊断组件服务故障问题……………232
18.1.1 大数据集群常见故障问题……………232
18.1.2 集群中各组件日志解析……232
18.2 使用集群告警信息诊断组件服务故障问题……………234
18.3 制订集群告警信息诊断组件服务故障问题的解决方案…236
18.3.1 Nagios 简介……………236
18.3.2 Nagios 的工作原理………236
18.3.3 Nagios 的功能与用途……236
18.3.4 Nagios 的监测模式………237
18.4 处理集群告警信息诊断组件服务故障问题……………238
18.4.1 Hadoop 常见故障问题分析…238
18.4.2 Nagios 配置监控 Hadoop 日志……………239
18.5 本章小结……………………240

第六部分 大数据平台项目综合案例

第19章 数据仓库运维项目实战………242
19.1 项目背景和流程……………242
19.1.1 项目背景………………242
19.1.2 项目流程………………243
19.2 数据的说明、导入及清洗和预处理…………………244
19.2.1 数据说明………………244
19.2.2 数据导入………………245
19.2.3 清洗和预处理…………246
19.3 Hive 建仓……………………248
19.3.1 数据仓库的分层设计……248
19.3.2 Hive 数据入仓……………249
19.3.3 业务调用………………252
19.4 本章小结……………………253

第20章 金融行业运维项目实战………254
20.1 项目背景和流程……………254
20.1.1 项目背景………………254
20.1.2 项目流程………………255
20.2 数据说明及清洗……………255
20.2.1 数据说明………………255
20.2.2 数据清洗………………256
20.3 数据分析……………………258
20.3.1 借款金额分布……………258
20.3.2 借款等级分布……………258
20.3.3 借款等级与借款金额的关联关系………………259
20.3.4 借款金额与工作年限、年收入的关联关系………259
20.3.5 借款金额与房屋所有权状态的关联关系…………260
20.4 数据可视化…………………260
20.5 综合分析……………………264
20.6 本章小结……………………264

第21章 典型大数据平台监控运维项目实战……………………265
21.1 实验背景和流程……………265
21.1.1 实验背景………………265
21.1.2 实验流程………………266
21.2 数据说明及预处理…………267
21.2.1 数据说明………………267
21.2.2 数据预处理……………267
21.3 安装 Ganglia…………………269
21.3.1 安装 Ganglia 所需的依赖…269
21.3.2 监控端安装 Gmeta、Gmond、Gweb、Nginx、Php……………270
21.3.3 被监控端安装 Gmond……274
21.4 开启 Ganglia…………………274
21.4.1 修改 Ganglia-monitor 的配置文件………………274
21.4.2 主节点配置……………275
21.4.3 修改 Hadoop 的配置文件…275
21.4.4 重启所有服务……………276
21.4.5 访问页面查看各机器的节点信息………………276
21.5 进行上传操作………………277
21.6 进行查询操作………………278
21.7 Ganglia 监控结果……………279
21.7.1 基本指标………………279
21.7.2 上传操作前后集群状态的变化…………………279
21.7.3 查询操作前后集群状态的变化…………………280
21.8 本章小结……………………281

第一部分　大数据平台架构

第1章 大数据的特点及发展趋势

学习目标

- 理解大数据的相关概念、特征。
- 了解大数据平台架构的特点。
- 理解大数据平台架构的原理。
- 了解大数据的发展历程。
- 了解大数据的发展趋势。

在学习大数据平台的实施与运维之前,需要对大数据的基本概念及大数据技术的主流平台有一个初步的了解。本章主要介绍大数据的概念和特征、大数据平台的基本架构及其原理、大数据的发展历程及发展趋势等内容。

1.1 大数据平台架构概述

1.1.1 大数据的概念

我们通常所说的大数据指的不是数据本身,而是围绕着数据的一系列操作流程。该操作流程包括数据的获取、存储、管理、处理分析及展示等。与传统数据相比,大数据的特点如下。

一是大数据的数据源更多、数据量更大。在日常生活中,每次浏览网页、即时通信软件、微信等即时通信消息都会产生大量的数据;在智能制造的场景下,智能控制的生产线、生产制造执行系统(MES)及多种生产设备也都会产生大量的数据。二是面对如此海量的数据,我们需要在很短的时间内对这些数据进行处理。例如,电子商务系统的个性化推荐,如果推荐的速度过慢,那么用户将因为体验不佳而放弃当前页面,这将导致企业失去一次潜在的销售机会。

大数据处理的最终目的是让数据发挥出其潜在的巨大价值。例如,很多企业会对运营数据进行洞察与分析,以为企业的经营决策提供支持,从而优化营销流程。

大数据这个词最早诞生于 1983 年，是托夫勒在其著名著作《第三次浪潮》中提出的。书中作者将农业阶段归为第一次浪潮，将工业阶段归为第二次浪潮，第三次浪潮指的就是信息时代。而大数据在信息时代扮演着非常重要的角色。

2011 年，全球知名的调查咨询公司麦肯锡的一份研究报告指出，各个国家的数据量呈现出一种爆炸式的增长趋势，这也标志着大数据时代的到来。

著名的数据科学家舍恩伯格在其著作《大数据时代》中，对大数据的商业应用展开讨论。至此，人们纷纷开始关心大数据的价值。这个时候大家突然发现，传统算力与存储能力无法满足大数据的应用需求。但幸运的是，大数据的发展得到了分布式计算、云计算等技术手段的助力，从而使之进入了爆炸式的增长通道。

目前，对大数据尚没有一个公认的定义，基本上都是从大数据的特征出发，试图给出大数据的定义。维基百科对大数据的定义是：大数据，又称巨量资料，指的是传统数据处理应用软件不足以处理的大或复杂的数据集的术语。

1.1.2 大数据的特征

大数据的典型特征主要体现在以下四方面：体量大（Volume）、多样性（Variety）、高速性（Velocity）、价值（Value），即"4V"。

1. 体量大

大数据的特征首先体现为数据的体量大。随着互联网、物联网、移动互联等技术的发展，数据呈现爆发性增长，需要存储和分析处理的数据量达到 PB 级、EB 级，甚至 ZB 级。根据国际数据公司（IDC）的监测数据，2011 年全球大数据储量为 1.8ZB，2019 年约为 41ZB。近几年，全球大数据储量的增速每年都保持在 40% 左右。

2. 多样性

大数据的数据来源广泛且多样，既有来自传统信息系统及数据库系统的结构化数据，又有大量来自互联网、社交媒体、智能制造系统等的半结构化及非结构化数据。大数据可以分为结构化数据、半结构化数据和非结构化数据。结构化数据是由二维表进行逻辑表达和实现的数据，一般使用关系型数据库进行存储、管理与维护；半结构化数据既具有一定的结构又不固定，如 HTML 文档、邮件、网页等；非结构化数据是那些不适于用二维表进行逻辑表达的数据，如视频、图片、音频、文本等。

3. 高速性

数据的增长速度和处理速度是大数据高速性的重要体现。在日常生活中，每个人都离不开互联网，即每个人每天都在提供大量的数据。与以往的报纸、书信等传统数据载体的传播方式不同，在大数据时代，数据的交换和传播主要通过互联网实现，数据量的增长速度惊人。正因为如此，大数据对处理和响应速度的要求极高，一次数据分析任务必须在几秒钟内完成。

4. 价值

大数据的核心特征是价值密度低。由于数据样本不全面、数据采集不及时、数据不连续等原因，有价值的数据所占的比例很小。与传统的数据相比，大数据最大的价值在于可以从大量不相关的各种类型的数据中挖掘出对未来趋势有用的数据，通过机器学习、深度学习等方法进行深度分析，从而得到新规律和新价值。

1.1.3 大数据的处理流程及相关技术

大数据的处理流程一般分为四步：大数据采集、大数据存储、大数据分析和挖掘、大数据可视化。大数据的处理流程及各阶段流行的相关技术如图1.1所示。

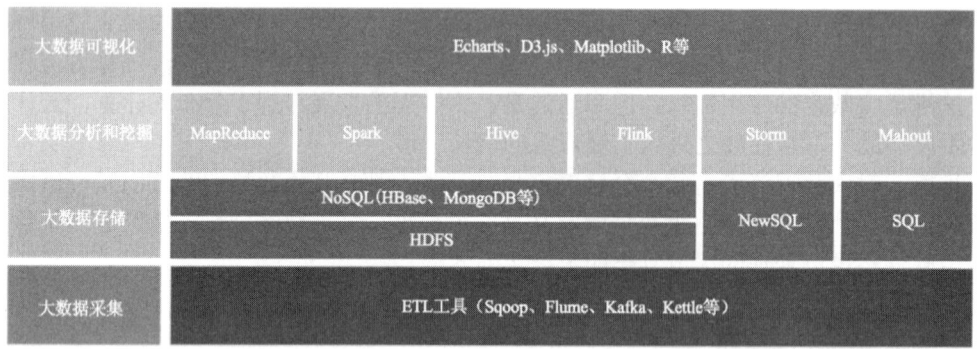

图1.1 大数据的处理流程及各阶段流行的相关技术

1．大数据采集

大数据的采集一般采用 ETL（Extract Transform Load）工具将分布的、异构数据源中的数据抽取到临时文件或数据库中。现在的中大型项目通常采用微服务架构进行分布式部署，因此，数据的采集需要在多台服务器上进行，且采集过程不能影响正常业务的开展。基于这种需求，衍生出了多种日志收集工具，如 Sqoop、Flume、Kafka、Kettle 等，它们都能通过简单的配置完成复杂的数据采集和数据聚合工作。

在采集到的数据中，有不少是重复或无用的数据，因此需要对数据进行预处理，将不同来源的数据处理成一致的、有效的、适合数据分析算法和读取的数据。常规的数据预处理操作包括数据去重、异常处理和数据归一化等。在 Hadoop 平台架构中，数据预处理的过程主要是编写 MapReduce 程序，即编写 Mapper、Reducer、Job 这三个基本过程。这些经过预处理的数据将被存储到大型分布式数据库或分布式存储集群中。

2．大数据存储

以前，各种信息系统产生的数据大多是结构化数据，这类数据一般使用 MySQL、Oracle 等传统的关系型数据库，它们的优点是能够快速存储结构化数据，并支持随机访问。但大数据中的半结构化数据（如日志数据）居多，甚至还有大量的非结构化（如视频、音频）数据，为了解决海量半结构化数据和非结构化数据的存储问题，衍生出了 HDFS、KFS、GFS 等分布式文件系统。这些文件系统都支持结构化数据、半结构数据和非结构化数据的存储，并可以通过扩大集群规模进行横向扩展。分布式文件系统解决了海量数据的存储问题，但不具有对数据进行随机访问的功能。为兼具分布式文件系统和关系型数据库的优点，并满足对数据进行随机访问的需求，HBase、Redis、MongoDB 等非关系型数据库（NoSQL）和 Spanner、VoltDB、Clustrix 等可扩展/高性能关系型数据库（NewSQL）应运而生。

3．大数据分析和挖掘

大数据分析根据对数据分析处理时间要求的严格程度，分为离线处理方式和在线处理方式。如果只希望得到数据的分析结果，对处理时间要求不严格，就可以采用离线处理方式，此时可以将数据采集或存储到 HDFS 中，再使用 MapReduce、Hive 等对数据进行分析。

如果对于得到数据分析结果在时间上有严格的要求，则需要采用在线处理方式，通常使用 Spark、Flink、Storm 等进行处理。

在大数据分析过程中，经常需要使用各种分析挖掘算法，以满足一些高级别数据分析的要求。比较典型的算法有用于聚类的 K-means、用于统计学习的 SVM 和用于分类的 Naïve Bayes 等。在 Hadoop 生态圈中，Mahout 提供了常用算法的程序库。通过 Mahout 执行这些算法包，以 HDFS 中存储的数据作为输入，就可以基于 Hadoop 进行分布式数据分析了。

4．大数据可视化

大数据分析的使用者既有大数据分析专家，又有普通用户，他们对大数据分析最基本的要求就是能清晰、直观地得到数据分析的结果。数据可视化借助图形化手段对大数据进行可视化解释。目前，常用的大数据可视化工具有 Echarts、D3.js 和 Python 中的 Matplotlib、pyecharts 等库包，以及 R 语言中的 ggplot2、highcharter 等库包。

1.1.4 大数据平台架构的特点

大数据平台架构具有以下特点。

（1）高可靠性：按位存储和处理数据的能力非常值得人们信任。一个集群里面可以有两个主节点，当一个主节点出现故障宕机后，另一个主节点可以马上接管工作，这个冗余机制可以保证整个集群不会出现太大的故障。

（2）高扩展性：在计算机集群间分配数据并完成计算任务，这些集群可以方便地扩展到数以千计的节点中。

（3）高效性：能够在节点之间动态地移动数据，并保证各个节点的动态平衡，因此处理速度非常快。

（4）高容错性：能够自动保存数据的多个副本，并且能够自动对失败的任务进行重新分配。

1.2 大数据平台架构的原理

大数据系统的逻辑结构描述了大数据技术组件的组织方式，包括数据来源层、数据采集与存储层、数据分析层和数据应用层，如图 1.2 所示。

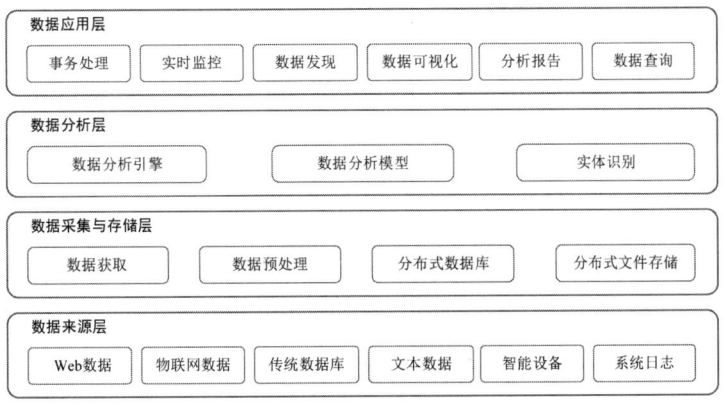

图 1.2 大数据系统的逻辑结构

1. 数据来源层

数据来源层包含为解决业务问题进行数据分析时所需的各类数据，这些数据可以是结构化数据、半结构化数据和非结构化数据。常用的大数据源包括 Web 数据、物联网数据、传统数据库数据、文本数据、智能设备、系统日志。

2. 数据采集与存储层

数据采集与存储层用于收集来自数据来源层的海量异构数据，运用多种数据预处理手段解决数据中存在的重复、缺失、格式不一致等数据质量问题，对符合质量标准的数据进行有效存储。数据采集与存储层的主要组件有数据获取组件、数据预处理组件、分布式数据库组件和分布式文件存储组件。

3. 数据分析层

数据分析层根据大数据业务需求，从已采集与存储的业务数据中运用数据分析算法构建数据挖掘模型，分析得到隐性的知识。数据分析层包含三个组件：数据分析引擎组件、数据分析模型组件和实体识别组件。

4. 数据应用层

数据应用层对用户事务处理流程进行实时监控，发现事务处理中的具体业务数据，应用数据分析层构建的数据挖掘模型对分析结果进行可视化呈现，形成数据分析报告并提供数据查询功能。数据应用层的主要组件有事务处理组件、实时监控组件、数据发现组件、数据可视化组件、分析报告组件和数据查询组件。

1.3 大数据的发展历程

1.3.1 大数据的具体发展过程

大数据不是凭空产生的，它有自己的发展过程。大数据的发展过程大致分为三个阶段：萌芽时期、发展时期和兴盛时期，如图 1.3 所示。

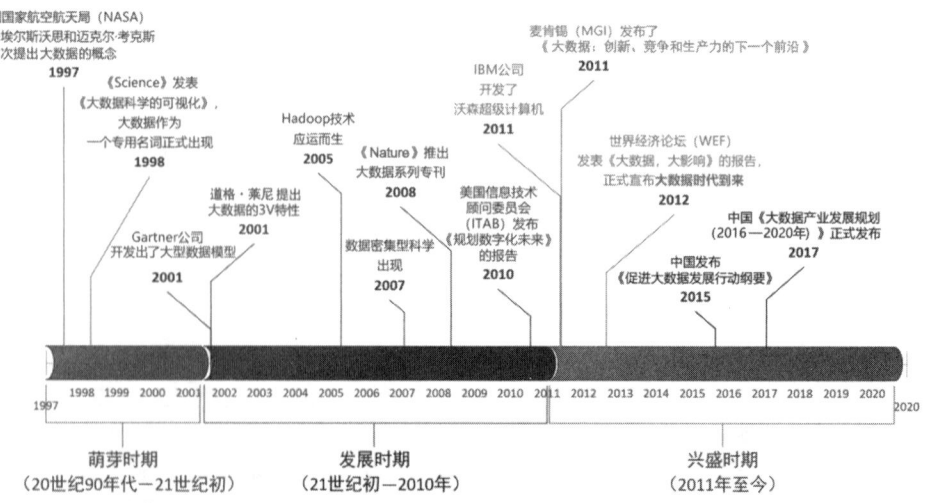

图 1.3 大数据的具体发展过程

1．萌芽时期

1997年，美国国家航空航天局的大卫·埃尔斯沃思和迈克尔·考克斯在第八届美国电气和电子工程师协会（Institute of Electrical and Electronics Engineers，IEEE）关于可视化的会议发表的论文中首次使用了大数据的概念。1999年，美国计算机协会通讯杂志发表了一篇题为《千兆字节数据集的实时性可视化探索》的文章，大数据作为一个专用名词正式出现在公共期刊上。

在这一阶段，大数据只是作为一个概念或假设，少数学者对其进行了研究和讨论，其意义仅限于数据量的巨大，对数据的收集、处理和存储没有进一步的探索。

2．发展时期

21世纪初，互联网行业迎来了一个快速发展的时期。2001年，美国Gartner公司率先开发出了大型数据模型。同年，道格·莱尼提出了大数据的3V特性。2005年，Hadoop技术应运而生并成为数据分析的主要技术。2007年，数据密集型科学的出现不仅为科学界提供了一种新的研究范式，还为大数据的发展提供了科学依据。2008年，《Nature》杂志推出了一系列大数据专刊，详细讨论了大数据的一系列问题。2010年，美国信息技术顾问委员会发布了《规划数字化未来》报告，详细描述了政府工作中的大数据的收集和使用。

在这一阶段，大数据作为一个新名词开始受到理论界的关注，其概念和特征得到了进一步的丰富，相关的数据处理技术层出不穷，大数据开始显现活力。

3．兴盛时期

2011年，IBM公司开发了沃森超级计算机，通过每秒钟扫描和分析4TB数据打破了世界纪录，大数据计算达到了一个新的高度。随后，麦肯锡发布了《大数据：创新、竞争和生产力的下一个前沿》，详细介绍了大数据在各个领域的应用和大数据的技术框架。2012年，在瑞士举行的世界经济论坛上讨论了一系列与大数据有关的问题，发表了题为《大数据，大影响》的报告，并正式宣布了大数据时代的到来。

2011年之后，大数据的发展可以说进入了全面兴盛的时期，越来越多的学者对大数据的研究从基本的概念、特征转到了数据资产、思维变革等多个角度。大数据也渗透到了各行各业中，不断变革原有行业的技术并创造出新的技术，大数据的发展呈现出一片蓬勃之势。

1.3.2 大数据技术的具体发展历程

在大数据时代，传统的软件已经无法处理和挖掘大量数据中的信息了。在大数据发展初期，最重要的变革就是谷歌的"三架马车"。谷歌在2003年、2004年、2006年相继发布了三篇论文，如图1.4所示，奠定了大数据技术的基础。在当时大部分公司还在致力于提高单机性能时，谷歌已经开始设想把数据存储、计算分给大量的廉价计算机去执行了。

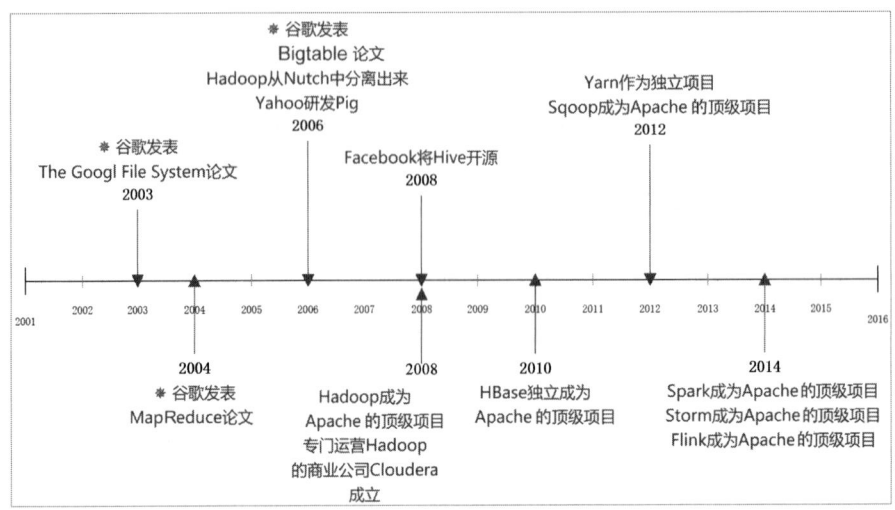

图 1.4 大数据技术的具体发展历程

2003 年，谷歌发表了论文《The Google File System》，介绍了 GFS 分布式计算文件系统。

2004 年，谷歌发表了论文《MapReduce: Simplified Data Processing on Large Clusters》，介绍了并行计算模型 MapReduce。

2006 年，谷歌发表了论文《Bigtable: A Distributed Storage System for Structured Data》，介绍了谷歌大表（Bigtable）的设计，Bigtable 是谷歌的分布式数据存储系统，是用来处理海量数据的分布式云存储技术。

Hadoop 根据谷歌的前两篇论文先后实现了 HDFS 分布式文件系统、MapReduce 分布式计算模型，并将它们开源。

2008 年，Hadoop 成为 Apache 的顶级项目。

2010 年，Hadoop 根据谷歌的第三篇论文开发出了 HBase 并将其开源。开源组织 GNU 发布了 MongoDB，VMware 提供了开源产品 Redis。

2011 年，Twitter 提供了开源产品 Storm，它是开源的分布式实时计算系统。

2014 年，Spark 成为 Apache 的顶级项目，它是专为大规模数据处理设计的快速通用的计算引擎。

Spark 和 MapReduce 都专注于离线计算，其任务执行时间通常是几十分钟甚至更长时间。由于实时计算的需求不断提升而出现了 Storm、Flink、Spark Streaming 等流式计算引擎。

1.4 大数据的发展趋势

1.4.1 大数据技术面临的挑战

从技术视角来看，企业大数据涉及的各个组件都将不断进步。从数据中心的规划建设，数据中心电力系统、环境控制系统、网络设备、带宽、服务器、存储设备等硬件设施设备到大数据基础管理系统、中间件、数据中台、消息交互的协议等软件平台及组件，以及传统 IT 系统的统一管理，大数据平台的大规模自动化部署、智能监控与预警、更先进的应用架构、新兴编程语言、软件/硬件协同发展等都会对大数据的发展产生巨大的影响，也会带来相应的挑战。大数据技术面临的挑战依然集中在可靠性、可用性、安全性、可扩展性这几方面。

1. 可靠性挑战

随着数据产生量及规模的不断扩大，大数据系统可靠性问题的来源是多方面的。

由于集群规模的扩大，大数据的可靠性取决于云计算的可靠性。网络连接的可靠性将是基础中的基础。虚拟机的引入造成磁盘工作效率下降，从而带来 I/O 性能下降等可靠性问题。云计算为大数据系统提供了强大的计算能力和较快的运算速度，提升了大数据系统的效率与灵活性，但也会增加运维的复杂性。存储问题是大数据经常碰到的最大的问题。为保存数据及处理更多的事务，运维人员会尽可能调度以增大磁盘空间，经常会遇到存储空间比预想的更迅速地消耗殆尽的情况，在这种情况下，运维人员就需要增大或清理存储空间以满足用户需求。大数据系统中的 HDFS 和 HBase 在网络、存储、调用方式上与传统的数据库管理系统（DBMS）大不一样，复杂性会进一步增加。编程语言带来的代码性能问题、系统崩溃问题及日常监控管理问题都对数据可靠性提出了挑战。出于成本考虑，一些企业会用原有的 x86 白牌机充当计算节点，其可靠性相较知名品牌服务器的可靠性差一些，因此，在构架设计及应用开发时就要配备相应的容错机制，还需要根据大数据系统运行环境开发并应用合适的运维工具。

2. 可用性挑战

大数据的成本体现在规划、实施及运维阶段的人力成本、时间成本、物料成本和机会成本上。大数据集群多、规模大，因此底层基础设施建设成本及维护成本都会急剧增加，许多数据中心的实际利用率却非常低。数据中心的运营成本非常高昂，包括设备折旧、租用或更新的费用，水电费，网络通信费用，维护维修费用，人员及办公管理费用等。数据中心巨大的电力需求已成为制约大数据技术发展的瓶颈。因此，节能降耗是降低大数据中心运营成本、实现大数据技术可持续发展所面临的最严峻的挑战。

数据中心系统架构越复杂、规模越庞大，需要的具体专业技术的运维人员就越多，人力成本开支就会越大。因此将绿色节能技术、面向大规模对象的自动化部署与监管技术，以及更先进的硬件技术应用于数据中心管理将是必然趋势。

大数据及深度学习中性能更优的算法的研发与使用都需要更强的算力支持，这也将是大数据技术在可用性上的一个挑战。

3. 安全性挑战

不管是传统的 IT，还是云计算或大数据，系统安全一直是个严峻的挑战。数据安全体现在数据的使用、存储及传输过程中，这其中还包含数据的隐私。物理安全是一切安全的基础。安全性和性能总是相互冲突的。对于数据的隐私问题，需要从法律和道德规范的层面上予以规范、保障。大数据服务安全性需要从国家层面上发起可信大数据认证。

4. 可扩展性挑战

大数据系统依然沿用三层架构，只是其中的数据访问层由分布式数据库取代。分布式数据库中的一份数据通常有多个备份，这对存储的要求就比以前更高。集群可以进行扩展，但数据访问层的扩展就没有那么容易了。系统扩展性问题首先是系统性能问题，包括 CPU、RAM 和 I/O 被大量占用等超负荷问题。开发及应用在数据访问层中的负载均衡工具会是未来在大数据可扩展性方面面临的挑战和值得做的事。

1.4.2 大数据应用的发展趋势

大数据成为时代发展的一个必然产物，而且大数据正在加速渗透到我们的日常生活中，在衣食住行各个层面均有体现。在大数据时代，一切均可量化，一切均可分析。谁也不能断定大数据未来真正的发展趋势，但可以确定的是，只有以多种技术为依托且相互结合，才能释放大数据的"洪荒之力"。

1．物联网

物联网是新一代信息技术的重要组成部分，它的核心仍然是互联网，它是在互联网的基础上的延伸和扩展的网络：其用户端延伸和扩展到了任何物品与物品之间进行信息交换和通信，即物物相息。

2．智慧城市

智慧城市就是运用信息和通信技术手段感测、分析、整合城市运行核心系统的各项关键信息，对包括民生、环保、公共安全、城市服务、工商业活动在内的各种需求做出智能响应。智慧城市的实质是利用先进的信息技术实现城市的智慧式管理和运行，进而为城市中的人创造更美好的生活，促进城市的和谐、可持续发展。

智慧城市的建设取决于数据量、数据质量，以及政府部门与民营企业的合作。此外，发展中的 5G 网络是全世界通用的规格，如果产品被一个智慧城市采用，则可以将其应用在全世界的智慧城市中。

3．增强现实（AR）与虚拟现实（VR）

虚拟现实技术是一种可以创建和体验虚拟世界的计算机仿真系统，它利用计算机生成一种模拟环境；增强现实技术是一种多源信息融合的、交互式的三维动态视景和实体行为的仿真系统，可以使用户沉浸在该环境中。

虚拟现实应用一开始以电玩为主，现在的应用已超越电玩，可以用来教学。

4．区块链技术

区块链是分布式数据存储、点对点传输、共识机制、加密算法等计算机技术的新型应用模式。所谓共识机制，就是区块链系统中实现不同节点之间建立信任、获取权益的数学算法。区块链技术是一种全民参与记账的方式：所有的系统背后都有一个数据库，你可以把数据库看作一个大账本。

区块链有很多不同的应用方式，美国几乎所有的科技公司都在尝试如何应用它，最常见的应用是比特币与其他加密货币的交易。我国已有 300 余家上市公司在进行区块链应用的研发工作。

5．语音识别技术

语音识别是通用的无屏幕接口，它可以被迅速地整合在各种工具上，在智能设备上很好用。Amazon 的智能喇叭 Echo 现在发展到了第三代，可以开关智能电灯、开口询问搜寻信息等。这项产业有个很大的优点，就是发展技术的公司都打算把这项技术商品化，像谷歌、Amazon、苹果的语音识别技术都可透过授权使用在其他的硬件服务上。

6. 人工智能（AI）

人工智能（Artificial Intelligence，AI）是研究、开发用于模拟、延伸和扩展人的智能的理论、方法、技术及应用系统的一门新的技术科学。

AI 需要被教育，只有汇入很多信息才能进化，进而产生一些意想不到的结果。

AI 影响幅度很大。例如，媒体业，现在计算机与机器人可以写出很好的文章，而且每小时可以产出好几百篇，成本也低。AI 对经济发展会产生剧烈的影响，很多知识产业可能被机器人取代。AI 的应用影响是很正面的，会让生活变得更美好。

1.5 本章小结

本章主要介绍了大数据的概念和特征、大数据的发展历程、大数据的发展趋势，以及大数据平台架构和主要技术体系等内容。通过学习本章，可以对大数据的产生、发展、应用，以及大数据技术的架构、主流技术形成概要认识。

第 2 章
大数据的实施和运维流程

学习目标

- 了解大数据实施工程师的工作职责。
- 了解大数据运维工程师的工作职责。
- 理解大数据实施和运维工程师的工作能力素养要求。
- 了解大数据项目实施的工作流程。
- 了解大数据运维的日常工作。

了解大数据实施和运维工程师的工作职责对明确学习目标、做好职业规划大有益处。本章介绍大数据实施和运维工程师的工作职责、工作能力素养要求,以及大数据项目实施的工作流程和大数据运维的日常工作。

2.1 大数据实施和运维工程师的工作职责

2.1.1 大数据职位体系

大数据时代为人们带来了更多的发展机会,提供了更多新的职位发展通道。各招聘网站的热门岗位无一例外都被大数据、云计算、AI 的相关岗位占据着。目前,人才市场上各公司招聘的大数据职位主要有四大类:系统平台类、技术研发类、数据管理类、分析挖掘类。大数据职位体系如图 2.1 所示。

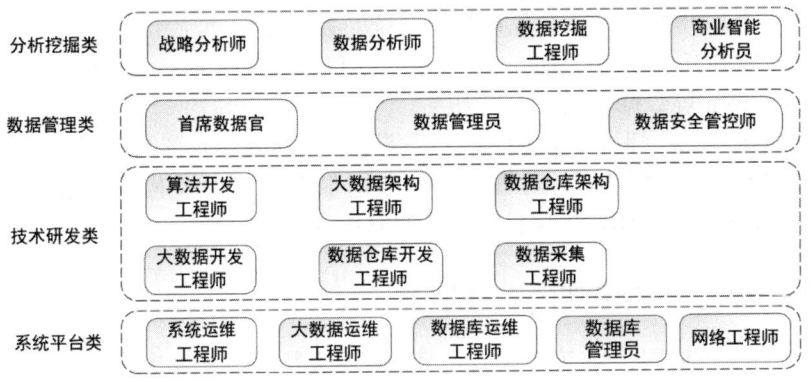

图 2.1 大数据职位体系

系统平台类职位主要从事硬件平台和软件平台的管理与维护工作。这类职位要求从业工作者熟悉 Hadoop、Spark 等大数据平台的核心框架和组件；能够基于大数据平台编写代码，完成应用开发；支持企业的具体业务应用。系统平台类职位有系统运维工程师、大数据运维工程师、数据库运维工程师、数据库管理员（DBA）、网络工程师等。

（1）系统运维工程师主要负责硬件服务器、操作系统、业务系统等的运维工作，协助解决系统问题，形成系统运维自动化流程。

（2）大数据运维工程师主要负责维护 Hadoop、Spark 等分布式大数据系统的运维管理，监控并排除系统故障，保障业务系统高效、稳定的数据访问，并开发新接口以优化系统性能。

（3）数据库运维工程师主要负责数据库的运维，包括数据库的安装、监控、备份、恢复等基本工作，还包括对整体数据质量进行管理的工作。

（4）数据库管理员主要负责数据库/数据仓库的设计、开发、管理和优化；对数据库的使用状态、性能指标及资源耗用进行监控；优化数据库的性能；保障数据的安全和隐私、定期进行故障检测和故障排除。

（5）网络工程师主要负责终端、服务器及其外部设备的组网与维护，在设备资源共享和信息高速传递时，保障网络的连通性与稳定性。

技术研发类职位主要从事围绕大数据相关系统、软件、产品和功能进行的开发工作，如数据分析和数据挖掘等。这类职位要求从业工作者采用适当的分析和挖掘方法对海量数据进行分析，提取隐含数据背后的业务信息，服务于企业的管理决策。技术研发类职位有大数据架构工程师、数据仓库架构工程师、大数据开发工程师、数据仓库开发工程师、数据采集工程师、算法开发工程师等。

（1）大数据架构工程师主要负责针对业务需求确定整个生命周期的 Hadoop、Spark、Storm 等平台的技术解决方案，带领技术团队设计和开发大规模集群的大数据处理系统，并在实施过程中提供技术支持和管理。

（2）数据仓库架构工程师主要负责数据仓库的架构设计，以及数据集市建设和相关运维。

（3）大数据开发工程师负责大数据系统的开发工作，运用 Java、Python 等编程语言进行应用程序的开发、测试和维护，实现产品功能。

（4）数据仓库开发工程师负责大数据系统的数据层设计与开发、ETL 流程的开发和优化，并基于 NoSQL 数据库、Hadoop 体系的分布式数据库 HBase/Hive 和实时分布式计算框架 Spark/Strom 等数据库进行应用开发。

（5）数据采集工程师主要负责根据业务需求收集和处理海量原始数据。

（6）算法开发工程师负责针对每个行业的不同特性，将现实问题转化为数学模型，并从海量业务数据中发现规律，优化目前业务的解决方案。

2.1.2 大数据实施工程师的工作职责

随着云计算、物联网、AI 等产业的高速发展及大数据国家战略的实施，大数据产业已进入高速发展期。大数据在教育、交通、能源、医疗、金融等领域的应用进一步深化，大数据项目呈现爆发式增长态势。行业内急需大量优秀的大数据实施工程师，因此大数据实施工程师成为近年来热门的职业之一，"超高薪、高大上、前景好"成为大数据行业的代名词。招聘网站中的大数据实施工程师职位招聘信息如图 2.2 所示。

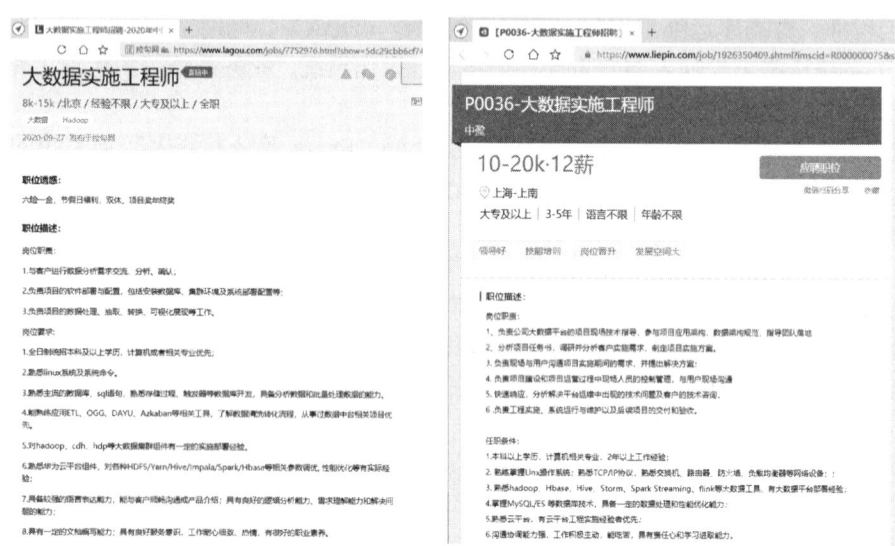

图 2.2　招聘网站中的大数据实施工程师职位招聘信息

综合分析这些大数据实施工程师的职位要求可知，很多企业中该职位的日常工作主要是大数据平台的安装和扩容、集群运维，根据客户需求进行大数据应用的接入和对接培训等。大数据实施工程师的具体工作职责如下。

（1）负责 Hadoop、Spark、Storm 等大数据平台的规划、部署、监控、系统优化等工作，确保系统持续稳定、高效地运行。

（2）负责大数据平台运营规范的制定，以及运营工具系统的设计与开发。

（3）负责 PoC（Proof of Concept，原型验证）工作，在客户业务场景下验证大数据产品的功能与性能。

（4）与客户沟通以了解其需求，并在客户业务场景下根据客户的需求进行大数据项目实施、安装部署大数据平台软件的工作。

（5）处理大数据平台的各类异常和故障，确保系统平台的稳定运行。

（6）深入理解大数据平台，并为其持续优化提供建设性意见。

2.1.3 大数据运维工程师的工作职责

经过近些年的不断发展,大数据产业规模已初步形成,大数据在各行业的融合应用不断深化,数据资产管理、数据挖掘和数据安全等大数据技术及其应用领域都有了新的发展与突破,这就使大数据平台运维服务需求量急速增长。在招聘网站上可以查询到大量大数据运维工程师职位的招聘信息,如图2.3所示。

图2.3 大数据运维工程师职位的招聘信息

综合企业关于大数据运维工程师的职位要求可知,大数据运维工程师的日常工作主要是大数据集群的构建,任务调度,监控预警,集群容量的规划、扩容,集群性能的优化及日常巡检和应急值守等。大数据运维工程师的具体工作职责如下。

(1)负责Hadoop、HBase、Spark、Kafka、Redis等大数据生态圈的集群组建部署与监控管理。

(2)负责区分大数据集群的故障等级,响应处理集群及平台故障。

(3)负责大数据系统的配置管理和发布管理,以可控的方式高效地完成变更工作。

(4)负责大数据集群的存储空间管理和容量管理。

(5)根据大数据生态圈组件对系统性能的不同要求进行集群系统调配与性能优化。

(6)协助大数据架构工程师优化大数据平台架构,为平台能力和产品迭代提供支持。

2.2 大数据实施和运维工程师的工作能力素养要求

2.2.1 大数据实施工程师的工作能力素养要求

大数据实施工程师职位要求从业工作者具备大数据基础知识、操作系统知识、开发语言知识、数据库/数据仓库知识和运维开发基础等专业知识,以及沟通写作能力、抗压能力、应变能力等职场必要的软实力。

(1)掌握大数据基础知识。具体要求包括:熟悉Hadoop、Spark等大数据系统;熟悉Hadoop、HBase、Hive基本命令;能熟练使用Hadoop、HBase、Hive、Sqoop、Flume、Flink

等大数据平台组件；具备大数据系统安装部署的能力，并能指导客户使用；熟悉大数据系统监控管理的内容；具备快速解决系统故障的经验和能力。

（2）掌握操作系统知识。目前，大数据集群服务大部分使用的都是 Linux 操作系统，因此要求大数据实施工程师熟悉 Linux 操作系统的常用命令与 Linux 不同发行版本系统（如 REDHAT、Ubuntu、CentOs，甚至麒麟操作系统）的安装、网络配置、磁盘规划、常见系统问题分析等。

（3）掌握必要的开发语言知识、数据库/数据仓库知识和运维开发基础等专业知识。要求大数据实施工程师能够熟练使用 Shell、Python、Perl、Ruby 中至少一种编程语言编写脚本代码以实现运维自动化；要求能够使用 Java/Scale 等面向对象的编程语言编写小型应用程序。大数据实施工程师需要完成数据迁移和数据质量管理的基础工作；需要熟悉大数据周边相关的数据库系统，如 MySQL、MongoDB、Redis 等，能编写 Oracle/DB2 存储过程；能利用 SQL 语言和工具软件完成数据的处理、转化和存储等。此外，在进行集群监控管理的时候，经常需要大数据实施工程师运用不同的编程语言跟踪日志信息，找到并解决系统故障和性能瓶颈，提升系统性能。

（4）熟悉大数据项目的实施流程和实施文档的编写。要求大数据实施工程师具有较强的学习能力、逻辑分析能力、问题排查能力、同用户进行清晰的问题表述和沟通的能力。运维项目问题的关联往往是多方面的，如硬件厂商、系统软件厂商、应用软件厂商、网络生产厂商及实施和维护部门、用户使用单位等，这些关联方往往处于二线或三线，需要一线工程师准确地描述问题的状态、场景及运行环境，并根据一线工程师的描述判断问题产生的原因并提出解决方案或建议。大数据实施工程师大多处于项目前线，对于能够判断并处理的问题要及时进行处理；对于不能及时判断或不能处理的问题，要求能够预判问题可能出自哪个关联方向、记录问题状态并转给相应的关联方进行处理。问题状态包括问题描述、使用场景、集群环境、错误日志等信息。在完成上述步骤后，一线工程师还需要按照实施维护流程完善流程文档并上报用户的维护部门。

（5）具有较强的工作主动性与钻研新技术的热情和能力，并富有团队精神。大数据项目实施具有涉及技术层面广、用户部门多、数据来源及品种复杂等特点。这些特点要求实施团队具备相当的技术广度；要求从用户实际需求出发，主动出击，认真、细致地做好调研工作；要求在实施过程中与用户保持高频度地良性沟通，随时修正项目预期并得到客户的认同。

2.2.2 大数据运维工程师的工作能力素养要求

如今大数据技术的生态圈越来越庞大，绝大多数的大数据系统是基于 Hadoop、Spark 和 Storm 这三种大数据平台进行开发和实施的，但开发和实施只是大数据系统整个生命周期的一部分，系统的稳定运行离不开后期大量的运维管理工作。从目前大数据行业人才需求来看，大数据运维类工作岗位的需求较大。这类岗位既要满足业务快速上线的需求，以保障系统安全可用，又要求从业工作者有比较多的实践经验。在工作内容方面，大数据运维工程师不仅要熟悉传统的运维工作要求，如服务器及网络设备的管理，软件及数据库系统的备份、升级和性能调优等工作，还要基于大数据系统的实际运行需求，充分考虑服务器集群数量及性能、数据存储量、开源技术和新技术的稳定性等问题，并针对性地进行相应的调整与配置。因此，大数据运维类工作岗位在知识、能力和素质等方面都有具体的要求。

1. 大数据运维工程师需要具备的知识要求

（1）掌握 Linux 操作系统理论的基础知识，可熟练运用 Linux 操作系统的各类操作命令。

（2）掌握大数据的基本理论知识，了解数据存储与数据安全的基础知识。

（3）了解 Hadoop 及大数据生态系统的技术框架。

（4）熟悉 Hadoop 的核心和扩展组件，包括分布式文件系统 HDFS、分布式并行处理 MapReduce、分布式数据库 HBase、数据仓库 Hive、内存型计算框架 Spark 等。

（5）掌握 Linux 操作系统搭建大数据平台及运维管理的知识，掌握基本的程序设计技术。

（6）掌握数据库理论的基础知识，具备数据库系统的搭建、优化、管理等实际操作能力。

（7）掌握计算机网络理论的基础知识，具备组建计算机网络、管理网络的能力，能够维护网络系统的信息安全。

（8）具备一定的英语知识，能够借助工具书阅读技术性文档和资料。

2. 大数据运维工程师需要具备的能力要求

（1）熟练操作办公自动化软件。

（2）具备服务器、集群软/硬件故障的判断、定位及故障排除的能力。

（3）具备 Linux、Hadoop 等系统的管理维护的能力。

（4）具备结构化数据库系统的管理维护的能力。

（5）具备非结构化数据库系统的管理维护的能力。

（6）具备自动化运维工具的运用及运维脚本的编写的能力。

（7）具备编写运维日志、报告的能力。

3. 大数据运维工程师需要具备的素质要求

（1）思想政治素质：热爱祖国，拥护党的基本路线；有良好的道德修养，尊重生命、遵纪守法、诚信友善、乐于奉献；有高尚的民族精神，积极弘扬传统文化；有坚定的理想信念，拥护中国特色社会主义，贯彻科学发展观、和谐社会理论；善于独立思考，勇于创新；具备良好的职业道德与素养。

（2）文化素质：具有良好的文化素质修养，养成诚实守信、礼貌待人、为人谦逊的文明习惯；具有正确的择业观和创业观；具有爱岗敬业、吃苦耐劳、诚实守信、办事公道、服务群众、奉献社会等美德；具有从事职业活动所必需的基本能力和管理素质，脚踏实地、严谨求实、勇于创新；具备良好的人际交往和工作协调能力。

（3）身心素质：具有一定的体育运动和生理卫生知识，养成良好的锻炼身体、讲究卫生的习惯；掌握一定的运动技能，达到国家规定的体育健康标准；具有坚韧不拔的毅力、积极乐观的态度、良好的人际关系及健全的人格品质。

（4）业务素质：掌握大数据技术与应用专业的基础理论知识；具备计算机组装与维护、办公自动化软件操作、办公自动化设备维护、计算机网络系统的维护及管理、关系型/非关系型数据库系统的维护及管理、Windows/Linux 服务器系统的配置管理、各类大数据平台的搭建、管理、维护的专业技能的能力。

2.3 大数据项目实施的工作流程

大数据项目的业务模式与传统的 IT 系统项目的业务模式有很大的不同,它在资源调配过程中,各个业务系统并不一定需要使用从网络、服务器和存储等全部硬件资源到操作系统、数据库和应用软件等全部软件资源,对资源的使用需求存在不平衡性。大数据项目实施不能完全采用传统 IT 系统项目实施的经验,它有其独有的流程。在大数据平台的建设实施过程中,首先要做好项目的前期准备工作,了解客户的实际情况、需求、业务模式和现有数据情况等;然后要基于业务需求充分开展数据探索,且数据探索应遵循数据平台建设特有的应用和数据的特点;最后根据具体数据需求对数据的使用模式及数据特点设计逻辑数据模型。在系统体系架构设计阶段,应以企业架构为指导,以具体业务需求为依据,以大数据平台建设目标为导向,根据逻辑数据模型进行设计,从物理存储、文件系统、物理数据库到大数据平台进行技术选型。结合前期数据探索得出的系统现状,确定 ETL 的主要方式和策略,以及大数据平台应用的体系架构。大数据平台应提供各种数据分析、元数据管理、主数据管理和大数据系统管理功能。首先根据项目的不同阶段进行测试验收;然后根据客户试用评估结果扩展大数据业务的应用范围;最后对大数据应用进行推广。大数据项目实施的工作流程如图 2.4 所示。

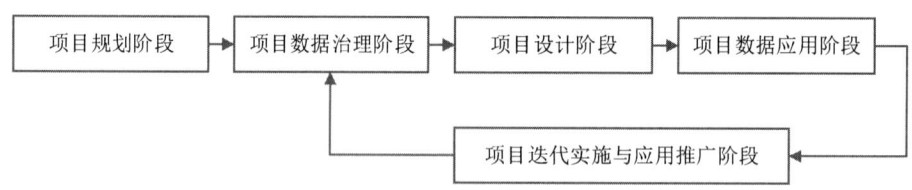

图 2.4　大数据项目实施的工作流程

2.3.1 大数据项目规划阶段

大数据项目的成功实施需要有一个良好的开端,即做好大数据项目规划阶段的各项工作。

1. 需求调研

在大数据项目正式启动前,需要深入业务场景,对实际情况和需求进行调研,了解客户的业务模式和现有数据情况,确定项目的建设背景和基本需求。根据调研结果,确认大数据项目的范围和建设目标,明确项目的建设思路和实施路线,确认项目阶段性验收标准和总体验收标准,提出项目的总体实施计划。并基于此提出项目建设的资源需求,明确项目团队成员及其分工,提出项目存在的风险并制定应对策略。

2. 业务调研

明确的业务需求是大数据平台项目成功实施的重中之重。相关人员对业务需求的理解会影响大数据平台实施过程中的每个决策,包括确立恰当的项目范围、对恰当的数据进行建模、选择恰当的产品工具等。

在业务调研阶段,要先制订访谈计划,确认访谈人员、访谈时间和访谈问题;再按照访谈计划对管理层和利益相关方进行访谈,对数据源和用户需求进行确认、筛选和分析;最后根据业务需求提炼功能需求、用户需求及非功能性需求;采用面向对象的分析方法,先根据功能需求构建功能模型，再根据用户需求构建用例模型，最后结合非功能性需求构建业务需求模型。

3．数据需求

数据平台建设具有应用和数据双驱动的特点，数据需求建模对大数据平台有着同等重要的作用，应采用源数据和业务需求双驱动的方式实施建设。采用面向过程的分析方法，结合面向源数据的分析思想，根据数据需求和源数据确定源数据的范围、分类、含义、加工规则等内容，最终构建数据需求模型。

4．项目规划

大数据项目实施团队协同客户、各个相关业务部门及干系人，根据该大数据项目的执行方针和目标，协作规划项目内容，完成大数据项目的总体规划。根据项目总体规划规划出主要的应用场景，场景规划是有效推动后续步骤的基础。项目总体规划和场景规划都完成后，需要将规划内容反复与各个相关业务部门和干系人进行沟通与确认，形成最终的项目需求说明书，并完成需求的评估和项目风险评估，评估相关规划和需求是否可以满足项目意图、战略规划及项目目标；评估风险分级和影响及规避策略。然后根据项目需求说明书和需求评估完成数据架构规划。数据架构规划是大数据项目成功实施的重要环节。

2.3.2 大数据项目数据治理阶段

规划工作完成以后就已经具备了一个大数据项目成功落地的良好基础，接下来需要按照项目规划阶段的成果继续后续的环节，首先要做的就是要有数据，并且要有高质量的数据，只有数据到位才能保障项目的有效推进和执行。

1．数据来源评估

在项目数据治理阶段，首先要进行数据来源评估，展开数据梳理的相关工作，及时发现数据来源可能存在的风险并加以处理。数据来源评估完成后，确认可以有效获取所需的对应数据来源的数据，此时就可以进行数据的获取工作了。

2．数据采集与预处理

数据采集是大数据项目中很重要的一项工作。只有有效地采集数据，才能进行后续的相关工作。

由于数据的来源及采集时间等因素，采集到的数据基本上都存在各种质量问题，所以需要投入大量的时间和精力去形成数据质量标准，并建立相对自动化的数据质量系统。对照质量标准运用多种数据预处理技术更好、更有效地存储有价值的数据，以方便平台对数据的使用。

3．元数据管理

元数据包括业务规则、数据源、汇总级别、数据别名、数据转换规则、技术配置、数据访问权限、数据用途等。元数据描述的是数据的背景、内容、结构及其生命周期管理。在大数据系统内，使用元数据作为用户交流的唯一根据，以保证企业内信息的一致性，便于知识和经验的共享。元数据还应与业务系统无缝集成，保证数据从不同源系统集成到大数据平台时数据元素的含义是统一的。元数据应有周密的安全机制，设计用户角色控制不同部门用户对不同粒度和层面的数据访问权限，对数据访问进行审计跟踪和安全检测。元数据必须是可扩展的，以保证系统扩展的灵活性。

2.3.3 大数据项目设计阶段

完成数据治理后，根据项目需求说明书对项目进行总体设计。良好的顶层设计和详尽的局部设计是大数据项目成功实施的重要保障。整体设计大数据平台从底层到应用层的技术架构，包括数据源与数据接入、数据质量提升、数据存储与检索、数据分析与挖掘、应用模型封装、服务层搭建等。该阶段主要对大数据平台搭建及开发所需的各种软/硬件资源进行评估和整体规划。

1. 大数据系统技术选型

企业大数据系统的核心需求是海量数据的存取，因为大数据具有多源性、海量性等特征，所以要求大数据系统不仅要具备丰富、灵活的数据接入能力和数据标准化处理能力，还要提供诸如信息统计、分析挖掘、全文检索等数据挖掘服务。在进行技术选型时，要满足大数据平台的核心功能需求及一些非功能性需求，如承载的集群节点、处理数据量及安全机制等。对于核心组件，应选择国内外资料及社区资源丰富、成熟度高、流行度较高、易于调用其API或基于源码进行二次开发的组件。对于核心技术，要选择商业服务性价比高，并有脱离第三方商业技术服务空间的技术。

2. 系统体系架构设计

在进行系统体系架构设计时，应以企业架构为指导，以具体业务需求为依据，以大数据平台建设目标为导向，以同业领先实践为参考；采用自顶而下进行规划与自底而上进行实现相结合的思路；明确大数据平台支撑的业务领域，对平台的业务能力进行全局化分析、设计和扩展，确保平台及其所承载应用架构的一致性、规范性、集成性、稳定性和灵活性；数据仓库架构设计要经过初步架构设计、架构模型创建、架构评估和架构实施四个阶段来逐步实现。

3. 逻辑数据模型设计

根据具体业务需求及对数据的使用模式，可将数据仓库的数据架构分为结构化数据、列式数据、文档数据和非结构化数据。各类数据的功能特点不一，加工存储的方式也不同，因此各层的数据模型设计方法也不尽相同。

结构化数据在数据模型和设计方式上兼容或沿袭了传统的数据仓库与数据库，保证原有功能可平稳地迁移至大数据平台上，以降低开发人员、运维人员和最终用户的学习及使用成本。大数据平台中的结构化数据存储提供了比传统数据仓库更强的横向扩展能力，从而实现了更高的读/写效率。

列式数据具有按业务场景组织数据的能力，它能根据相同业务场景下数据集使用的频繁程度进行集中存放，以提升数据访问效率。

文档数据是一种松耦合的半结构化数据存储和访问方式，该方式会尽量贴合业务原貌组织数据，提供更方便、快捷地进行数据的建模和查询的功能，可以更有效地应对复杂业务模型和业务变更。

非结构化数据主要通过采集获得文本、音频、视频等数据。大数据平台针对非结构化数据的特点提供了大容量、访问速度快、可用性高的存储方式。

4．数据存储设计

在进行数据存储设计时，应根据不同的逻辑数据模型，对不同的物理存储、文件系统和物理数据库进行技术选型，选择功能强大、稳定、技术支持服务良好的开源或商业产品。根据数据需求设计合理、可扩展、高效的数据存储结构和方式，并能根据业务发展进行调整和优化。建立完善可靠的数据备份及恢复机制，提高系统的可用性和可靠性。同时，使用行业内领先的信息安全手段，以保证数据的安全性。

2.3.4　大数据项目数据应用阶段

在完成前几个阶段的工作后，就将进入最重要的项目数据应用阶段了。这个阶段对大数据项目的成功实施起着承前启后的作用。该阶段会形成具体的大数据应用，并产生其应有的业务价值。

1．功能规划应用

将项目规划阶段形成的场景规划进行可实现的场景细分，并形成一个个用例（Use Case）。根据已经整理好的用例、数据开发形成直接对应大数据应用系统的功能点的具体功能规划应用。

2．数据转换加载

根据逻辑数据模型，结合业务探索和数据探索得到的系统现状确定数据转换加载的主要方式与策略；确定系统中的所有数据源及其更新频率、数据带宽、数据结构等特性；设计系统数据流程和处理方式，确保数据转换加载的时效性和加载过程的正确性，以及数据的安全性。

3．数据分析与建模

在进行数据分析与建模时，首先要明确分析目的；其次要整理分析思路、搭建分析框架，把分析目的分解成若干不同的分析要点；然后针对每个分析要点确定分析方法（如对比分析、交叉分析、相关分析、回归分析等）和具体分析指标；最后确保分析框架的体系化（先分析什么，后分析什么，各个分析点之间逻辑分明），以使分析结果具有说服力。

4．业务应用开发

确认大数据平台业务应用体系架构，依据体系架构设计开发大数据平台业务应用。大数据平台业务体系架构应满足松耦合特性，使得在复杂应用服务依赖拓扑环境下保证业务应用服务的有序性，并提供热升级、热插拔的特性。业务应用设计及其中包含的报表、查询和展示设计，均应采用先进、可靠的数据可视化手段和方式，并能在不同环境下保障不同用户拥有一致性体验。

5．大数据系统管理开发

依照大数据系统管理架构开发大数据系统安全、稳定运行所需的运维管理体系结构，包括性能监视程序的开发、数据备份与恢复程序的开发、建立用户支持服务体系和培训材料等。性能监视程序主要对集群运行情况的性能指标进行监测，包括 CPU 占用率、内存占用率、网络 I/O 占用率、磁盘 I/O 占用率和磁盘剩余容量等系统关键指标，以及每秒钟并发数、每秒钟事务数等业务关键指标。大数据管理平台对运行于集群中的各分布式系统提供运行监控和管理功能，主要指标包括 HDFS 剩余容量、HDFS DataNodes 实时读/写块数及字节数、YARN 运行应用统计、Spark 集群事件统计、Spark 任务执行时间线。系统在运行过程中可随时调整运行参数报警阈值。当系统性能指标下降到报警阈值时，管理系统会发出警报，通知运维人员检查系统状态。数据备份与恢复程序主要是为了保证分布式系统的稳定运行，确定系统数据备份策略与副本数量。当工作节点失去响应时，该程序能够快速地调整系统服务拓扑和系统数据流，并排查工作节点故障，报告运维人员修复故障或自动修复工作节点。工作节点恢复后，程序会重新将其加入集群，并实现数据迁移与负载均衡。

2.3.5　大数据项目迭代实施与应用推广阶段

迭代实施与大数据项目的特征有关，大数据项目的执行需要进行不断的验证、修正、实施这样的工作，可能需要经历多轮迭代才能达成项目目标，产生商业价值，最终完成项目建设。

1. 测试验收

根据项目的不同阶段与部分，需要进行以下几种测试。

安装测试：确保软件在正常情况下和异常情况下都能进行安装测试。异常情况包括磁盘空间不足、缺少目录创建权限等。安装测试的目的是核实软件在安装后可立即正常运行。安装测试包括测试安装手册和安装代码：安装手册提供安装方法；安装代码提供安装程序时能够运行的基础数据。

功能测试：指在没有产品说明书的情况下，分步逐项探索软件的特性，记录软件的执行情况，详细描述其功能，综合利用静态和动态技术进行测试。通常，功能测试采用的是探索性测试的方法，测试人员只靠对产品的使用对 Bug 的位置进行判断，因此，探索测试又被称为自由形式测试。

负载测试：用来测试一个应用在重负荷下的表现。测试系统在大量并发请求下的响应在何时会退化或失败，以发现设计的错误或验证系统的负载能力。在这种测试中，测试对象将承担不同的工作量，以评测和评估测试对象在不同工作量条件下的性能行为及持续正常运行的能力。负载测试的目标是确定并确保系统在超出最大预期工作量的情况下仍能正常运行。此外，负载测试还要评估性能特征，如响应时间、事务处理速率和其他与时间相关的性能。

安全测试：用来测试系统在应对非授权的内部或外部用户的访问或故意破坏等情况时的能力。安全测试一般需要利用复杂的测试技术，因此对测试人员的安全技术水平有一定的要求。安全测试是检查系统对非法侵入的防范能力。安全测试期间，测试人员假扮非法入侵者，采用各种办法试图突破防线。

验收测试：指与系统相关的用户或独立测试人员根据测试计划和结果对系统进行测试与接收。验收测试的结果确定产品是否能够满足合同或用户的需求。用户通过验收测试决定是否接收系统。

2. 试用和评估大数据应用系统

试用和评估大数据应用系统是指在完成测试基本业务功能和流程的基础上，从功能性、易用性和业务结合性三个角度出发，将大数据平台与传统数据仓库进行对比评估，并在系统使用一段时间后进行系统性能、安全性和可扩展性的对比评估。进而根据试用和评估反馈进一步调整大数据平台和现有应用系统。

3．大数据应用的推广

根据试用和评估的结果拓展大数据业务的应用范围。根据试用和评估阶段得出的迁移与使用经验，将更多的业务系统迁移至大数据平台上。使用大数据平台的结构化数据分析，结合传统数据仓库的数据分析，并根据实际业务需要，利用大数据平台的非结构化数据分析和数据挖掘功能，完成传统数据仓库与大数据平台的结合。

2.4 大数据运维的日常工作

所谓"三分建设，七分运维"，就是指在大数据系统部署完成交付后，需要持续进行系统运维工作。大数据平台系统通常构建在数据中心之上，对大数据平台进行运维包含对数据中心进行运维。大数据系统运维的日常工作内容主要为集群部署与组件配置管理、集群状态监控、系统巡检与日志分析、故障排查与管理。在运维工作中，运维人员通常使用高效的配置管理工具辅导完成集群部署与组件配置工作。大数据集群通常由几十台至数百台服务器构成，运维人员需要根据实际应用需求，实时监控系统的软/硬件的健康状况。运维人员应重点关注系统资源的请求数量及类型、请求处理用时、错误数量和类型等系统运行状态参数。监控的覆盖面毕竟有限，因此需要运维人员按照巡检计划，对环境、设备及应用系统进行检查并做好巡检记录。对巡检中发现的问题，运维人员要及时进行分析处理。故障排查是大数据运维的一项重要工作。运维人员需要熟悉所运维系统的设计原理、运行方式、集群架构及网络架构。同时需要熟练掌握故障排查流程、故障备案报送流程、应急处置技术及故障排除方法。故障排查流程一般包括应急处置与故障定位、故障报告、故障检查、故障诊断、故障测试与修复等。

2.4.1 应急处置

运维的目的是保障系统正常运行。如果系统出现故障，那么首先要考虑的是保存故障场景，之后是屏蔽故障、保障系统带病运行。一个带病的、低效率的、部分功能运行的系统比没有系统要好得多。在大型分布式系统或集群系统中，这项工作尤为重要。

要做到屏蔽故障，首先要对故障做出基础判断，判断其主要的可能性。在集中式系统中，如果有备用服务器，则首先考虑将应用切换到备用服务器上继续运行；在集群系统中，将用户流量从问题集群导向其他还在正常工作的集群，或者将流量彻底抛弃以避免连锁过载问题；在分布式系统中，需要考虑关闭问题节点。如果能够判断出是某些应用或系统功能导致问题产生的，则考虑关闭这些功能以降低负载。缓解系统问题是运维人员的第一要务。

如何才能具备这种初步定位故障的能力呢？运维工程师首先要熟悉运维手册，常见的可能性及处置方式在手册中一般都会有记载，可以对照修改执行；其次，运维工程师要掌握服务器、数据库、集群、网络及应用的相关知识，在知识的追求上务必要做到广博、全面，当然能精通更好，只有具备了足够的知识技能，才能做出合理的判断。部分企业可能没有详细可用的运维手册，也不一定有合理的运维流程，这时候运维工程师的能力就是唯一的依靠。

应急处置完成后，要及时保存故障场景，如故障表现、系统日志、服务日志等，为故障检查做准备。如果在应急处置前没有生成故障报告，则应该在这时候补上。

2.4.2　故障报告

故障报告是每个系统故障得以处理的起源。故障报告应该写清故障时间、故障表现、理论表现、与故障有关的操作及如何重现。这些报告应该用格式一致的定制表单表示，如果有运维管理系统，就存储在运维管理系统中。有条件的企业可以基于常见问题建立自服务分析工具或自服务修复工具，帮助用户创建标准的故障报告。

在故障处理流程上，故障报告是处理的起源，这是因为很多时候系统值班的并不是骨干运维工程师，而是普通值班员或初级工程师。所以值班人员并不具备处理能力，只能按照流程要求对故障进行分级，通常分为3到5级，对于高级别故障，需要及时呼叫高级别维护工程师处理。在实际运维中，不是所有故障都需要实时处理，大部分故障都是诸如日志空间剩余低于阈值等常规问题，此时只需记录故障报告，运维工程师定期处理即可。对于紧急故障，应遵循边记录边处理或先处理再记录的原则，首先保障系统运行。如果值班人员没有处理权限或能力不够，则应该第一时间呼叫上级工程师。

2.4.3　故障检查

如果应急处置措施是成功的，那么很可能已经将故障屏蔽到了系统的某个区域，如集中式系统的主服务器、集群系统的某个集群或分布式系统的某个节点。当然也不排除可能是多个原因连锁引发的故障，甚至某些原因在我们的定位之外，但这类问题发生的概率比较低，因此我们还是要先检查屏蔽区域。

如果用户企业有完善的运维系统或监控系统，那么当故障发生时，在系统界面上应该能够体现故障的位置，位置的精确度不同，系统体现的效果也不同，这可以成为故障检查的主要参考。更理想的情况是监控系统有完整的监控指标。例如，故障发生时的组件状态、流量变化、通信变化等，这些指标可以帮助我们进一步定位故障。也可以对照查看运营报表，通过查找不同图表的相关性来进一步确定故障所在。部分小型企业不具备完善的运维系统或监控系统，可以通过日志进行逐步排查。

日志是另外一个故障检查的有效手段。可以检查的日志包括系统日志、数据库日志、通信日志及应用系统日志。用户或应用的每个动作在这些日志中都会有所反映，利用跟踪工具跟踪这些日志可以清楚地知道大数据系统的实时工作状态。事实上，运维系统和监控系统的大部分功能均依靠这些日志完成。在复杂系统中，需要设计专门的跟踪工具以体现多种日志中信息的关联性。日志一般为文本类型或结构化的二进制文件，可以利用日志分析工具进行事后分析。通常，日志内的信息根据采集精度不同分为多个级别，级别越高，精度越高，但所需的存储空间和系统运算资源也越多，运维工程师可以根据需要调整合适的级别。目前，所有系统和主要应用均采用可动态调整的多级日志，如果需要更高的精度，则可以动态调整，无须关停、重启系统或应用。

在分布式系统或集群系统中，可以通过软件系统的监控页面显示最近接收的远程过程调用（RPC）采样信息。这样就可以直接了解该软件服务器正在与哪些机器通信，而不必去查阅具体的架构文档了。这些监控页面同时会显示每种类型的RPC错误率和延迟的直方图，这样可以快速查看哪些 RPC 存在问题。有些系统的监控页面中还会显示系统目前的配置文件信息，或者提供查询数据的接口。

有些运维系统或监控系统提供有客户端，可以直观显示某个组件在收到请求后具体返回的信息，以更便捷的方式让运维人员了解组件的运行状态。

2.4.4 故障诊断

通过故障检查，我们可以对故障进行进一步的定位，对于简单系统或简单故障，如网络端口故障、系统级服务故障等基本上可以确定其位置。但对于复杂系统，如复杂的集群或多节点、大型电商之类的复杂应用，可能需要进行进一步的故障诊断。

多层系统需要多层组件共同协作完成，这些组件可能在查明的故障点的不同节点或集群上，我们需要查明具体是哪个或哪些组件有问题，这就需要将组件拆解并进行分步测试。

组件测试采用黑盒测试的方法：首先完成测试文档，按照设计规则枚举理论上的输入和输出；然后在输入接口输入不同的测试数据，观察输出结果是否满足理论输出结果，以此判断这一部分组件是否正常。也可以检查组件之间的连接或中间数据来缩小判断范围。

如果在故障检查中圈定的范围较小，则可以采用逐个组件测试的办法，从起始端开始逐个测试，直到尾端。如果圈定的范围较大，则可以采用对分法分成两部分，测试出异常数据的那部分，再对这部分组件进行对分或逐个测试，以确认故障所在；也可以将圈定组件分成若干段，分段进行测试以快速确定目标。如果面对的是一个长期运转良好却突然出现问题的系统，则可以检查近期对系统进行的修改，这种检查通常对故障的查找很有帮助。

设计良好的系统应该有详尽的生产日志，记录了整个架构中新版本部署或配置文件的更新，包括处理用户请求的服务进程，以及集群中每个节点的安装版本信息。将系统的环境改变与系统性能和行为进行对比，也可以帮助运维人员快速进行故障诊断。在进行系统的设计开发时，有针对性地开发诊断工具和诊断子系统，这样能让运维工作更有效。

2.4.5 故障测试与修复

我们在进行故障检查时，会形成一个可能的故障原因列表，在检查和诊断过程中对这个列表进行排除或细化。通过执行不同的测试确认或推翻我们列举的假设。在故障诊断中，介绍了如何通过黑盒进行组件测试，这种测试如果定位到单一组件内部，那么我们就可以确定故障在这个组件上，而不是在相关的系统资源上。但是如果只能定位在少量的组件间，那么还需要进一步的测试以确认或推翻我们列举的假设。例如，假设一个错误是由于应用逻辑服务器和数据库之间的网络连接问题导致的，或者是由于数据库拒绝连接导致的，那么通过 ping 数据库服务器可以测试第一个假设；通过测试应用服务器的用户名和密码，实际连接数据库，可以验证第二个假设，这些都取决于具体系统的网络拓扑环境、防火墙配置等。通过执行测试，可以将一组假设推翻，同时确认另一组假设。在实际执行过程中，先确定假设发生的可能性，然后按照发生可能性的顺序执行测试，同时考虑该测试对系统的危险性。先测试网络连通性，再检查是否因为最近的配置文件改变导致用户无法访问某机器。

运维工程师应当把运维过程明确地记录下来，从故障报告直到故障解除，期间采用了哪些方法、执行了哪些测试，以及结果是什么。尤其在处理更加复杂的问题时，良好的文档可以帮助运维工程师记录曾经发生过什么，以避免重复执行。

2.5 本章小结

本章主要介绍了与大数据实施和运维相关的从业工作者的工作职责和能力素养要求，以及大数据项目实施的大致流程和大数据运维的日常工作。

第 3 章 大数据的应用场景与案例

> **学习目标**
>
> - 了解大数据平台架构的典型行业应用场景。
> - 了解大数据平台架构的典型企业应用场景。
> - 理解 Hadoop 生态圈中行业应用的典型实战案例。
> - 理解 Hadoop 生态圈中企业应用的典型实战案例。

本章对大数据平台在行业和企业中的应用场景做了介绍和展望，同时列举了 Hadoop 技术在企业和行业中的典型实战案例。通过本章的学习，可以帮助大家了解大数据技术的广阔前景，以及大数据技术在这些行业及企业中是如何部署实现的。

3.1 大数据平台架构的典型行业应用场景

近年来，大数据已经融入了各行各业，影响着我们生产、生活的方方面面。例如，在我们上网购物时，电子商务门户网站经常会向我们推荐商品，往往这类商品都是我们最近浏览比较多或有购买意向的商品。这正是大数据平台发挥的作用。大数据平台搜集记录用户上网行为轨迹的相关数据，并通过大数据分析，运用推荐系统预测用户可能需要的物品，再通过电子商务门户网站进行推荐，从而达到精准营销的目的。

3.1.1 医疗行业的应用

大数据让我们就医、看病更简单、便捷。过去，医生一般都通过经验分析患者病情并制订治疗方案。临床经验丰富的医生固然能够为患者提供较好的治疗方案，但由于医生的水平与经验不同，所以很难保证给患者提供最佳的治疗方案。随着信息技术在医疗行业的深度应用，所有常见病例、既往病例、治愈方案、药物报告等信息资源都存储在大数据平台中。医生通过查看患者有效、连续的诊疗记录，结合其他相似病例的治愈方案，能够给患者制订更优质、合理的诊疗方案。这样不仅提高了医生的看病效率，还能够有效地降低误诊率，从而让患者得到有效的治疗。大数据在医疗行业的具体应用如下。

（1）优化医疗方案，提供最佳治疗方案。在面对数目及种类众多的病菌、病毒，以及肿瘤细胞时，疾病的确诊和治疗方案的确定是很困难的。借助大数据平台，医生可以搜集不同患者的疾病特征、病例和治疗方案，从而建立医疗行业的患者分类数据库。如果未来基因技术发展成熟，则可以根据患者的基因序列特点进行分类，建立医疗行业的患者分类数据库。医生在诊断病情时，可以查看患者的疾病特征、化验报告和检测报告，查询疾病数据库，准确定位病变位置，加快疾病确诊过程。在制订治疗方案时，医生可以依据患者的基因序列特点，从治疗方案数据库中查询具有相似基因、年龄、人种、身体情况的有效治疗方案，从而制订适合患者的治疗方案。另外，这些数据也有利于医药行业研发出更加有效的药物和医疗器械。

（2）有效预防和预测疾病。预防疾病产生的最简单的方式就是做好健康状况监测。通过智能穿戴设备，如智能手表、手环等或手机等终端设备采集个人健康数据，并将各自的健康数据、生命体征指标建立健康档案，存储在健康管理系统的数据库中。通过大数据分析应用，推动疾病预防、治疗、康复和健康管理的一体化健康服务，这是未来健康服务管理的新趋势。当然，这不仅需要医疗机构加快健康管理系统和疾病大数据分析平台的建设，还需要人们定期去做检查、及时更新数据，以便通过大数据分析平台预防和预测疾病的发生，做到早治疗、早康复。当然，随着大数据的不断发展及其在各个领域的应用，一些大规模的流行性疾病也能够通过大数据实现预测了。

3.1.2 金融行业的应用

金融行业作为较早运用信息化的行业，拥有丰富的数据，我国从20世纪90年代就普遍运用数据仓库技术进行业务营销和战略决策了，目前，大数据在金融行业已经有了较广泛的应用。麦肯锡的一份分析研究报告中显示，金融行业在大数据价值潜力指数中排名第一。花旗银行已经开始用大数据系统辅助理财师为财富管理客户推荐产品了，并预测未来计算机推荐理财的市场份额将超过银行专业理财师推荐理财的市场份额。摩根大通银行利用决策树技术降低了不良贷款率，转化了提前还款客户，一年为摩根大通银行增加了6亿美元的利润。VISA公司利用Hadoop平台，将730亿笔交易处理的时间从一个月缩短到了13min。大数据在金融行业的典型应用场景具体如下。

（1）精准营销。银行在互联网的冲击下，迫切需要掌握更多的用户信息，构建用户360°立体画像，即可对细分的客户进行精准营销、实时营销等个性化智慧营销。

（2）风险管控。应用大数据平台可以统一管理金融企业内部的多源异构数据和外部征信数据，更好地完善风控体系。内部可保证数据的完整性与安全性，外部可控制用户风险。

（3）决策支持。通过大数据分析方法改善经营决策，为管理层提供可靠的数据支撑，从而使经营决策更高效、敏捷、精准。

（4）服务创新。通过对大数据的应用，加强与客户之间的交互并增加客户黏性，为个人与企事业单位提供增值服务，不断增强金融企业业务的核心竞争力。

（5）产品创新。通过高端数据分析和综合化数据分享，有效对接银行、保险、信托、基金等各类金融产品，使金融企业能够从其他领域借鉴并创造出新的金融产品。

（6）高风险客户识别与预防恶意欺诈。随着互联网金融爆发式地发展，P2P行业面对的风险也在加大，除了传统的信用风险，外部欺诈风险也正在成为一项主要风险。

3.1.3 零售行业的应用

美国零售行业曾经有这样一个传奇故事：某家商店将纸尿裤和啤酒并排放在一起销售，结果纸尿裤和啤酒的销量双双增长。为什么看起来风马牛不相及的两种商品搭配在一起，能得到如此惊人的效果呢？后来经过分析发现，同时购买这两种商品的人多数是已婚男士，他们在为小孩购买纸尿裤的同时会为自己购买一些啤酒。发现这个秘密后，沃尔玛超市就大胆地将啤酒摆放在了纸尿裤旁边，使顾客购买的时候更方便，销量自然也会大幅增长。这个例子展示了大数据的潜在价值，这正是零售行业的核心竞争力。大数据在零售行业的具体应用场景如下。

（1）精准定位零售行业市场。企业想进入或开拓某一区域的零售行业市场，首先要进行项目评估和可行性分析，只有通过项目评估和可行性分析，才能最终决定是否适合开拓这块市场。通常需要分析这个区域的流动人口数量、客户的消费水平、客户的消费习惯、市场对产品的认知度、当前的市场供需情况等。这些问题的背后包含的海量信息构成了零售行业市场调研的大数据，对这些大数据进行分析的过程就是市场定位过程。

（2）支撑行业收益管理，优化资源配置。电商是最早利用大数据进行精准营销和营销预测的行业。电商积累的数据量足够大，且数据较集中、数据种类较多，其商业应用具有较大空间，包括预测流行趋势、消费趋势、地域消费特点、客户消费习惯、消费行为的相关度、消费热点等。依托大数据分析，电商可帮助企业进行产品设计、库存管理、计划生产、资源配置等，有利于精细化大生产、提高生产效率、优化资源配置。

（3）挖掘零售行业的新需求。作为零售行业企业，如果能对网上零售行业的评论数据进行收集，建立网评大数据库，然后利用分词聚类、情感分析了解消费者的消费行为、价值取向、评论中体现的新消费需求和企业产品质量问题，就可以利用这些来改进和创新产品、量化产品价值、制定合理的价格并提高服务质量，以从中获取更大的收益。

3.1.4 地产行业的应用

地产行业正在从黄金发展期进入白银发展期，房地产公司从过去的粗放经营转向精细化经营。一些房地产公司和大数据公司正在寻找大数据在地产行业的应用场景，并且已经取得了阶段性的成果。移动大数据正在帮助地产行业在土地开发、小区规划、商铺规划、地产O2O，甚至地产金融等方面发挥作用。大数据在地产行业的具体应用场景如下。

（1）在商业地块定价策略方面的应用。越来越多的房地产公司正在利用移动大数据来客观、精确地估计其开发的土地价值，以降低土地投资费用。房地产公司也将参考用户信息进行房型设计、商铺规划、配套设施规划等，真正将大数据价值应用到房地产项目上去，从而优化资源配置、提高运营效率。大数据公司利用移动设备的位置数据帮助房地产公司了解其开发地块的常住人口的数量、年龄分布和职业特点、收入水平。通过数据分析，房地产公司可以客观地了解其开发地块每天居住的人口数量，进入的人口数量，第二天离开的人口数量，以及这些人口的活动规律、年龄阶段、职业类型、收入水平、消费水平等。这些数据可以帮助房地产公司对土地价值进行评估。很多房地产公司已经利用移动大数据进行土地价值的估算了，避免采用户籍人口数量的方式评估土地价值，从而降低土地投资成本和开发风险。

（2）在商铺地产规划上的应用。移动互联网的大数据可以帮助房地产公司了解客户的消费偏好，通过用户智能手机的 App 列表及其活跃程度，大数据公司可以对周围居民进行分析和画像。这些画像包括客户的生活爱好、年龄层次、消费特点等信息。房地产公司依据周围用户的特点和数量规划教育、娱乐、健康、户外运动、美容等商铺的配置比例，确保有足够的商铺来满足客户的需求，最大化商铺的利用率和客流量，合理配置商铺资源。

3.1.5 农业的应用

借助大数据提供的消费能力和趋势报告，政府可对农业生产进行合理的引导，依据需求进行生产，避免产能过剩造成不必要的资源和社会财富的浪费。

通过大数据的分析，可以更精确地预测未来的天气，帮助农民做好自然灾害的预防工作，帮助政府实现农业的精细化管理和科学决策。

3.1.6 政务和智慧城市的应用

利用大数据技术可以了解经济发展情况，各产业的发展情况、消费支出和产品销售情况等，依据分析结果，科学地制定宏观政策、平衡各产业发展、避免产能过剩、有效利用自然资源和社会资源、提高社会生产效率。大数据技术也能帮助政府进行支出管理，透明、合理的财政支出有利于提高公信力并监督财政支出。

3.1.7 教育行业的应用

信息技术已在教育领域有了越来越广泛的应用，如教学、考试、师生互动、校园安全、家校关系等，教育教学的各个环节都被数据包围了。

通过大数据的分析优化教育机制，可以做出更科学的决策，这将带来潜在的教育革命，个性化学习终端将会更多地融入学习资源云平台，根据每位学生的不同兴趣爱好和特长，推送相关领域的前沿技术、资讯、资源，甚至未来职业发展方向的相关学习资源。

3.1.8 环境行业的应用

气象大数据主要是指气象领域围绕智能预报和智慧服务，在气象数据采集、加工处理、预报预测、共享服务、存储归档等气象业务和科研工作各个环节产生的各类数据。主要有气象观测数据，以及在此基础上加工形成的气象产品数据和互联网气象数据。这些数据经过整理之后可以用于提高预报的准确性，也可以对外进行开放共享。

《中国气象大数据（2018）》显示，开放共享的气象数据已广泛应用于交通运输、新能源、农业、移动互联软件开发和服务、公共管理等领域中，效益显著。另外，开放共享的气象数据还广泛应用于智慧城市、智慧交通、智慧农业等多个领域中。

3.2 大数据平台架构的典型企业应用场景

大数据平台主要用来对海量多样化的数据源进行数据采集、数据存储、数据分析和数据处理，并满足日渐增长的扩展性要求。大数据平台的企业应用场景大致有以下几类。

3.2.1 舆情分析

政府单位及部分企业需要做舆情分析，要求所有数据存放若干年，每日采集的舆情相关数据量可能超百万条。这些政府单位要求对舆情数据进行查询，提供全文本搜索的功能，并要求响应时间控制在秒级。针对这样的应用需求，大数据平台架构如图 3.1 所示。

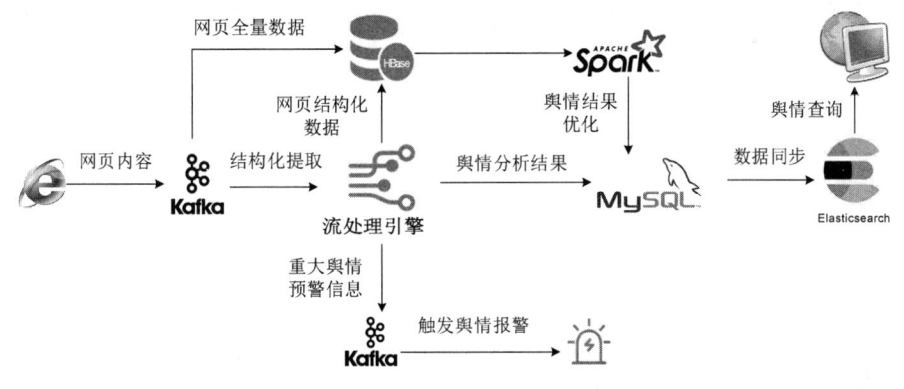

图 3.1 舆情分析大数据平台架构

如今舆情分析大数据平台多采用基于开源的大数据系统结合 Hadoop、Spark 体系下的 Lambda 大数据架构。这套架构的最大优势就是支持海量数据的批量计算处理（离线处理），同时支持流式的实时处理（热数据处理）。

（1）舆情分析系统的上游是分布式的爬虫引擎，它根据抓取任务获取网页内容。爬虫程序会把抓取到的网页内容实时写入 Kafka 队列中，进入 Kafka 队列的数据根据具体的计算需求实时流入流处理集群（如 Spark 或 Flink），并全量存储在 Hadoop 集群的 HBase 数据库或 Hive 数据仓库中。网页全量数据的存储可以满足网页爬取去重及批量离线计算的需求。

（2）流处理引擎会对原始网页进行结构化提取，将非结构化网页内容转化为结构化数据并进行分词。例如，提取出网页的标题、作者、摘要等，对正文和摘要内容进行分词。提取出的要素及分词结果会写回 HBase。结构化提取和分词后，流计算引擎会结合情感词库进行网页情感分析，判断是否有舆情产生。

（3）流处理引擎分析的舆情结果存储在 MySQL 或 HBase 数据库中，为了方便结果集的搜索查看，需要把数据同步到一个搜索引擎（如 Elasticsearch）中，方便进行属性字段的组合查询。如果是重大舆情，则需要写入重大舆情预警信息 Kafka 队列中，从而触发舆情报警。

（4）全量的结构化数据会定期通过 Spark 系统进行离线计算，更新情感词库或接受新的计算策略，重新计算历史数据并修正实时计算的结果。

3.2.2 商业智能

商业智能（Business Intelligence，BI）产品的需求主要是针对数据集进行的数据分析，它以聚合运算为主，如求和、求平均数、求同比、求环比、求平方差或标准方差等。大数据平台既能满足大数据量的水平可伸缩要求，又能满足高性能的聚合运算。同时，大数据平台提供高效的列式存储，可以有效满足商业问题分析的需求。针对 BI 的应用需求，BI 大数据平台架构如图 3.2 所示。

图 3.2 BI 大数据平台架构

H3C DataEngine BI 采用 B/S 架构，由纯 Java 语言开发，支持所有可部署 JDK 的操作系统，如 Windows、UNIX、Linux、Aix 等。支持所有的有 JDBC 接口的数据库，如 Oracle、SQL、Sever、MySQL、Sybase、DB2、Postgre、Derby 等。支持 DataEngine 大数据平台和大规模并行分析（MPP）数据库、分布式数据库等主流大数据平台；借助大数据平台的分布式分析能力可快速实现数据可视化分析，可进行数据业务层面的数据地图、多维分析、管理驾驶舱、复杂报表等功能。

BI 自带数据处理工具，可以对数据进行转换处理，如构建自循环列等。从数据采集到数据处理，再到数据的存储和管理，FineBI 完善的数据管理策略为前端的业务自由探索数据分析提供了强大的数据支持。BI 平台可将 H3C DataEngine 底层的离线计算引擎、流处理引擎和分布式数据库引擎作为数据源，在海量数据之上进行多维度的数据分析和探索挖掘。BI 平台支持实时数据和抽取数据两种模式，让 BI 既可以预先抽取数据使用分布式数据库引擎进行离线计算，以支撑快速灵活的前端分析；又可以通过数据库实时引擎进行实时大数据分析。BI 的可视化探索分析面向分析用户，让他们能够以最直观、快速的方式了解自己的数据，并发现数据问题。用户只需进行简单的拖曳操作，选择自己需要分析的字段，在几秒钟内就可以看到自己的数据，通过层级地收起和展开，可以迅速地了解数据的汇总情况。同时，BI 提供的强大的可视化效果可以让用户的数据以更生动、更有冲击力的方式展示出来。BI 以用户思维主导的可视化分析还能根据用户选择的数据自动推荐可视化效果，让用户的数据分析处理更高效。

3.3 Hadoop 生态圈中行业应用的典型实战案例

3.3.1 电信行业——中国移动基于 Hadoop 的大数据应用

在中国移动的"大云"产品总体架构中，分析型 PaaS 产品底层基于 Hadoop 数据存储和分析平台，在技术路线方面选择数据仓库与 Hadoop 混搭的方式，借鉴了关系型数据仓库在传统应用支持方面，以及在复杂查询和分析方面的快速响应能力，也借鉴了 Hadoop

的非结构化数据处理能力及存储的低成本。屏蔽 Hadoop 与数据仓库的使用细节，让用户在使用这些数据时尽量无感知；在数据的 ETL 采集预处理环节，尽量采用 Hadoop 与分布式 ETL 的方式，以提高数据转换效率并降低成本。

3.3.2 金融行业——VISA 公司的 Hadoop 应用案例

VISA 公司拥有一个全球最大的付费网络系统 VisaNet，用于信用卡的付款验证。在 2009 年，每天就要处理 1.3 亿次授权交易和 140 万台 ATM 的联机存取。为了降低信用卡各种诈骗、盗领事件的损失，VISA 公司得分析每一笔事务数据以找出可疑的交易。虽然每笔交易的数据记录只有短短的 200B，但每天 VisaNet 要处理全球上亿笔交易，两年累积的资料多达 36TB，过去只是分析 5 亿个用户账号之间的关联，就需要等待 1 个月才能得到结果。VISA 公司在 2009 年引入了 Hadoop 平台，建置了 2 套各 50 个节点的 Hadoop 集群，使分析时间从 1 个月缩短到了 13min，从而能够迅速地找出可疑的交易，更快地对银行提出预警，甚至能及时阻止诈骗交易。

3.3.3 电商行业——eBay 网站的 Hadoop 应用案例

经营拍卖业务的 eBay 使用 Hadoop 分析买卖双方在网站上的行为。eBay 拥有全世界最大的数据仓储系统，每天增加的数据量有 50TB，这些数据包括结构化数据和非结构化数据，如照片、影片、电子邮件、用户的网站浏览日志记录等。

eBay 作为全球最大的拍卖网站，活跃用户量破亿，这些用户每五天产生的数据量就相当于增加了一座美国国会图书馆。eBay 用 Hadoop 解决同时要分析大量结构化数据和非结构化数据的难题。eBay 使用一个软硬件整合的平台 Singularity，搭配压缩技术解决结构化数据和半结构化数据的分析问题，运用 Hadoop 处理非结构化数据的分析问题，通过 Hadoop 的组件进行数据预处理，将大块结构的非结构化数据拆解成小型数据，再放入数据仓储系统的数据模型中进行分析，从而加快分析速度，同时减轻对数据仓储系统的负载。

3.4 Hadoop 生态圈中企业应用的典型实战案例

3.4.1 新华三大数据集成平台在大地影院的应用案例背景

大地影院是广东大地影院建设有限公司拥有的影院品牌（以下简称"大地"），成立于 2006 年，负责旗下大地影院、橙天嘉禾、自由人影城、中瑞国际影城、悦影绘等直营影院的经营与管理。截至 2019 年 12 月，大地所属影院已超过 1174 家，银幕数量超过 7000 张，影城遍布全国 30 个省、直辖市及自治区，横跨 471 个城市和地区。2019 年，大地院线全年观影人次达 1.74 亿，全年总票房突破 58 亿元。经过十余年的发展，大地凭借其规范的连锁化经营、标准的信息化建设及优质的人性化服务，成为以电影文化为核心的全方位商业服务公司。

2015 年，大地在业内首次提出"电影+"的概念，深度经营电影文化族群，打造"电影+创意互联网""电影+创意零售""电影+创意餐饮"等多业态经营的体验式影院生态圈，广受业界及媒体关注。大地是国内较早将大数据技术应用于会员运营管理的公司。

3.4.2 大地的应用案例的用户痛点分析

大地自成立之日起就非常重视信息化建设，2016年，大地投入重金专注于信息化平台建设和电商平台的建设，从网络架构、网络安全、数据中心到高速网络接入等方面进行全面优化升级，并与百度在联合会员、在线选座、营销渠道等方面展开了战略合作，支持大地"电影+"战略落地。随着业务规模的增长，原系统使用单机MySQL进行数据建仓，运转多年已遇到了存储与计算上的瓶颈。大地技术团队自行研发的ETL工具已无法满足当前快速增长的影院业务要求，同时，集团高层对财务、票房等数据的图形化展现时效性的要求提高了。另外，集团负责影院数据运营支撑团队人数严重不足。

3.4.3 大地的应用案例的项目需求

基于以上痛点，大地决定对原信息化系统中的数据决策支持部分进行升级改造。新建大数据平台，在ETL能力方面，提出了支撑1000家以上影院；支持Kafka作为消息中间件，提供失败告警的能力；支持作业监控，提供流程数据完成性核查；支持复杂转换能力的功能需求。在平台调度能力方面，要求支持精确到秒的时间调度能力；支持任务间依赖调度；支持失败重试、多次重试失败挂起；支持准实时调度；支持按天、月调度，支持自定义负责调度等。在非功能性需求方面，要求支持定制化影院管理；支持快速影院作业的创建（模板功能）；支持快速批量管理（下发、停止、删除）；支持突发状况应急等。

3.4.4 大地的应用案例的数据构成

大地原信息化系统已经积累了海量的院线业务数据和院线周边的电商数据。这些数据分别是分布在全国30个省、直辖市及自治区的500余家影院的基于SQL Server数据库的数据和9个电商平台架设在阿里云上的MySQL数据库的数据。来自影院的数据具有完全一致的库表结构，可以通过网络传输、转换并加载到MySQL数据库中；来自电商平台的数据因主营业务各不相同，所以其数据库的库表结构不一致，复杂度也各不相同，给ETL工作带来了一定的困难。此外，还有淘票票、猫眼、阿里云数据库、第三方数据的采集和叠加处理，数据类型、采集方式、调度方式各不相同。

海量数据实时处理的需求：50多张大表，很多表有200多个字段，总64亿行的数据需要做合并、关联、对比等批量处理。处理后的数据可以为上层业务分析做支撑。以上这些都需要通过1个平台实现数据的采集加工处理。

3.4.5 大地的应用案例的技术方案设计与实现

为了充分适应互联网快速发展的形势，该大数据系统针对传统用户数据采集系统在实时性、吞吐量、终端覆盖率等方面的不足，分析了大地在互联网流量剧增的背景下用户数据采集系统的需求，研究了在多种访问终端和多种网络类型的场景下用户数据实时、高效采集的方法，并在此基础上设计和实现了实时、有序和健壮的用户数据采集系统。该系统以500多家影院数据、电商平台数据和其他第三方数据作为源数据，存储框架采用分布式消息队列（Kafka）作为数据服务总线，具有实时、高吞吐、通用性好等优点。大地大数据采集分析平台的总体架构如图3.3所示。

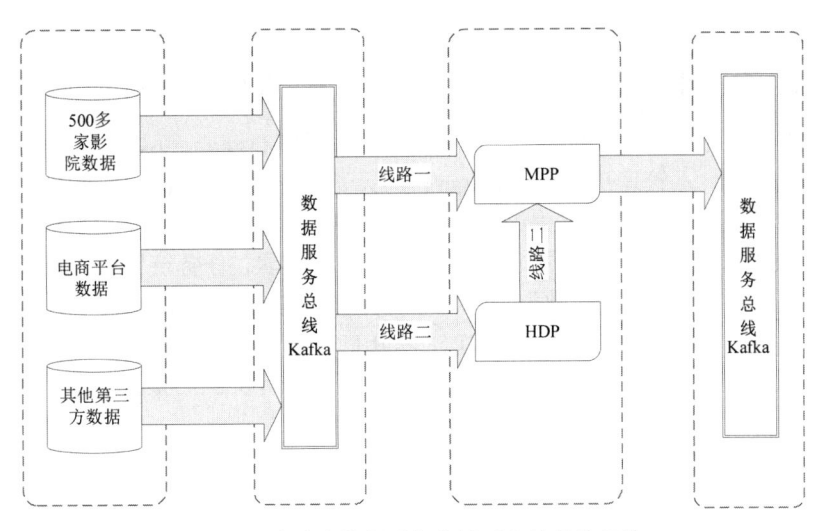

图 3.3　大地大数据采集分析平台的总体架构

大地大数据采集分析平台项目设计采用云化分布式 ETL 引擎，充分发挥集群资源实现了负载均衡，大幅提高了 ETL 效率，尤其适用于大数据平台的并行处理，且性能随着数据平台的扩展而提升。本项目设计由 13 台物理服务器组成集群。其中，3 台服务器安装 H3C DataEngine HDP 集群，用于非结构化数据的处理；4 台服务器安装 H3C DataEngine MPP 数据库，用于结构化数据的处理；5 台服务器安装 H3C 数据集成平台集群，用于整个 ETL 过程的调度管理；1 台服务器安装 H3C DataEngine BI 平台，用于上层数据的应用展示。大地大数据采集分析平台的拓扑结构如图 3.4 所示。

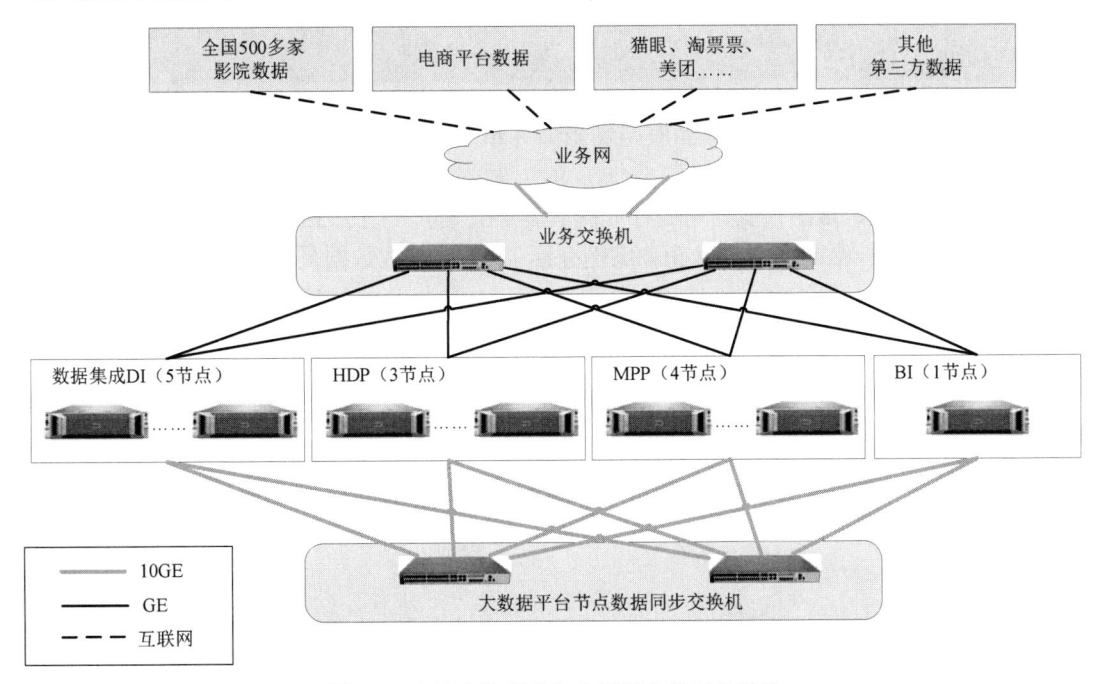

图 3.4　大地大数据采集分析平台的拓扑结构

3.4.6　大地的应用案例系统核心组件（H3C 数据集成组件）简介

H3C 数据集成组件（H3C DataEngine DI）由设计器（Designer）、执行器（Executor）、调度器（Scheduler）、管理平台（Manager）与元数据库（Repository）构成。当多源异构数据传入 H3C 数据集成组件后，由组件的 Manager 模块进行任务的集中管理，该模块是一个 Web 化的集中管理平台，其功能包含但不限于任务管理、任务链管理、资源库管理、监控管理、警告报警、历史回顾、数据流量统计、系统管理等。由 Scheduler 模块负责控制单一任务或任务链的调度。由 Executor 模块实现分布式抽取、海量数据源适配、分布式加载及 ETL 数据处理任务的功能，该模块还负责维护任务运行实例的整个生命周期。

3.4.7　大地的应用案例的系统优势及成效

大地使用 H3C 的数据集成平台 DI 实现了远距离、大规模、多样海量数据的分布式快速采集、处理。通过企业级大数据平台 HDP+MPP，实现了海量异构数据的存储、分析处理。通过数据智能商务引擎 BI 实现了数据的可视化展示，并支撑财务、业务等多个系统。

大地通过使用新华三的分布式数据集成软件实现了全国 500 多家影院每天新增 2300 万笔院线数据和网络销售平台每天新增 980 万笔数据的高效采集；利用 H3C DataEngine 计算引擎实现了数据的实时去重、排序、转换和关联，处理时间缩短为原先的 20%。H3C DataEngine 大数据平台实现了影院数据的实时分析展现，为影院排片、影院产品销售等场景提供了精准的分析支撑。

3.5　本章小结

本章主要介绍了大数据技术的应用场景，并举例说明了在真实案例中，大数据技术的构成，以及为客户解决问题的过程。

通过电信行业、金融行业、电商行业的典型实战案例介绍了 Hadoop 大数据采集分析平台的行业应用场景，并通过大地的企业案例介绍了 Hadoop 大数据采集分析平台的应用成效。

第二部分 大数据平台高可用（HA）集群部署

第 4 章
Hadoop 集群基础环境的配置

学习目标

- 掌握 Hadoop 集群的基本概念。
- 掌握 Linux 防火墙的管理与配置。
- 掌握 IP 与主机名的映射配置。
- 掌握 Java 环境变量的配置。

Hadoop 集群的基础环境配置影响集群高可用环境与相关组件的配置和使用,若集群基础环境配置错误,则会影响后期高可用集群和相关组件的使用。本章会介绍 Hadoop 集群基础环境配置涉及的时钟同步、防火墙管理、主机地址映射、SSH 无密码登录、Java 环境变量配置等内容。

4.1 Hadoop 集群概述

4.1.1 Hadoop 集群的核心组件

Hadoop 是 Apache 基金会支持的一个开源分布式系统基础架构,是一个能够对大量数据进行分布式处理的软件框架。Hadoop 以一种可靠、高效、可伸缩的方式对数据进行处理,主要用于海量数据的高效存储、管理和分析。目前,Hadoop 已成为大数据技术领域的事实标准。

Hadoop 集群的三大核心组件是 Hadoop 分布式文件系统 HDFS(Hadoop Distributed File System)、MapReduce 和 YARN。HDFS 用于海量分布式数据的存储;MapReduce 用于对海量数据进行分布式处理;YARN 用于进行资源调度,为 MapReduce 运算提供计算资源。HDFS 和 YARN 加起来相当于一个分布式操作系统,MapReduce 是运行在这个操作系统上的大数据处理框架。

HDFS 是 Hadoop 体系中进行数据存储管理的基础，它是一个分布式文件系统，具有高容错性，并提供高吞吐率的数据访问功能，能够有效地处理海量数据集。HDFS 将大数据文件切分成若干小数据块，再把这些数据块分别写入不同的节点中，这些负责保存文件数据的节点被称为数据节点（DataNode）。为了保证用户在使用客户端（Client）访问数据文件时能读取到每一个数据块（Block），HDFS 使用了一个专门保存文件属性信息的节点——名称节点（NameNode）。HDFS 的架构如图 4.1 所示。

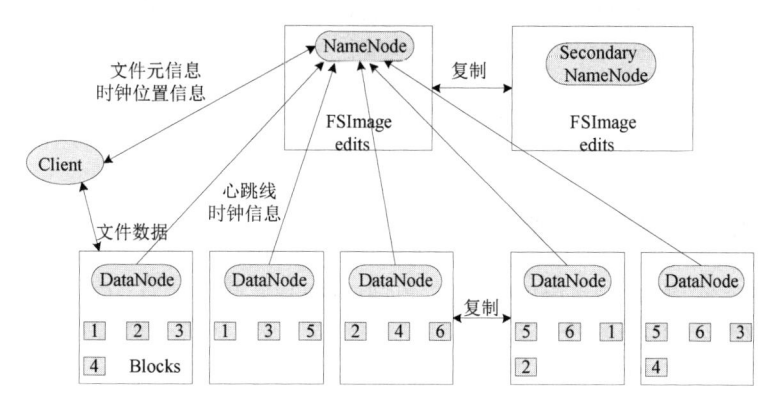

图 4.1　HDFS 的架构

MapReduce 把对大数据的操作分发给多个子节点进行并行处理，然后整合各个子节点的输出结果，得到最终的计算结果。也就是说，MapReduce 处理数据的过程就是一个分散处理并汇总结果的过程，如图 4.2 所示。

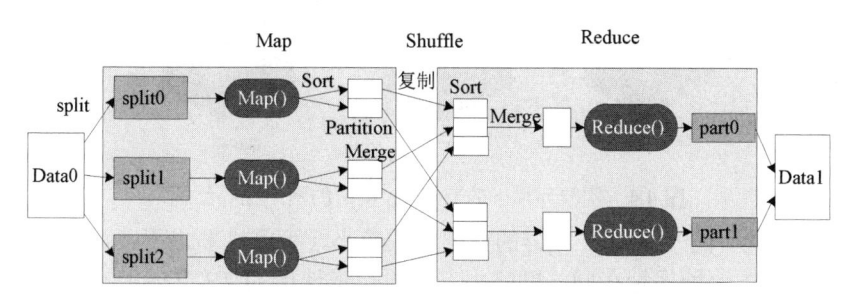

图 4.2　MapReduce 运行模型

YARN 是通用资源管理系统，负责将系统资源分配给在 Hadoop 集群中运行的各种应用程序，并调度需要在不同集群节点上执行的任务，它相当于一个分布式操作系统平台。YARN 的组件有 ResourceManager、ApplicationMaster、NodeManager 和 Container，它采用的是 master/slave（主/从）结构（ResourceManager 是 master，NodeManager 是 slave），其架构如图 4.3 所示。

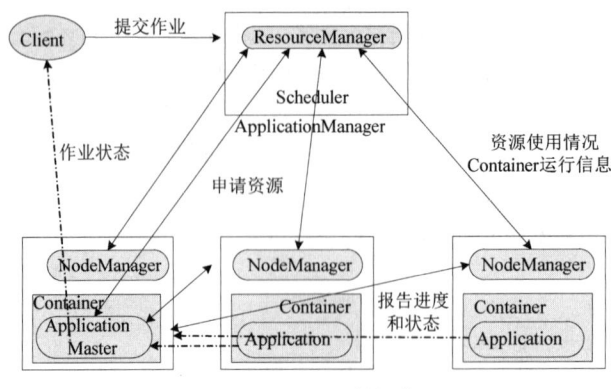

图 4.3　YARN 的架构

4.1.2　Hadoop 集群的网络拓扑结构

大数据 Hadoop 集群采用 master/slave 结构，Hadoop 集群包含单独的 master 节点和多个 slave 节点服务器。在实验环境下，Hadoop 集群一般分为 3 个节点，分别是 master、slave1 和 slave2，如图 4.4 所示。

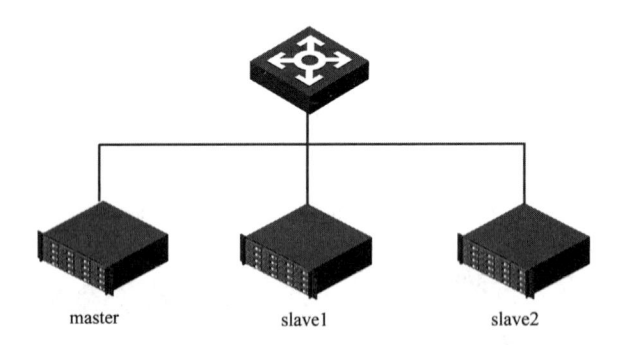

图 4.4　实验环境下的 Hadoop 集群的网络拓扑结构

由于实验环境下的 Hadoop 集群的数据负载较小、可靠性要求不高，所以链路一般采用单链路连接，IP 地址规划在同一网络中，一般设定地址为 192.168.1.0/24 网段。具体的 IP 地址可在 CentOS7 中配置。

在生产环境下，Hadoop 集群往往承载着大量数据的存储和计算，由于考虑到整体容错性，因此会考虑采用多 master 架构，如图 4.5 所示。

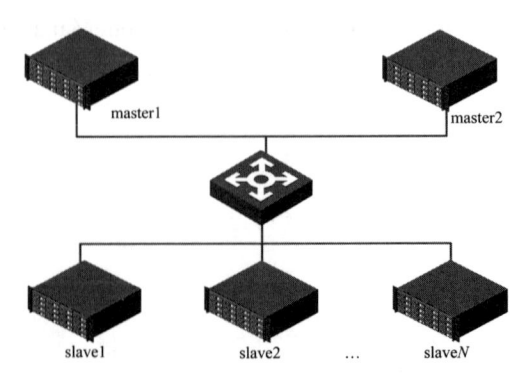

图 4.5　生产环境下的 Hadoop 集群的网络拓扑结构

在生产环境下，大数据 Hadoop 集群网络需要考虑其可用性和伸缩性。一个高冗余性和可扩展的网络，不但可以延长集群可用时间，而且可以满足 Hadoop 集群的增长。部署网络需要对每个节点进行双链路连接，防止单链路故障导致集群网络中断。交换机端需要配置链路绑定，防止产生链路环路。使用中需检测网络运行状态，防止出现网络延迟和数据过载的情况。

4.2 平台系统的环境设置

4.2.1 Linux 系统环境配置

本节设置的 Linux 系统环境会影响后续章节中 Hadoop 集群高可用性（Hadoop HA）环境的安装与运行，为了前后一致，一些基本的环境变量按照表 4.1 中的内容进行设置。

表 4.1　基本的环境变量

主机名	IP 地址	网关	用户名	密码
master	192.168.1.6/24	192.168.1.254	root/hadoop	passwd/passwd
slave1	192.168.1.7/24	192.168.1.254	root/hadoop	passwd/passwd
slave2	192.168.1.8/24	192.168.1.254	root/hadoop	passwd/passwd

根据 Hadoop HA 集群的架构分析（见图 4.4），本书使用 3 台主机规划集群，具体情况如表 4.2 所示。

表 4.2　Hadoop HA 集群规划

主机名	IP 地址	主备状态	主机进程
master	192.168.1.6/24	Active NameNode（NameNode 主节点）	NameNode DataNode JobHistoryServer Jps JournalNode QuorumPeerMain NodeManager DFSZKFailoverController ResourceManager
slave1	192.168.1.7/24	Standby NameNode（NameNode 备用节点）	NameNode DataNode JournalNode DFSZKFailoverController NodeManager Jps QuorumPeerMain ResourceManager
slave2	192.168.1.8/24	未部署 NameNode	DataNode JournalNode NodeManager QuorumPeerMain Jps

1. 配置主机的 IP 地址

IP 地址是一台主机上网时的身份证明,是网络给它的一个地址;主机名是为机器赋予的名字,一台主机可以取各种各样的名字。一台主机可以通过 IP 地址进行标识,也可以通过主机名进行标识。显然,在主机间进行通信时,相比于通过全是数字的 IP 地址进行通信,使用主机名进行通信更方便。此时,就需要进行 IP 地址与主机名之间的映射了。当然,在后面的配置文件中也可以用主机名代替 IP 地址表示主机,当 IP 地址改变时,只需修改主机名与 IP 地址的映射文件即可,而不用在多个配置文件中进行修改。

如果在安装 Linux 系统时正确设置了网络和主机名,就不需要配置服务器的 IP 地址和修改计算机的主机名了。如果没有设置或设置错误,则需要修改。

对集群中的各个主机分别执行如下操作:

```
[root@localhost ~]# ip a    #查看主机的 IP 地址

1: lo: <LOOPBACK,UP,LOWER_UP> mtu 65536 qdisc noqueue state UNKNOWN qlen 1
link/loopback 00:00:00:00:00:00 brd 00:00:00:00:00:00
inet 127.0.0.1/8 scope host lo
valid_lft forever preferred_lft forever
inet6 ::1/128 scope host
valid_lft forever preferred_lft forever
2: ens33: <BROADCAST,MULTICAST,UP,LOWER_UP> mtu 1500 qdisc pfifo_fast state UP qlen 1000
link/ether 00:0c:29:87:88:84 brd ff:ff:ff:ff:ff:ff
inet 192.168.1.6/24 brd 192.168.1.255 scope global ens33
valid_lft forever preferred_lft forever
inet6 fe80::6cae:354:2614:e203/64 scope link
valid_lft forever preferred_lft forever
```

2. 设置主机名

按表 4.1 中设定的主机名进行设置,设置完成后需要打开新的终端使其生效,具体命令如下。

设置 master 节点的临时主机名为 master:

```
[root@localhost ~]# hostnamectl set-hostname master
[root@master ~]#          #打开新的终端
```

设置 slave1 节点的临时主机名为 slave1:

```
[root@localhost ~]# hostnamectl set-hostname slave1
[root@slave1 ~]#
```

设置 slave2 节点的临时主机名为 slave2:

```
[root@localhost ~]# hostnamectl set-hostname slave2
[root@slave2 ~]#
```

执行以上命令后,可以看到主机名已修改。

编辑"/etc/hostname"文件可永久保存主机名,执行如下命令,删除文件已有内容并添加设置的主机名:

```
[root@master ~]# vi /etc/hostname   #将 master 节点的主机名修改为 master
[root@slave1~]# vi /etc/hostname    #将 slave1 节点的主机名修改为 slave1
[root@slave2 ~]# vi /etc/hostname   #将 slave2 节点的主机名修改为 slave2
```

执行以上命令后,主机名即修改为相应的主机名称 master、slave1 和 slave2。

3. 集群 IP 地址和主机名的映射

IP 地址和主机名的映射文件是本地名字解析文件 hosts，该文件在"/etc"目录中，可以使用 vi 命令对该文件进行编辑。

根据表 4.1 中的内容，Hadoop 设置的主机名分别为 master、slave1、slave2，映射地址分别为 192.168.1.6、192.168.1.7、192.168.1.8。"/etc/hosts"文件给出了主机名到 IP 地址的映射关系，分别修改其"/etc/hosts"文件。在 3 个节点命令终端输入如下命令：

```
#vi /etc/hosts
```

在文件末尾添加如下内容：

```
192.168.1.6  master        # master 主机的 IP 地址和主机名的映射
192.168.1.7  slave1        # slave1 主机的 IP 地址和主机名的映射
192.168.1.8  slave2        # slave2 主机的 IP 地址和主机名的映射
```

配置完毕，分别执行 reboot 命令重新启动系统，使配置生效。

4.2.2 创建 hadoop 用户

在 Linux 系统中，root 用户为超级管理员，具有全部权限，使用 root 用户在 Linux 系统中进行操作，很可能因为误操作而对 Linux 系统造成损害。正常的做法是创建一个普通用户，平时使用普通用户在系统中进行操作，当用户需要使用超级管理员权限时，可以使用两种方法达到目的：一种方法是使用 su 命令，从普通用户切换到 root 用户，这需要知道 root 用户的密码；另一种方法是使用 sudo 命令，用 sudo 命令创建的用户可以执行的命令由 root 用户事先设置好。

本书使用 root 用户安装 Hadoop 的运行环境，当 Hadoop 运行环境安装、配置好后，使用 hadoop（这只是一个用户名，也可以使用其他的用户名）用户运行 Hadoop，在实际工作中也是这样操作的。因此，在每个节点上都需要创建一个 hadoop 用户以使用 Hadoop。创建命令如下：

```
#useradd hadoop
```

设置 hadoop 用户的密码为 passwd，由于密码太简单，所以需要输入两次：

```
#passwd hadoop
Changing password for user hadoop.
New password:
BAD PASSWORD: The password is shorter than 8 characters
Retype new password:
passwd: all authentication tokens updated successfully.
```

4.3 Linux 防火墙

Linux 为增加系统安全性提供了防火墙保护功能。防火墙存在于计算机和网络之间，用来判断网络中的远程用户的访问权限。

防火墙是计算机软件和硬件设备的结合，它在内网和外网、公网和专用网之间充当保护屏障。防火墙在互联网和局域网之间建立了一个安全网关（Security Gateway），从而保护内网免受非法用户侵入，如图 4.6 所示。防火墙主要有服务访问规则、验证工具、包过滤和应用网关 4 部分。计算机流入/流出的所有网络通信和数据包均要经过防火墙，防火墙依据策略对这些经过的流量进行过滤。

图 4.6　防火墙示意图

4.3.1　Linux 防火墙的种类与特点

从网络协议上讲，可以将防火墙分为包过滤（Packet Filter）防火墙、代理服务型（Proxy Service）防火墙。

1. 包过滤防火墙

数据包过滤技术依据系统内设置的过滤逻辑（又称访问控制表）在网络层对数据包进行选择。包过滤防火墙通过检查数据流中每个数据包的源 IP 地址和目的 IP 地址、数据包所用的端口号、协议状态等因素确定是否允许该数据包通过，如图 4.7 所示。

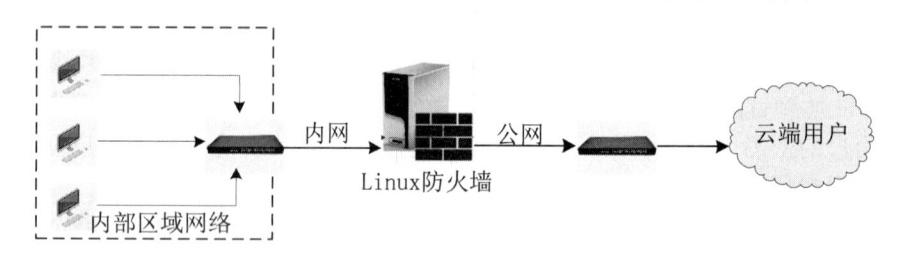

图 4.7　包过滤防火墙

包过滤防火墙的优点是它对用户来说是透明的，它的处理速度快且易于维护。包过滤防火墙的缺点是：非法访问一旦突破防火墙，即可对主机上的软件和配置漏洞进行攻击；数据包的源 IP 地址、目的 IP 地址和端口号都在数据包的头部，可以很轻易地被伪造。"IP 地址欺骗"是黑客针对该类型防火墙比较常用的攻击手段。

2. 代理服务型防火墙

代理服务也称链路级网关或 TCP 通道，是针对数据包过滤和应用网关技术存在的缺点而引入的防火墙技术，其特点是将所有跨越防火墙的网络通信链路分为两段。当代理服务器接收到用户对某个站点的访问请求后，就会检查该请求是否符合控制规则。如果控制规则允许用户访问该站点，代理服务器就会替用户去该站点取回所需的信息，再转发给用户。内/外网用户的访问都是通过代理服务器上的链接实现的，从而起到隔离防火墙内外计算机系统的作用。

此外，代理服务可以对过往的数据包进行分析和注册登记，并形成报告。当代理服务型防火墙发现有被攻击的迹象时，会向网络管理员发出警告，并保留攻击记录，为证据收集和网络维护提供帮助。

Linux 系统具有较强的安全性控制，这与其本身的安全策略和防火墙控制是分不开的。Linux 系统的防火墙体系主要工作在网络层，针对 TCP/IP 数据包实施过滤和限制操作，属于典型的包过滤防火墙(或称网络层防火墙)。Linux 系统的防火墙体系基于内核编码实现，具有非常稳定的性能和较高的效率，因此被更加广泛地采纳和应用。

4.3.2 Linux 防火墙管理

1. 防火墙管理工具

防火墙依据策略对穿越防火墙的流量进行过滤。Linux 系统中存在多个防火墙管理工具，可以帮助运维人员管理 Linux 系统中的防火墙策略，iptables 与 firewalld 就是常用的定义防火墙策略的防火墙管理工具（或服务）。iptables 服务会把配置好的防火墙策略交由内核层面的网络过滤器（netfilter）来处理；firewalld 服务会把配置好的防火墙策略交由内核层面的包过滤框架（nftables）来处理。iptables 和 firewalld 内核之间的关系如图 4.8 所示。

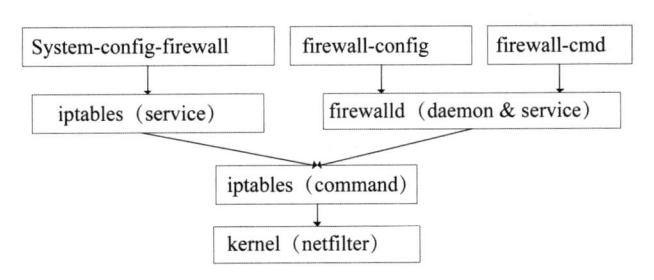

图 4.8　iptables 和 firewalld 内核之间的关系

2. iptables 防火墙

ip 信息包过滤系统（iptables）是一个管理内核包过滤的工具，可以加入、插入或删除核心包过滤表（链）中的规则。

基于内核的 iptables 的功能非常强大。所有规则严格控制大小写，其中，所有表都是小写，所有链都是大写，并且配置后立即生效，不需要重启服务。

在 iptables 的工作过程中，真正执行过滤规则的是 netfilter 及其相关模块（如 iptables 模块和 nat 模块）。netfilter 是 Linux 系统核心中的一个通用架构，它包含一系列的表(tables)，每个表由若干链（chains）组成，每条链由一条或数条规则（rule）组成。因此，可以理解为：netfilter 是表的容器，表是链的容器，链是规则的容器。

iptables 是一款基于命令行的防火墙策略管理工具，具有大量参数，如表 4.3 所示。

表 4.3　iptables 中常用的参数及其作用

参　　数	作　　用
-P	设置默认策略
-F	清空规则链
-L	查看规则链
-A	在规则链的末尾加入新规则
-I num	在规则链的头部加入新规则
-D num	删除某一条规则
-s	匹配来源地址 IP/MASK，加"!"表示除这个 IP 外
-d	匹配目标地址
-i 网卡名称	匹配从这块网卡注入的数据
-o 网卡名称	匹配从这块网卡流出的数据
-p	匹配协议，如 TCP、UDP、ICMP

续表

参数	作用
--dport num	匹配目标端口号
--sport num	匹配来源端口号
-j	采取的动作（ACCEPT、LOG、REJECT、DROP）

在早期的 Linux 系统中，默认的是使用 iptables 防火墙管理服务配置防火墙。尽管新型的 firewalld 防火墙管理服务已经投入使用多年，但是大量的企业在生产环境中依然出于各种原因而继续使用 iptables 防火墙。

3. firewalld 防火墙

在 RHEL7 系统中，默认使用 firewalld 防火墙，firewalld 提供了支持网络/防火墙区域定义网络链接，以及接口安全等级的动态防火墙管理工具。它支持 IPv4、IPv6 防火墙设置和以太网桥接，同时拥有运行时配置和永久配置选项。

firewalld 支持动态更新，不中断用户连接，允许服务或应用程序直接添加防火墙规则的接口。firewalld 有图形界面和工具界面，其字符界面管理工具是 firewall-cmd。

4. firewalld 与 iptables 的区别

firewalld 自身并不具备防火墙的功能，需要通过内核的 netfilter 实现防火墙的功能。firewalld 和 iptables 都是用来维护规则的，而真正使用规则工作的是内核的 netfilter。firewalld 和 iptables 只是在结构及使用方法上有所不同，具体区别如表 4.4 所示。

表 4.4 firewalld 和 iptables 的区别

不同点	firewalld	iptables
配置文件	/usr/lib/firewalld/、/etc/firewalld/	/etc/sysconfig/iptables
对规则的修改	不需要全部刷新策略，不丢失现行连接	需要全部刷新策略，丢失连接
防火墙类型	动态防火墙	静态防火墙

5. firewalld 的配置

在安装 CentOS7 系统时，默认自动安装 firewalld，可自行安装图形化工具 firewall-config。

（1）安装图形化工具 firewalld-config 的命令如下：

```
yum install firewalld-config
```

（2）firewalld 服务的启动、查看和停止。

执行以下命令可以启动 firewalld 并将其设置为开机自启动状态：

```
systemctl start firewalld      # 启动 firemalld
systemctl enable firewalld     # 设置 firewalld 为开机自启动状态
```

如果 firewalld 正在运行，则可以通过 systemctl status firewalld 或 firewall-cmd 命令查看其运行状态：

```
systemctl status firewalld   # 查看 firewalld 的运行状态
firewall-cmd --state         # cmd 和 firewall 中间用-相连
```

执行以下命令可停止 firewalld 服务：

```
systemctl stop firewalld     # 停止 firewalld 服务
systemctl disable firewalld  # 设置 firewalld 为开机不自启动状态
```

4.4 SELinux

4.4.1 SELinux 简介

SELinux 是 Security-Enhanced Linux 的简称,它是由美国国家安全局(NSA)联合其他安全机构共同开发的一种安全增强型 Linux 系统。SELinux 项目在 2000 年以 GPL 协议的形式开源,当 Red Hat 在其 Linux 发行版本中包含了 SELinux 之后,SELinux 才逐步流行起来。

在传统的 Linux 系统中,默认权限是对文件或目录的所有者、所属组和其他人的读、写和执行权限进行控制,这种控制方式称为自主访问控制(DAC)方式;SELinux 系统采用的是强制访问控制(MAC)系统,即控制一个进程对具体文件系统上面的文件或目录是否拥有访问权限,而进程是否可以访问文件或目录取决于 SELinux 系统中设定的策略规则。

因此可以说,SELinux 是一种基于域-类型模型的强制访问控制安全系统,旨在增强传统 Linux 系统的安全性,解决传统 Linux 系统中自主访问控制系统中的各种权限问题(如 root 权限过高等)。SELinux 系统包括各种内核修改和用户级工具的编译套件,可以集成到许多 Linux 发行版本中,2.6 及以上版本的 Linux 系统内核都已经集成了 SELinux 模块的功能。

4.4.2 SELinux 的功能

SELinux 是一种强制访问控制的实现,它以最小权限原则为基础提供了一些更强、更安全的强制访问控制架构,用来与内核的主要子系统共同动作。因此,它能够最大限度地减少系统中服务进程可访问的资源,同时将安全决策和策略实施进行分离,并简化安全策略增强功能。

SELinux 为管理员提供了更多的访问控制方案,如可以通过使用变量限制访问等。

SELinux 还提供了精细的访问控制,它不仅可以指定谁可以写、读或执行文件,它还可以指定谁可以取消链接,移动或追加特定文件。

4.4.3 SELinux 的配置

在启动 SELinux 时,要重新启动系统。可以通过不同的方式进行 SELinux 的启动与关闭,也可以使它暂时关闭或启动。

(1)安装 SELinux:

```
# yum -y install setroubleshoot
# yum -y install setools-console
```

(2)查看 SELinux 的状态:

```
# getenforce
Enforcing
```

4.4.4 关闭集群中的 SELinux

关闭集群中的 SELinux 的代码如下:

```
[root@master ~]# vi /etc/selinux/config
# This file controls the state of SELinux on the system.
# SELINUX= can take one of these three values:
```

```
#       enforcing - SELinux security policy is enforced.
#       permissive - SELinux prints warnings instead of enforcing.
#       disabled - No SELinux policy is loaded.
SELINUX=enforcing
#指定SELinux的运行模式
#有enforcing（强制模式）、permissive（宽容模式）、disabled（不生效模式）三种
# SELINUXTYPE= can take one of three two values:
#       targeted - Targeted processes are protected,
#       minimum - Modification of targeted policy. Only selected processes are
protected.
#       mls - Multi Level Security protection.
SELINUXTYPE=targeted
#重启生效
```

查看状态：
```
[root@master ~]# getenforce
Disabled    #关闭状态
```

4.5　配置集群主机之间时钟同步

Hadoop 集群对集群中各个主机的时间同步要求比较高，如果各个主机的系统时间相差较多，则容易造成连接超时问题，因此，在搭建 Hadoop 集群的时候，一项很重要的工作就是配置集群主机之间时钟同步。

NTP（网络时间协议）用来同步网络上不同主机的系统时间，所有主机都可以和一个指定的被称为 NTP 服务器的时间服务器同步它们的时间。一个 NTP 服务器会将它的时间和任意公共的 NTP 服务器或用户选定的服务器同步。由 NTP 管理的所有系统时钟都会同步精确到毫秒级。

NTP 配置集群主机之间时钟同步的方式通常分为直接同步和平滑同步两种。

4.5.1　直接同步

若集群中的所有节点都可以访问互联网（见图 4.9），则可以使用直接同步进行时钟同步。

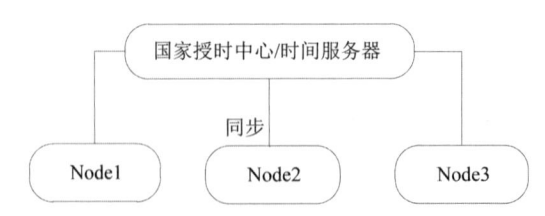

图 4.9　集群中的所有节点都可访问互联网时的时钟同步

1. 查看 ntpd 服务是否安装

首先确定是否安装了 ntpd 服务。这里以 192.168.1.6 这台服务器为例，命令如下：

```
[root@master ~]$ rpm -qa | grep ntp
```

如果已经安装成功，则执行上述命令后会显示机器安装的 ntpd 的版本信息；如果没有安装，则可以进行在线安装。

2. 安装 ntpd 服务

执行以下命令进行在线安装：

```
[root@master ~]$ yum -y install ntp
```

3. 直接同步时间

直接同步时间的命令如下：

```
[root@master ~]$ ntpdate us.pool.ntp.org 20 May 16:53:34 ntpdate[1756]:
adjust time server 184.105.182.15 offset -0.004150 sec
```

4.5.2 平滑同步

在实际生产环境中，集群中的节点多数是不能连接外网的，若只有一个节点可以联网或所有节点都不可以联网，则可以在集群中选择一个节点，将其搭建成一个内网的 NTP 时间服务器，然后让集群中的各个节点与这个 NTP 服务器进行时间同步，如图 4.10 所示。

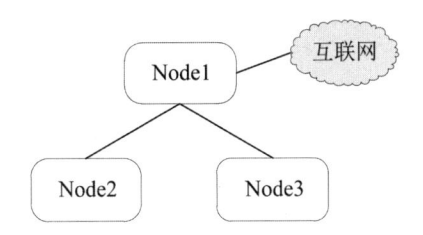

图 4.10 集群中的部分节点可访问互联网时的时钟同步

此时，可以使用 ntpd 服务方式平滑同步时间，它每次同步时间的偏移量较小，可能时间稍长。具体配置过程如下。

1. 同步时间

通过对集群中的某个节点进行同步配置，用以保证 BIOS 与系统时间同步：

```
[root@master ~]# vi /etc/sysconfig/ntpdate
```

在 ntpd 文档中添加一行内容：

```
SYS_HWLOCK=yes
```

2. 启动服务

启动 ntpd 服务：

```
[root@master ~]# service ntpd start
Redirecting to /bin/systemctl start ntpd.service
```

设置 ntpd 为开机自启动状态：

```
[root@master ~]# chkconfig ntpd on
#注意：正在将请求转发到 "systemctl enable ntpd.service"
Created   symlink   from   /etc/systemd/system/multi-user.target.wants/ntpd.service to /usr/lib/systemd/system/ntpd.service.
```

3. 编辑 /etc/ntp.conf

首先编辑第一个节点的/etc/ntp.conf：

```
[root@master ~]# vi /etc/ntp.conf
```

（1）进入编辑页面之后在文件中添加如下内容：

```
restrict 192.168.1.0 mask 255.255.255.0 nomodify notrap
#设置始终同步的广播地址
```

（2）将下面的 4 行内容注释掉：

```
# server 0.centos.pool.ntp.org
# server 1.centos.pool.ntp.org
# server 1.centos.pool.ntp.org
# server 3.centos.pool.ntp.org
```

（3）去掉以下内容的注释（如果没有这两行，就添加上去）：

```
server  127.127.1.0    # local clock
fudge   127.127.127.1.0 stratum 10
```

4. slave 节点与 master 节点时间同步

```
[root@slave1 ~]# crontab -e
```

添加以下任务：

```
*/1 * * * * /usr/sbin/ntpdate 192.168.1.6
```

5. 查看时间

执行以下命令查看时间：

```
[root@master ~]# date
2020 年 09 月 10 日 星期四 20:01:05 CST
```

4.6 SSH 无密码登录

4.6.1 生成 SSH 密钥

Hadoop 运行过程中需要管理远端 Hadoop 守护进程，在 Hadoop 启动以后，NameNode 是通过 SSH（Secure Shell）来启动和停止各个 DataNode 上的各种守护进程的。这就要求在节点之间执行指令的时候是不需要输入密码的形式，故我们需要配置 SSH 运用无密码公钥认证的形式，这样，NameNode 就可以使用 SSH 无密码登录并启动 DataName 进程了。同样的原理，在 DataNode 上也能使用 SSH 无密码登录到 NameNode。

1. 切换用户

使用 su 命令切换到 hadoop 用户登录状态：

```
[root@master ~]# su - hadoop
```

2. 在每个节点上均生成密钥对

在每个节点上均使用 ssh-keygen 命令生成密钥对，使用-t 参数设定加密类型，本次使用 rsa 加密方式，并使用-P 参数设定密钥保护密码，本次未设定密钥保护类型，传递空字符串作为参数。具体命令如下：

```
[hadoop@master ~]$ ssh-keygen -t rsa -P ''     # 在 master 节点上生成密钥对
Generating public/private rsa key pair.
Enter file in which to save the key (/home/hadoop/.ssh/id_rsa):
Your identification has been saved in /home/hadoop/.ssh/id_rsa.
Your public key has been saved in /home/hadoop/.ssh/id_rsa.pub.
The key fingerprint is:
SHA256:UxFuDHHLiMNQsZ11o3F7NApvDPfKMBqaxE+rlccKdk4 hadoop@master
The key's randomart image is:
+---[RSA 2048]----+
|   ..o.o.O.= o   |
|    + + X & * .  |
|     B * @ * o   |
|    . * O = o    |
```

```
|      = E o o    |
|     . B +       |
|      . o        |
|                 |
|                 |
+----[SHA256]-----+
#在 slave1 节点上生成密钥对
[hadoop@slave1 ~]$ ssh-keygen -t rsa -P ''
#在 slave2 节点上生成密钥对
[hadoop@slave2 ~]$ ssh-keygen -t rsa -P ''
```

3. 在 master 节点上创建公钥

通过重定向的方式将 id_rsa.pub 文件中的内容写入授权的 authorized_keys 文件中：

```
[hadoop@master .ssh]$ cat  ~/.ssh/id_rsa.pub >>  ~/.ssh/authorized_keys
    # 重定向写入
[hadoop@master .ssh]$ ls ~/.ssh/ # 查看密钥文件和授权文件
authorized_keys id_rsa id_rsa.pub
[hadoop@master ~]$ chmod 700 ~/.ssh/authorized_keys
```

4.6.2 交换 SSH 密钥

1. 将 master 节点上的公钥分发给 slave1 节点

分发公钥的命令如下（在 master 节点上执行）：

```
[hadoop@master ~]$ scp ~/.ssh/authorized_keys hadoop@slave1:~/.ssh/
The authenticity of host 'slave1 (192.168.1.7)' can't be established.
ECDSA key fingerprint is SHA256:Nnk2MJS3KmUzmXXzgE0DTgnq990XctFMFUV82UdgFnQ.
ECDSA key fingerprint is MD5:f3:fa:be:c7:52:1e:96:ee:1b:7d:1a:26:23:a9:66:ec.
Are you sure you want to continue connecting (yes/no)?   # 输入 yes
Warning: Permanently added 'slave1,192.168.1.7' (ECDSA) to the list of known
hosts.
hadoop@slave1's password:        # 输入 hadoop 用户密码
authorized_keys    100%  393    319.0KB/s   00:00
```

2. 在 slave1 节点上追加公钥

追加公钥的命令如下（在 slave1 节点上执行）：

```
[hadoop@slave1 ~]$ cat ~/.ssh/id_rsa.pub >> ~/.ssh/authorized_keys
```

3. 将 slave1 节点上的公钥分发给 slave2 节点和 master 节点

分发公钥的命令如下（在 slave1 节点上执行）：

```
[hadoop@slave1 ~]$ scp ~/.ssh/authorized_keys hadoop@slave2:~/.ssh/
The authenticity of host 'slave2 (192.168.1.8)' can't be established.
ECDSA key fingerprint is 58:91:a8:b9:91:3b:77:34:ae:d6:10:27:1b:44:c9:de.
Are you sure you want to continue connecting (yes/no)? # 输入 yes
Warning: Permanently added 'slave2,192.168.1.8' (ECDSA) to the list of known
hosts.
hadoop@slave2's password: # 输入 hadoop 用户密码
authorized_keys         100%  790     0.8KB/s   00:00

[hadoop@slave1 ~]$ scp ~/.ssh/authorized_keys hadoop@master:~/.ssh/
The authenticity of host 'master (192.168.1.6)' can't be established.
ECDSA key fingerprint is 58:91:a8:b9:91:3b:77:34:ae:d6:10:27:1b:44:c9:de.
Are you sure you want to continue connecting (yes/no)?输入 yes
Warning: Permanently added 'master,192.168.1.6' (ECDSA) to the list of known
```

```
hosts.
hadoop@master's password: 输入 hadoop 用户密码
authorized_keys         100%   790     0.8KB/s   00:00
```

4.6.3 验证 SSH 无密码登录

（1）查看 master 节点的 authorized_keys 文件：

```
[hadoop@master ~]$ cat ~/.ssh/authorized_keys
```

执行以上命令，可以看到 master 节点的 authorized_keys 文件中包括 master、slave1、slave2 这 3 个节点的公钥。

（2）查看 slave2 节点的 authorized_keys 文件：

```
[hadoop@slave2 ~]$ cat ~/.ssh/authorized_keys
```

执行以上命令，可以看到 slave2 节点的 authorized_keys 文件中包括 master、slave1 这两个节点的公钥。

（3）验证 master 节点到每个 slave 节点的 SSH 无密码登录。

在 hadoop 用户下验证 master 节点能否嵌套登录 slave 节点，若可以无密码登录，则说明 SSH 无密码登录认证成功：

```
hadoop@master ~]$ ssh slave1
Last login: Thu Sep 10 23:16:52 2020
[hadoop@master ~]$ ssh slave2
Last login: Fri Sep 11 03:39:59 2020 from slave1
[hadoop@slave1 ~]$
```

（4）验证 slave1 节点的 SSH 无密码登录：

```
[hadoop@slave1 ~]$ ssh master
Last login: Fri Sep 11 03:40:13 2020 from slave1
# SSH 无密码登录，不需要输入密码
[hadoop@master ~]$
[hadoop@slave1 ~]$ ssh slave2
Last login: Fri Sep 11 03:43:06 2020 from slave1
[hadoop@slave2 ~]$
```

测试 SSH 无密码登录成功。

4.7 Java 环境变量配置

4.7.1 JDK 功能简介

Hadoop 是基于 Java 语言开发的，要运行 Hadoop 集群，就需要安装 Java 的开发和运行环境——Java SE Development Kit（JDK）。

Java 是由 Sun Microsystems 公司于 1995 年 5 月推出的一种面向对象的程序设计语言。Java 语言具有安全、跨平台、面向对象、分布式、简单易用、可移植、多线程且适用于网络等特点。

JDK 即 Java 标准版开发包，是一套 Java 的开发和运行环境，它是整个 Java 的核心，包括 Java 运行环境、Java 工具和 Java 基础类库等。

4.7.2 下载 JDK 安装包

JDK 安装包需要在 Oracle 官网下载,本书采用的安装包为 jdk-8u191-linux-x64.tar.gz。

4.7.3 JDK 的安装与环境变量配置

在 Hadoop 集群的每个节点分别安装 JDK,完成之后,还需要对环境变量进行配置才能使用。

1. 切换用户

切换到 root 用户,命令如下:

```
[hadoop@master ~]$ su - root
```

2. 创建目录

在 Linux 系统中创建两个目录,分别为/opt/software 和/usr/local/src,/opt/software 目录用于存放安装软件包,/usr/local/src 目录作为软件安装目录:

```
[root@master ~]# mkdir /opt/software /usr/local/src
```

3. 解压 JDK 安装包

解压 JDK 安装包到/usr/local/src/目录下,命令如下:

```
[root@master ~]# tar zxvf jdk-8u191-linux-x64.tar.gz -C /usr/local/src
#指定解压目的路径为/usr/local/src
[root@master ~]# mv /usr/local/src/jdk1.8.0_191 /usr/local/src/jdk
```

解压完成后,查看目录确认一下。可以看出,JDK 安装在/usr/local/src/目录下:

```
[root@master ~]#ll /usr/local/src
total 0
drwxr-xr-x. 7 root root 245 Oct 5 2019 jdk
```

4. 配置环境变量

编辑/etc/profile 文件:

```
[root@master ~]# vi /etc/profile
```

将以下配置信息添加到/etc/profile 文件的末尾。

```
# set java environment
export JAVA_HOME=/usr/local/src/jdk          # Java 安装目录
export JRE_HOME=/usr/local/src/jdk/jre       # jre 安装目录
export CLASSPATH=.:$CLASSPATH:$JAVA_HOME/lib:$JRE_HOME/lib
# 将 Java 和 jre 的 lib 目录添加到系统环境变量 CLASSPATH 中
export PATH=$PATH:$JAVA_HOME/bin:$JRE_HOME/bin
# 将 Java 和 jre 的 bin 目录添加到系统环境变量 PATH 中
```

5. 使环境变量生效

执行 source /etc/profile 命令,使配置的环境变量在系统全局范围内生效:

```
[root@master ~]# source/etc/profile
```

6. 验证安装成功

查看环境变量是否指向 Java 安装目录:

```
[root@master ~]# echo $JAVA_HOME
/usr/local/src/jdk/   #说明 JAVA_HOME 已指向 Java 安装目录了
```

查看 Java 版本，若能够正常显示 Java 版本，则说明 JDK 安装配置成功了：

```
[root@master ~]# java -version          # 查看 Java 版本
java version "1.8.0_191"
Java(TM) SE Runtime Environment (build 1.8.0_191-b12)
Java HotSpot(TM) 64-Bit Server VM (build 25.191-b12, mixed mode)
```

4.8 Hadoop 的安装与配置

4.8.1 获取 Hadoop 安装包

本书选用的是 Hadoop 2.7.1 版本，安装包为 hadoop-2.7.1.tar.gz。

首先从官网下载 Hadoop 安装包，然后通过文件传输工具将其上传到 Linux 系统的 /opt/software 目录下。

4.8.2 安装 Hadoop 软件

在 Hadoop 集群的每个节点上分别安装 Hadoop，完成之后，还需要对环境变量进行配置才能使用。在每个节点上将 Hadoop 安装到 /usr/local/src/ 目录下。

1. 安装 Hadoop

上传完成后进入操作系统，将安装包解压到 /usr/local/src/ 目录下，命令如下：

```
[root@master ~]# tar -zxvf /opt/software/hadoop-2.7.1.tar.gz -C /usr/local/src/
[root@master ~]# mv /usr/local/src/hadoop-2.7.1 /usr/local/src/hadoop
```

解压完成后，查看目录确认一下。可以看出，Hadoop 安装在了 /usr/local/src/ 目录下。

```
[root@master ~]# ll /usr/local/src/
total 0
drwxr-xr-x. 9 root root 149 6月  29 2015 hadoop
drwxr-xr-x. 7 root root 245 10月  5 2019 jdk
```

查看 Hadoop 目录，得到 Hadoop 目录内容如下：

```
[root@master ~]# ll /usr/local/src/hadoop/
total 28
drwxr-xr-x. 2 root root   194 6月  29 2015 bin
drwxr-xr-x. 3 root root    20 6月  29 2015 etc
drwxr-xr-x. 2 root root   106 6月  29 2015 include
drwxr-xr-x. 3 root root    20 6月  29 2015 lib
drwxr-xr-x. 2 root root   239 6月  29 2015 libexec
-rw-r--r--. 1 root root 15429 6月  29 2015 LICENSE.txt
-rw-r--r--. 1 root root   101 6月  29 2015 NOTICE.txt
-rw-r--r--. 1 root root  1366 6月  29 2015 README.txt
drwxr-xr-x. 2 root root  4096 6月  29 2015 sbin
drwxr-xr-x. 4 root root    31 6月  29 2015 share
```

其中各目录的含义如下。

bin：Hadoop、HDFS、YARN 和 MapReduce 的运行程序和管理软件。

etc：Hadoop 配置文件。

include：类似 C 语言的头文件。

lib：本地库文件，支持对数据进行压缩和解压操作。
libexec：同 lib。
sbin：Hadoop 集群的启动、停止命令。
share：说明文档、案例和依赖 jar 包。

2．配置 Hadoop 环境变量

与配置 Java 环境变量类似，修改/etc/profile 文件（在 3 个节点上都执行），进行 Hadoop 环境变量的配置：

```
[root@master ~]# vi /etc/profile
```

在文件的最后增加如下两行内容：

```
export HADOOP_HOME=/usr/local/src/hadoop       #HADOOP_HOME 指向 Hadoop 安装目录
export PATH=$PATH:$HADOOP_HOME/bin:$HADOOP_HOME/sbin
```

保存并退出。

执行 source 命令使设置生效：

```
[root@master ~]# source /etc/profile
```

3．验证安装是否成功

检查设置是否生效：

```
[root@master ~]# hadoop
Usage: hadoop [--config confdir] [COMMAND | CLASSNAME]
  CLASSNAME            run the class named CLASSNAME
 …… 省略 ……
```

当出现上述 Hadoop 帮助信息时，说明 Hadoop 已经安装好了。

4.9　本章小结

本章主要介绍了 Hadoop 集群、Linux 防火墙、SELinux、IP 地址与主机名的映射、Java 环境变量配置，以及相关的动手实操实验的详细配置等内容。

第 5 章
Hadoop HA 集群的配置

学习目标

- 掌握 Hadoop HA 集群的特点及实现原理。
- 掌握 ZooKeeper HA 集群的特点及实现原理。
- 掌握 Hadoop HA 集群的文件参数配置。
- 掌握 ZooKeeper HA 集群的文件参数配置。

Hadoop HA 集群配置承接第 4 章 Hadoop 集群基础环境的配置，在基础环境配置完成后，进一步对 ZooKeeper 和 Hadoop 进行 HA 配置，从而实现大数据集群的高可用性。本章会介绍 Hadoop HA 集群配置涉及的 ZooKeeper HA 集群的特点及实现原理、ZooKeeper HA 集群的文件参数配置及启动、Hadoop HA 集群的特点及实现原理、Hadoop HA 集群的文件参数配置及 JournalNode 服务的启动等内容。

5.1　Hadoop HA 集群的特点

Hadoop 集群由多个不同组件组成，它们共同构建了 Hadoop 集群的高可用机制。

若 HDFS 组件中只配置了一个 NameNode，那么当该 NameNode 所在的节点宕机时，整个 HDFS 就不能进行文件的上传和下载了。

若 YARN 组件中只配置了一个 ResourceManager，那么当该 ResourceManager 所在的节点宕机时，整个 YARN 就不能进行任务的计算了。

若 HBase 组件中只配置了一个 Master，那么当该 Master 所在的节点宕机时，整个 HBase 就不能进行数据表的读/写了。

Hadoop 集群依赖 ZooKeeper 组件进行各个模块的 HA 配置，其中，状态为 active 的 NameNode 对外提供服务；状态为 standby 的 NameNode 负责数据的同步备份，在必要时提供快速故障转移功能。

Hadoop HA 集群架构如图 5.1 所示。

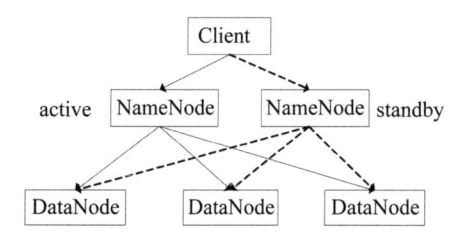

图 5.1　Hadoop HA 集群架构

5.2　Hadoop HA 集群的实现原理

5.2.1　HDFS HA 的实现原理

每个 HDFS 组件都可以部署两个 NameNode 实例，其中一个处于 active 状态，另一个处于 standby 状态。

为保证 standby NameNode 与 active NameNode 的同步状态，当 active NameNode 的命名空间发生改变时，active NameNode 会将日志写入每个 DataNode 的 JournalNode 中；standby NameNode 会一直监控 JournalNode 的变化，再把变化应用于自己的命名空间中，从而实现两个 NameNode 之间的数据同步。

主备 NameNode 的切换主要依靠 ZooKeeper 集群和 FailoverController 服务，每个本地 NameNode 都会部署一个 FailoverController 实例，它会定期向本地 NameNode 发起健康监控命令，并与 ZooKeeper 集群保持一个会话连接，ZooKeeper 集群会分配给 active NameNode 一个独占锁，表明其是活动的主节点。当 active NameNode 发生故障时，会返回错误到本地 FailoverController 中，FailoverController 与 ZooKeeper 集群的会话会断开并失效，此时 ZooKeeper 集群会向 standby NameNode 发起新的会话连接，并为 standby NameNode 分配独占锁，从而使 standby NameNode 切换为 active 状态，而原先的 active NameNode 则变为 standby 状态。

HDFS HA 的实现原理如图 5.2 所示。

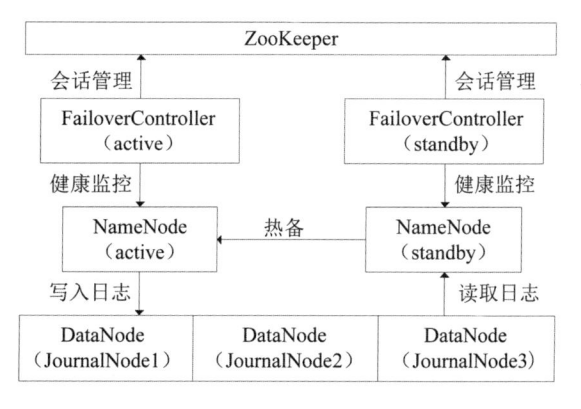

图 5.2　HDFS HA 的实现原理

5.2.2　YARN HA 的实现原理

ResourceManager 和 NodeManager 这两个组件一起组成了 YARN 集群的核心。其中，ResourceManager 负责整个集群的管理、分配和监控；NodeManager 负责每个节点的具体任务处理和维护。

ResourceManager 可以部署两个实例，其中一个处于 active 状态，另外一个处于 standby 状态。两个 ResourceManager 之间的选举和切换主要依靠 ZooKeeper 集群，两个 ResourceManager 的注册信息和元数据都保存在 ZooKeeper 的 Server 里，只有当集群重启或 active 节点宕掉时才会触发选举。ResourceManager 的选举是通过 ZooKeeper Quorum 机制的 FastLeaderElection 算法实现的，该算法是 ZooKeeper 本身选举机制 Paxos 算法的变种。选举完成后会确定 active ResourceManager 和 standby ResourceManager。3 个 NodeManager 都是在 ResourceManager 里注册的，ResourceManager 维护每个 NodeManager 的生命周期和可用资源，以供每个 NodeManager 的管理和任务分配。

YARN HA 的实现原理如图 5.3 所示。

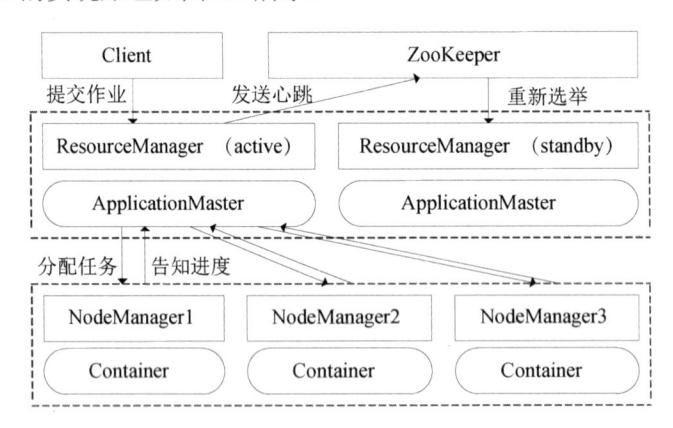

图 5.3　YARN HA 的实现原理

5.3　ZooKeeper 的特点

5.3.1　ZooKeeper 的功能原理

ZooKeeper 集群主要负责 Hadoop 集群的一些数据管理问题，如命名服务、配置管理、状态同步、集群管理、队列管理、分布式锁等。

简单地说，ZooKeeper=文件系统+监测通知。ZooKeeper 维护了一个类似于文件系统的树形数据结构 ZNode，在 ZNode 上可以添加子节点或存储数据。客户端可以注册并监听它关心的 ZNode，当该节点发生变化时，ZooKeeper 会通知客户端。

ZNode 树形结构如图 5.4 所示。

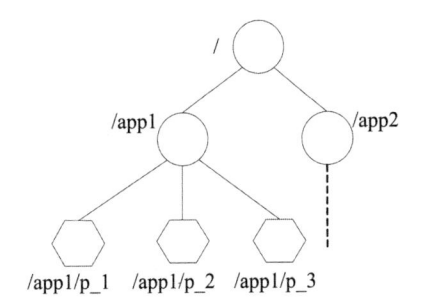

图 5.4　ZNode 树形结构

ZooKeeper 的特点如下。

（1）一致性：客户端（Client）无论连接哪个 Server，展示的都是同一个视图。

（2）可靠性：如果消息被一个 Server 接收，则它将被所有的 Server 接收。

（3）实时性：保证客户端在一定的时间内获得 Server 的更新信息。

（4）原子性：Server 数据更新只有成功或失败两种状态，没有中间状态。

（5）顺序性：如果一个 Server 上的消息 A 在消息 B 前发布，则所有 Server 上的消息 A 都会在消息 B 前发布。

5.3.2　ZooKeeper 集群节点组成

ZooKeeper 集群是分布式的、一致性的集群，具有容错性、可扩展性、高性能等优点，它可以配置多个 Server 节点，官方推荐部署奇数（$2n+1$）个节点，集群只要有半数以上（$n+1$）的 Server 节点存活，就可以正常对外提供服务。ZooKeeper 通过自身的 Paxos 算法选举 Leader 节点并保证各节点数据的一致性。ZooKeeper 采用写任意的方式，即对数据的修改可以提交给任意一个 Server 节点，而数据的读取是并行的，节点越多，集群的吞吐和响应能力越高。

ZooKeeper 的 Server 节点主要由 Leader 和 Follower 两种角色组成。

Leader 节点的主要功能如下。

（1）恢复数据。

（2）维持与 Learner 节点（Follower 和 Observer）的心跳，接收 Learner 节点请求并判断消息类型。

Follower 节点的主要功能如下。

（1）向 Leader 节点发送请求。

（2）接收 Leader 节点消息并进行处理。

（3）接收 Client 的请求，如果为写请求，则将其发送给 Leader 节点进行投票。

（4）将结果返回给 Client。

ZooKeeper 集群节点组成如图 5.5 所示。

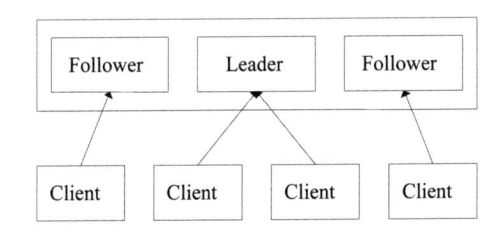

图 5.5　ZooKeeper 集群节点组成

5.3.3 ZooKeeper 的同步机制

ZooKeeper 各个 Server 节点之间的数据同步依靠 Zab 协议。Zab 协议有两种模式：恢复模式（选举）和广播模式（同步）。当 ZooKeeper 重启或 Leader 节点宕掉后，Zab 协议就会进入恢复模式；当 Leader 节点选举成功且大多数 Server 节点完成与 Leader 节点的状态同步后，Zab 协议就会进入广播模式。

为了保证事务的顺序一致性，ZooKeeper 采用递增的事务 ID 号（zxid）标识事务。ZooKeeper 的每个 Server 节点在工作过程中有以下 3 种状态。

（1）LOOKING：当前 Server 节点不知道 Leader 节点是谁，正在搜寻。

（2）LEADING：当前 Server 节点为选举出来的 Leader 节点。

（3）FOLLOWING：Leader 节点已经被选举出来，当前 Server 节点正与之同步。

ZooKeeper 的同步流程如下。

（1）当 Leader 节点选举完成后，ZooKeeper 就会进入广播模式并开始同步数据状态。

（2）Leader 节点等待其他 Follower 节点建立连接。

（3）Follower 节点连接 Leader 节点并把最大的 zxid 发送给 Leader 节点。

（4）Leader 节点根据 Follower 节点的 zxid 确定同步点。

（5）同步后，Leader 节点发送消息通知 Follower 节点成为 uptodate 状态。

（6）Follower 节点收到 Leader 节点发送的 uptodate 消息后，可以接受 Client 的请求并提供服务。

5.3.4 ZooKeeper 的选举机制

当 Leader 节点崩溃或 Leader 节点失去了大多数 Follower 节点时，ZooKeeper 会进入恢复模式以重新选举 Leader 节点，ZooKeeper 的选举算法是 Paxos 算法。

ZooKeeper 的选举流程如下。

（1）选举线程由当前发起选举的 Server 线程担任，主要负责统计投票结果。

（2）选举线程首先向包括自己在内的所有 Server 线程发起一次询问。

（3）选举线程收到回复后，先验证是否是自己发起的询问，即验证 zxid 是否一致，如果一致，就获取对方的 Server ID（myid）并存储到当前询问对象列表中，然后获取对方提议的 Leader 节点信息（包括 id 和 zxid）并存储到当次选举投票记录表中。

（4）选举线程在收到所有 Server 线程的回复以后，会计算出 zxid 最大的 Server 节点，并将这个 Server 节点设置成要推荐的 Leader 节点。

（5）如果推荐的 Leader 节点获得了半数以上的票数，那么选举线程会设置当前推荐的 Leader 节点为获胜 Leader 节点，并根据获胜 Leader 节点信息设置自己的状态；否则继续这个过程，直到 Leader 节点被选举出来。

ZooKeeper HA 的实现原理如图 5.6 所示。

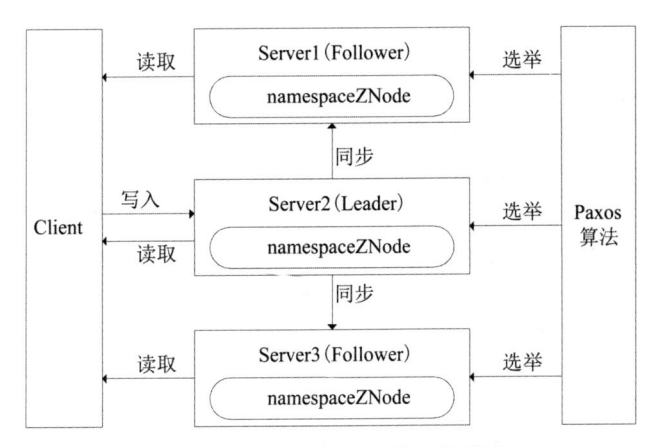

图 5.6 ZooKeeper HA 的实现原理

5.4 ZooKeeper HA 集群

5.4.1 在 master 节点上安装部署 ZooKeeper

ZooKeeper 的安装部署步骤如下。

1. 安装 JDK

安装 ZooKeeper 之前需要先安装 JDK，因为在基础环境配置时已经安装配置过，所以此处不需要重复安装配置。

2. 安装 ZooKeeper

ZooKeeper 安装包的全称为 zookeeper-3.4.8.tar.gz，放置在/opt/software 目录下，安装路径为/usr/local/src。

切换到目录/opt/software 下，解压并安装 ZooKeeper 到/usr/local/src 目录下，并修改 ZooKeeper 组件目录名为 zookeeper。具体命令如下：

```
[root@master ~]# tar -zxvf /opt/software/zookeeper-3.4.8.tar.gz -C /usr/local/src
[root@master ~]# mv /usr/local/src/zookeeper-3.4.8 /usr/local/src/zookeeper
```

至此，安装完成。

5.4.2 在 master 节点上配置 ZooKeeper 文件参数

ZooKeeper 的文件参数配置步骤如下。

1. 配置 ZooKeeper 的环境变量

配置 ZooKeeper 的环境变量的命令如下：

```
[root@master ~]# vi /etc/profile
```

在文件末尾添加如下配置：

```
# set zookeeper environment
# ZooKeeper 安装目录
export ZOOKEEPER_HOME=/usr/local/src/zookeeper
# ZooKeeper 可执行程序目录
export PATH=$PATH:$ZOOKEEPER_HOME/bin
```

保存并退出。

使环境变量生效的命令如下：

```
[root@master ~]# source /etc/profile
```

2. 创建 ZooKeeper 数据目录

在 ZooKeeper 组件目录下创建 data 和 logs 目录，并将$ZOOKEEPER_HOME/data 作为数据目录，将$ZOOKEEPER_HOME/logs 作为日志目录，其中$ZOOKEEPER_HOME 是上一步配置的 ZooKeeper 的安装目录。具体命令如下：

```
[root@master ~]# mkdir /usr/local/src/zookeeper/data
[root@master ~]# mkdir /usr/local/src/zookeeper/logs
```

3. 创建 myid 配置文件

在 ZooKeeper 组件的 data 目录下创建并编辑 myid 文件，命令如下：

```
[root@master ~]# echo "1" > /usr/local/src/zookeeper/data/myid
```

注意：此处的 myid 文件登记的是每个 ZooKeeper 节点的 ID 号，若 master 节点的 ID 号是 1，那么其他两个节点的 ID 号应该依次登记为 2 和 3。

4. 修改 zoo.cfg 配置文件

将 ZooKeeper 组件的 conf 目录下的 zoo_sample.cfg 文件复制为 zoo.cfg 文件，命令如下：

```
[root@master ~]# cp /usr/local/src/zookeeper/conf/zoo_sample.cfg /usr/local/src/zookeeper/conf/zoo.cfg
```

修改 zoo.cfg 文件，命令如下：

```
[root@master ~]# vi /usr/local/src/zookeeper/conf/zoo.cfg
```

添加如下配置：

```
# 添加 3 个节点的主机名和访问端口号
server.1=master:2888:3888
server.2=slave1:2888:3888
server.3=slave2:2888:3888
# 3 个 server 节点可以配置主机名，也可以配置 IP 地址
# 添加 ZooKeeper 日志目录路径
dataLogDir=/usr/local/src/zookeeper/logs
```

修改如下配置：

```
# 修改 ZooKeeper 数据目录路径
dataDir=/usr/local/src/zookeeper/data
```

保存并退出。

5.4.3 分发 ZooKeeper 给 slave1 节点和 slave2 节点

ZooKeeper 的分发步骤如下。

1. 分发环境变量文件

将 master 节点的环境变量文件分发给 slave1 节点和 slave2 节点，命令如下：

```
[root@master ~]# scp /etc/profile @slave1:/etc
[root@master ~]# scp /etc/profile @slave2:/etc
```

在 slave1 节点上使其新的环境变量生效，命令如下：

```
[root@slave1 ~]# source /etc/profile
```

在 slave2 节点上使其新的环境变量生效，命令如下：

```
[root@slave2 ~]# source /etc/profile
```

2. 分发 ZooKeeper 组件目录

将 master 节点的 ZooKeeper 组件目录分发给 slave1 节点和 slave2 节点，命令如下：

```
[root@master ~] # scp -r /usr/local/src/zookeeper @slave1:/usr/local/src
[root@master ~] # scp -r /usr/local/src/zookeeper @slave2:/usr/local/src
```

3. 修改所属用户

安装完成的 ZooKeeper 组件与第 4 章安装完成的 JDK 和 Hadoop 软件均只能让 root 用户使用，要让 hadoop 用户能运行这些软件，就需要将目录/usr/local/src 的所有者改为 hadoop 用户，需要在每个节点上分别执行如下命令：

```
# chown -R hadoop:hadoop /usr/local/src
# ll /usr/local/src
total 0
drwxr-xr-x. 9 hadoop hadoop 149 Jun 29  2015 hadoop
drwxr-xr-x. 7 hadoop hadoop 245 Oct  5  2019 jdk
```

执行以上命令后，/usr/local/src 目录的所有者已经改为 hadoop 用户了。

4. 修改 myid 配置文件

在 slave1 节点上编辑 ZooKeeper 组件的 data 目录中的 myid 文件，命令如下：

```
[root@slave1 ~]# echo "2" > /usr/local/src/zookeeper/data/myid
```

注意：slave1 节点的 ID 号是 2。

在 slave2 节点上编辑 ZooKeeper 组件的 data 目录中的 myid 文件，命令如下：

```
[root@slave2 ~]# echo "3" > /usr/local/src/zookeeper/data/myid
```

注意：slave2 节点的 ID 号是 3。

5. 关闭防火墙

如果防火墙未关闭，则需要 3 个节点都关闭防火墙，命令如下：

```
[root@master ~]# systemctl stop firewalld.service
[root@slave1 ~]# systemctl stop firewalld.service
[root@slave2 ~]# systemctl stop firewalld.service
```

设置防火墙为开机不启动状态，命令如下：

```
[root@master ~]# systemctl disable firewalld.service
[root@slave1 ~]# systemctl disable firewalld.service
[root@slave2 ~]# systemctl disable firewalld.service
```

6. 启动 ZooKeeper

以 hadoop 用户依次启动 3 个节点的 ZooKeeper 服务为例，命令如下。

启动 master 节点：

```
[root@master ~]# su - hadoop
[hadoop@master ~]$ /usr/local/src/zookeeper/bin/zkServer.sh start
JMX enabled by default
Using config: /usr/local/src/zookeeper/bin/../conf/zoo.cfg
Starting zookeeper ... STARTED
```

启动 slave1 节点：

```
[root@slave1 ~]# su - hadoop
[hadoop@slave1 ~]$ /usr/local/src/zookeeper/bin/zkServer.sh start
JMX enabled by default
Using config: /usr/local/src/zookeeper/bin/../conf/zoo.cfg
Starting zookeeper ... STARTED
```

启动 slave2 节点：

```
[root@slave2 ~]# su - hadoop
[hadoop@slave2 ~]$ /usr/local/src/zookeeper/bin/zkServer.sh start
JMX enabled by default
Using config: /usr/local/src/zookeeper/bin/../conf/zoo.cfg
Starting zookeeper ... STARTED
```
启动成功。

7. 查看状态

查看 ZooKeeper 集群是否启动成功，命令如下。

查看 master 节点：
```
[hadoop@master ~]$ /usr/local/src/zookeeper/bin/zkServer.sh status
JMX enabled by default
Using config: /usr/local/src/zookeeper/bin/../conf/zoo.cfg
Mode: follower
```

查看 slave1 节点：
```
[hadoop@slave1 ~]$ /usr/local/src/zookeeper/bin/zkServer.sh status
JMX enabled by default
Using config: /usr/local/src/zookeeper/bin/../conf/zoo.cfg
Mode: leader
```

查看 slave2 节点：
```
[hadoop@slave2 ~]$ /usr/local/src/zookeeper/bin/zkServer.sh status
JMX enabled by default
Using config: /usr/local/src/zookeeper/bin/../conf/zoo.cfg
Mode: follower
```

验证成功。

在每个节点上分别输入 exit 命令，返回 root 用户。

5.5 Hadoop HA 集群的文件参数

5.5.1 在 master 节点上配置 Hadoop HA 集群的文件参数

Hadoop HA 集群的文件参数的配置步骤如下。

1. 配置 hadoop-env.sh 文件

hadoop-env.sh 文件用于定义与 Hadoop 运行环境相关的配置信息，如 Java 的存放路径等。对/usr/local/src/hadoop/etc/hadoop 目录下的 hadoop-env.sh 文件进行配置的命令如下：
```
[root@master ~]# /usr/local/src/hadoop/etc/hadoop/hadoop-env.sh
```
修改如下配置：
```
export JAVA_HOME=/usr/local/src/jdk
```
保存并退出。

2. 配置 core-site.xml 文件

core-site.xml 文件用于定义系统级别的参数，如 HDFS 的 URL、Hadoop 的临时目录、ZooKeeper 的地址端口等。对 core-site.xml 文件进行配置的命令如下：
```
[root@master ~]# vi /usr/local/src/hadoop/etc/hadoop/core-site.xml
```
添加如下配置：
```
#指定 HDFS 的命令服务 nameservices 的名称为 ns,与 hdfs-site.xml 文件的配置相同
    <property>
```

```xml
    <name>fs.defaultFS</name>
    <value>hdfs://ns</value>
</property>
#指定hadoop临时文件的存储路径
<property>
    <name>hadoop.tmp.dir</name>
    <value>/usr/local/src/hadoop/tmp</value>
</property>
#指定zookeeper地址（或主机名）和端口号，配置HA时需要
<property>
    <name>ha.zookeeper.quorum</name>
    <value>master:2181,slave1:2181,slave2:2181</value>
</property>
```

保存并退出。

3. 配置 hdfs-site.xml 文件

hdfs-site.xml 文件用于定义 HDFS 的参数，如 NameNode 的数据目录、DataNode 的数据目录、JournalNode 的数据目录、JournalNode 的地址端口、NameNode 的地址端口、DataNode 的地址端口、数据块副本数、HA 切换方式等。对 hdfs-site.xml 文件进行配置的命令如下：

```
[root@master ~]# vi /usr/local/src/hadoop/etc/hadoop/hdfs-site.xml
```

添加如下配置：

```xml
#指定HDFS中的命令服务nameservices的名称为ns，与core-site.xml文件的配置相同
<property>
    <name>dfs.nameservices</name>
    <value>ns</value>
</property>
#指定ns下有两个NameNode，分别是nn1（master）和nn2（slave1）
<property>
    <name>dfs.ha.namenodes.ns</name>
    <value>nn1,nn2</value>
</property>
#指定nn1的RPC通信地址
<property>
    <name>dfs.namenode.rpc-address.ns.nn1</name>
    <value>master:9000</value>
</property>
#指定nn1的HTTP通信地址
<property>
    <name>dfs.namenode.http-address.ns.nn1</name>
    <value>master:50070</value>
</property>
#指定nn2的RPC通信地址
<property>
    <name>dfs.namenode.rpc-address.ns.nn2</name>
    <value>slave1:9000</value>
</property>
#指定nn2的HTTP通信地址
<property>
    <name>dfs.namenode.http-address.ns.nn2</name>
    <value>slave1:50070</value>
</property>
#指定JournalNode地址（或主机名）和端口号，配置HA时需要
```

```
<property>
    <name>dfs.namenode.shared.edits.dir</name>
    <value>qjournal://master:8485;slave1:8485;slave2:8485/ns</value>
</property>
#指定 NameNode 的元数据在 JournalNode 上的存放位置
<property>
    <name>dfs.journalnode.edits.dir</name>
    <value>/usr/local/src/hadoop/journal</value>
</property>
#开启 HA 自动切换
<property>
    <name>dfs.ha.automatic-failover.enabled</name>
    <value>true</value>
</property>
#设置失败自动切换实现方式
<property>
    <name>dfs.client.failover.proxy.provider.ns</name>
    <value>org.apache.hadoop.hdfs.server.namenode.ha.ConfiguredFailoverProxyProvider</value>
</property>
#设置隔离机制，SSH 会因为无权限访问导致自动切换失败，此时直接使用 shell
<property>
    <name>dfs.ha.fencing.methods</name>
    <value>shell(/bin/true)</value>
</property>
#设置使用 SSH 隔离时需要 SSH 无密码登录
<property>
    <name>dfs.ha.fencing.ssh.private-key-files</name>
    <value>/root/.ssh/id_rsa</value>
</property>
#指定 NameNode 的存储空间
<property>
    <name>dfs.namenode.name.dir</name>
    <value>/usr/local/src/hadoop/tmp/dfs/name</value>
</property>
#指定 DataNode 的存储空间
<property>
    <name>dfs.datanode.data.dir</name>
    <value>/usr/local/src/hadoop/tmp/dfs/data</value>
</property>
#指定数据块副本数
<property>
    <name>dfs.replication</name>
    <value>3</value>
</property>
```

保存并退出。

4．配置 mapred-site.xml 文件

mapred-site.xml 文件用于定义 MapReduce 的参数，如 MapReduce 计算框架、JobHistory 的地址端口等。对 mapred-site.xml 文件进行配置的命令如下：

```
[root@master ~]# cp /usr/local/src/hadoop/etc/hadoop/mapred-site.xml.template  /usr/local/src/hadoop/etc/hadoop/mapred-site.xml
```

```
[root@master ~]# vi /usr/local/src/hadoop/etc/hadoop/mapred-site.xml
```
添加如下配置：
```
#指定 MapReduce 计算框架使用 YARN
  <property>
    <name>mapreduce.framework.name</name>
    <value>yarn</value>
  </property>
```
保存并退出。

5．配置 yarn-site.xml 文件

yarn-site.xml 文件用于定义 YARN 的参数，如开启 YARN HA、指定 ResourceManager 的名称、指定 ResourceManager 的地址端口、指定 NodeManager 的地址端口、指定 ZooKeeper 的地址端口、指定 JournalNode 的恢复机制、指定 NodeManager 获取数据的方式等。对 yarn-site.xml 文件进行配置的命令如下：
```
[root@master ~]# vi /usr/local/src/hadoop/etc/hadoop/yarn-site.xml
```
添加如下配置：
```
#开启 YARN HA
  <property>
    <name>yarn.resourcemanager.ha.enabled</name>
    <value>true</value>
  </property>
#指定两个 ResourceManager 的名称为 rm1 和 rm2
  <property>
    <name>yarn.resourcemanager.ha.rm-ids</name>
    <value>rm1,rm2</value>
  </property>
#指定 rm1 的主机为 master
  <property>
    <name>yarn.resourcemanager.hostname.rm1</name>
    <value>master</value>
  </property>
#指定 rm2 的主机为 slave1
  <property>
    <name>yarn.resourcemanager.hostname.rm2</name>
    <value>slave1</value>
  </property>
#开启 YARN 恢复机制
  <property>
    <name>yarn.resourcemanager.recovery.enabled</name>
    <value>true</value>
  </property>
#执行 ResourceManager 恢复机制实现类
  <property>
    <name>yarn.resourcemanager.store.class</name>
<value>org.apache.hadoop.yarn.server.resourcemanager.recovery.ZKRMStateS
tore</value>
  </property>
#配置 ZooKeeper 的地址端口
  <property>
    <name>yarn.resourcemanager.zk-address</name>
    <value>master:2181,slave1:2181,slave2:2181</value>
  </property>
#指定 YARN HA 的名称为 yarn-ha
```

```xml
  <property>
    <name>yarn.resourcemanager.cluster-id</name>
    <value>yarn-ha</value>
  </property>
#指定 YARN 的 active ResouceManager 的地址
  <property>
    <name>yarn.resourcemanager.hostname</name>
    <value>master</value>
  </property>
#指定 NodeManager 获取数据的方式
  <property>
    <name>yarn.nodemanager.aux-services</name>
    <value>mapreduce_shuffle</value>
  </property>
```

保存并退出。

6. 配置 masters 文件和 slaves 文件

masters 文件用于指定 2 个 NameNode 主机信息，命令如下：

```
[root@master ~]# vi /usr/local/src/hadoop/etc/hadoop/masters
```

内容修改为：

```
master
slave1
```

slaves 文件用于指定 3 个 DataNode 主机信息，命令如下：

```
[root@master hadoop]# vi /usr/local/src/hadoop/etc/hadoop/slaves
```

内容修改为：

```
master
slave1
slave2
```

保存并退出。

7. 创建 Hadoop 的数据目录

进入 hadoop 目录，创建 dfs 和 tmp 目录，在 dfs 目录下再创建 name、data、journal 目录，其中，$HADOOP_HOME 为 Hadoop 的安装目录/usr/local/src/hadoop，$HADOOP_HOME/dfs/name 作为 NameNode 的数据目录，$HADOOP_HOME/dfs/data 作为 DataNode 的数据目录，$HADOOP_HOME/dfs/journal 作为 JournalNode 的数据目录，$HADOOP_HOME/tmp 作为临时文件目录，命令如下：

```
[root@master ~]# mkdir -p /usr/local/src/hadoop/dfs/name
[root@master ~]# mkdir -p /usr/local/src/hadoop/dfs/data
[root@master ~]# mkdir /usr/local/src/hadoop/tmp
[root@master ~]# mkdir /usr/local/src/hadoop/journal
```

8. 修改所属用户

将 hadoop 目录的所属用户修改为 hadoop 用户，命令如下：

```
[root@master ~]chown -R hadoop:hadoop /usr/local/src/hadoop
```

5.5.2 分发 hadoop 相关文件给 slave1 节点和 slave2 节点

hadoop 相关文件的分发步骤如下。

1. 分发环境变量文件

将 master 节点的环境变量文件分发给 slave1 节点和 slave2 节点，命令如下：

```
[root@master ~]# scp /etc/profile @slave1:/etc
[root@master ~]# scp /etc/profile @slave2:/etc
```

在 slave1 节点上使其新的环境变量生效，命令如下：

```
[root@slave1 ~]# source /etc/profile
```

在 slave2 节点上使其新的环境变量生效，命令如下：

```
[root@slave2 ~]# source /etc/profile
```

2. 分发 hadoop 目录

将 master 节点的 hadoop 目录分发给 slave1 节点和 slave2 节点，命令如下：

```
[root@master ~] # scp -r /usr/local/src/hadoop slave1:/usr/local/src
[root@master ~] # scp -r /usr/local/src/hadoop slave2:/usr/local/src
```

3. 修改所属用户

在 slave1 节点上修改 hadoop 目录的所属用户为 hadoop，命令如下：

```
[root@slave1 ~]# chown -R hadoop:hadoop /usr/local/src/hadoop
```

在 slave2 节点上修改 hadoop 目录的所属用户为 hadoop，命令如下：

```
[root@slave2 ~]# chown -R hadoop:hadoop /usr/local/src/hadoop
```

5.6 JournalNode 服务

5.6.1 JournalNode 服务的原理

在 Hadoop HA 集群中，两个 NameNode 之间为了实现数据同步，会通过一组被称为 JournalNode 的独立进程进行通信。

当 active 状态的 NameNode 的命名空间有任何修改时，就会告知大部分的 JournalNode 进程，并将修改写入 JournalNode 中。处于 standby 状态的 NameNode 有能力读取 JournalNode 中的变更信息，并且会一直监控编辑日志的变化，还会把变化应用于自己的命名空间。这样就可以确保在集群出错时，命名空间的状态已经完全同步了，从而实现从 standby 状态到 active 状态的实时切换，保证集群继续正常运行。JournalNode 服务的原理如图 5.7 所示。

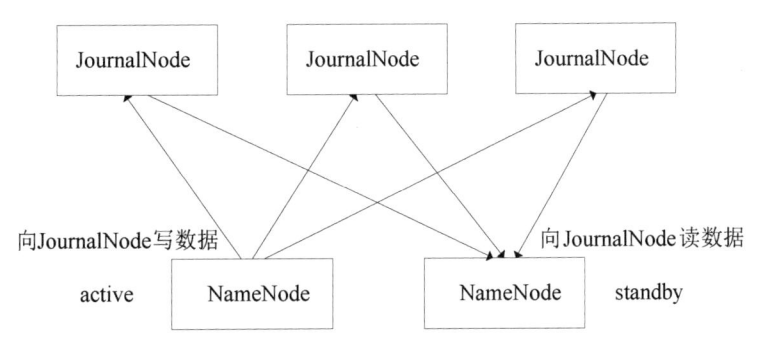

图 5.7 JournalNode 服务的原理

JournalNode 服务非常轻量，一般部署在 DataNode 上，但是必须是奇数个且至少有 3 个，即必须是(2N+1)个节点。当运行 N 个 JournalNode 服务时，系统可以容忍至少(N–1)/2

（N 至少为 3）个节点失败而不影响正常运行。

5.6.2 启动 JournalNode 服务

JournalNode 服务的配置详见 5.5.2 节中 hdfs-site.xml 文件中的配置内容。
将 3 个主机节点分别切换为 hadoop 用户：

```
[root@master ~]# su - hadoop
[root@slave1 ~]# su - hadoop
[root@salve2 ~]# su - hadoop
```

在 master 节点上启动 JournalNode 服务的命令如下：

```
[hadoop@master ~]$ /usr/local/src/hadoop/sbin/hadoop-daemons.sh start journalnode
  master: starting journalnode, logging to /usr/local/src/hadoop/logs/hadoop-hadoop-journalnode-master.out
  slave1: starting journalnode, logging to /usr/local/src/hadoop/logs/hadoop-hadoop-journalnode-slave1.out
  slave2: starting journalnode, logging to /usr/local/src/hadoop/logs/hadoop-hadoop-journalnode-slave2.out
```

启动成功。

5.7 本章小结

本章主要介绍了 Hadoop HA 集群的特点、Hadoop HA 集群的实现原理、ZooKeeper 的特点、ZooKeeper HA 集群、Hadoop HA 集群的文件参数、JournalNode 服务等内容，还介绍了 Hadoop HA 集群配置的详细实验过程。

第 6 章 Hadoop HA 集群的启动

学习目标

- 掌握 Hadoop HA 集群的启动和验证。
- 掌握 Hadoop HA 集群的切换场景和效果。
- 掌握 Hadoop HA 集群的手动切换和自动切换的方法。

Hadoop HA 集群的启动承接第 5 章 Hadoop HA 集群的配置,在 Hadoop HA 集群配置完成后,需要进一步对集群进行格式化和启动,并进行运行和切换测试。本章会介绍 Hadoop HA 集群的格式化流程、ZKFC 机制、Hadoop HA 集群的启动流程和启动后的测试方法、Hadoop HA 集群主备状态的手动切换和自动切换的流程、发生切换的一般场景和效果等内容。

6.1 HDFS 的格式化

Hadoop HA 集群配置完成后,在首次启动前需要先格式化 HDFS。

注意: 要先确保各节点上的 ZooKeeper 和 JournalNode 服务已启动(第 5 章时已启动)。

6.1.1 active NameNode 的格式化和启动

Hadoop HA 集群中有两个 NameNode,一个处于 active 状态,另一个处于 standby 状态,此处选用 master 节点作为 active NameNode。首先格式化和启动 active NameNode。

1. master 节点 NameNode 的格式化

以 hadoop 用户格式化 active NameNode,命令如下:

```
[root@master ~]# su - hadoop
[hadoop@master ~]$ /usr/local/src/hadoop/bin/hdfs namenode -format
20/09/13 17:22:55 INFO util.ExitUtil: Exiting with status 0
20/09/13 17:22:55 INFO namenode.NameNode: SHUTDOWN_MSG:
/************************************************************
SHUTDOWN_MSG: Shutting down NameNode at master/192.168.1.6
************************************************************/
```

格式化成功。

注意：如果格式化失败，则需要先清空$HADOOP_HOME/dfs 和$HADOOP_HOME/tmp 目录下的所有内容，再重新执行格式化操作。

2. master 节点 NameNode 的启动

启动 active NameNode 节点上的进程，命令如下：

```
[hadoop@master ~]$ cd /usr/local/src/hadoop/
[hadoop@master hadoop]$ sbin/hadoop-daemon.sh start namenode
Starting namenodes on [master]
master: starting namenode, logging to /usr/local/src/hadoop/logs/hadoop-hadoop-namenode-master.out
```

启动成功。

6.1.2 standby NameNode 的格式化和启动

由第 4 章的内容可知，选用 slave1 节点作为 standby NameNode。在 active NameNode 进程启动后，需要格式化 standby NameNode，并将元数据从 active NameNode 复制到 standby NameNode 上。

1. slave1 节点 NameNode 的格式化和元数据的同步

以 hadoop 用户格式化 standby NameNode 并同步元数据，命令如下：

```
[root@slave1 ~]# su - hadoop
[hadoop@slave1 ~]$ cd /usr/local/src/hadoop/
[hadoop@slave1 hadoop]$ bin/hdfs namenode -bootstrapStandby
=====================================================
About to bootstrap Standby ID nn2 from:
          Nameservice ID: ns
       Other Namenode ID: nn1
  Other NN's HTTP address: http://master:50070
  Other NN's IPC address: master/192.168.1.6:9000
            Namespace ID: 839398993
            Block pool ID: BP-382120387-192.168.1.6-1593595375318
              Cluster ID: CID-6b413c44-1bc7-44b6-b15d-0d92894a0444
          Layout version: -60
=====================================================
20/09/13 17:25:03 INFO common.Storage: Storage directory /usr/local/src/hadoop/dfs/name has been successfully formatted.
20/09/13 17:25:03 WARN common.Util: Path /usr/local/src/hadoop/dfs/name should be specified as a URI in configuration files. Please update hdfs configuration.
20/09/13 17:25:04 INFO namenode.TransferFsImage: Opening connection to http://master:50070/imagetransfer?getimage=1&txid=0&storageInfo=-60:8393989
93:0:CID-6b413c44-1bc7-44b6-b15d-0d92894a0444
20/09/13 17:25:04 INFO namenode.TransferFsImage: Image Transfer timeout configured to 60000 milliseconds
20/09/13 17:25:04 INFO namenode.TransferFsImage: Transfer took 0.00s at 0.00 KB/s
20/09/13 17:25:04 INFO namenode.TransferFsImage: Downloaded file fsimage.ckpt_0000000000000000000 size 351 bytes.
20/09/13 17:25:04 INFO util.ExitUtil: Exiting with status 0
20/09/13 17:25:04 INFO namenode.NameNode: SHUTDOWN_MSG:
```

```
/****************************************************************
SHUTDOWN_MSG: Shutting down NameNode at slave1/192.168.1.7
****************************************************************/
```
格式化及同步元数据成功。

2. slave1 节点 NameNode 的启动

启动 standby NameNode 进程，命令如下：

```
[hadoop@slave1 hadoop]$ sbin/hadoop-daemon.sh start namenode
Starting namenodes on [slave1]
slave1:    starting    namenode,    logging    to
/usr/local/src/hadoop/logs/hadoop-hadoop-namenode-slave1.out
```

启动成功。

6.1.3 格式化 ZKFC

ZKFC 是 ZooKeeper Failover Controller 的简称，其主要功能如下。

（1）监控 NameNode 的健康状态，如果 NameNode 运行正常，就向 ZooKeeper 定期发送心跳。

（2）当 ZKFC 被 ZooKeeper 选举为 active 节点时，通过 RPC 调用使相应的 NameNode 转换为 active 状态，从而实现 NameNode 的 HA 切换。

ZKFC 的工作原理如图 6.1 所示。

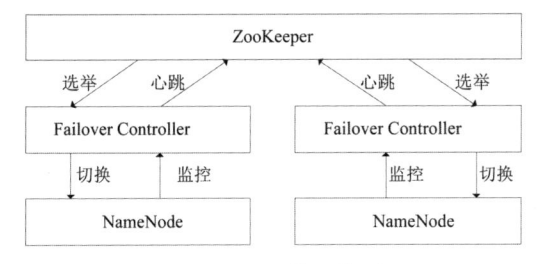

图 6.1　ZKFC 的工作原理

可以在任意一个 NameNode 上格式化 ZKFC，此处选用 master 节点，即向 ZooKeeper 注册 ZNode，为 NameNodes 配置故障自动转移，命令如下：

```
[hadoop@master hadoop]$ bin/hdfs zkfc -formatZK
  20/09/13 17:23:15 INFO ha.ActiveStandbyElector: Successfully created
/hadoop-ha/ns in ZK.
  20/09/13 17:23:15 INFO zookeeper.ZooKeeper: Session: 0x373099bfa8c0000
closed
  20/09/13 17:23:15 WARN ha.ActiveStandbyElector: Ignoring stale result from
old client with sessionId 0x373099bfa8c0000
  20/09/13 17:23:15 INFO zookeeper.ClientCnxn: EventThread shut down
```

格式化及注册成功。

6.2　Hadoop HA 集群的启动流程

6.2.1　启动 HDFS

启动 Hadoop HA 集群的 HDFS 组件服务，包括 NameNode 进程、DataNode 进程、

JournalNode 进程、FailoverController 进程。当启动 HDFS 时，只需在 master 节点上执行即可，命令如下：

```
[hadoop@master hadoop]$ sbin/start-dfs.sh
```

启动两个 NameNode：

```
Starting namenodes on [master slave1]
master:     starting    namenode,    logging    to /usr/local/src/hadoop/logs/hadoop-hadoop-namenode-master.out
slave1:     starting    namenode,    logging    to /usr/local/src/hadoop/logs/hadoop-hadoop-namenode-slave1.out
```

启动三个 DataNode：

```
master:     starting    datanode,    logging    to /usr/local/src/hadoop/logs/hadoop-hadoop-datanode-master.out
slave1:     starting    datanode,    logging    to /usr/local/src/hadoop/logs/hadoop-hadoop-datanode-slave1.out
slave2:     starting    datanode,    logging    to /usr/local/src/hadoop/logs/hadoop-hadoop-datanode-slave2.out
```

启动三个 JournalNode：

```
Starting journal nodes [master slave1 slave2]
master: journalnode running as process 1787. Stop it first.
slave2: journalnode running as process 1613. Stop it first.
slave1: journalnode running as process 1634. Stop it first.
```

启动两个 FailoverController：

```
Starting ZK Failover Controllers on NN hosts [master slave1]
master:     starting    zkfc,    logging    to /usr/local/src/hadoop/logs/hadoop-hadoop-zkfc-master.out
slave1:     starting    zkfc,    logging    to /usr/local/src/hadoop/logs/hadoop-hadoop-zkfc-slave1.out
```

启动成功。

6.2.2 启动 YARN

启动 Hadoop HA 集群的 YARN 组件服务，包括 ResourceManager 进程、NodeManager 进程。当启动 YARN 时，需要在 master 节点和 slave1 节点上分别执行。

1. 在 master 节点上启动 YARN

启动 YARN 服务，命令如下：

```
[hadoop@master hadoop]$ sbin/start-yarn.sh
```

启动一个 ResourceManager：

```
starting yarn daemons
starting resourcemanager, logging to /usr/local/src/hadoop/logs/yarn-hadoop-resourcemanager-master.out
```

启动三个 NodeManager：

```
master: starting nodemanager, logging to /usr/local/src/hadoop/logs/yarn-hadoop-nodemanager-master.out
slave1: starting nodemanager, logging to /usr/local/src/hadoop/logs/yarn-hadoop-nodemanager-slave1.out
slave2: starting nodemanager, logging to /usr/local/src/hadoop/logs/yarn-hadoop-nodemanager-slave2.out
```

启动成功。

2. 在 slave1 节点上启动 ResourceManager 服务

因为在主节点上启动 YARN 服务时并未启动从节点上的 ResourceManager 服务，所以还需要在 slave1 节点上手动启动 ResourceManager 服务，命令如下：

```
[hadoop@slave1 hadoop]$ sbin/yarn-daemon.sh start resourcemanager
starting resourcemanager, logging to /usr/local/src/hadoop/logs/yarn-hadoop-resourcemanager-slave1.out
```

启动成功。

6.2.3 启动 MapReduce 的历史服务器

MapReduce 组件的历史服务器的作用是保存执行 Job 任务节点的执行日志，并将多个节点执行 Map 任务的日志和最终 Reduce 任务的日志聚合在一起。

在 master 节点上启动 historyserver 进程，命令如下：

```
[hadoop@master hadoop]$ sbin/yarn-daemon.sh start proxyserver
starting proxyserver, logging to /usr/local/src/hadoop/logs/yarn-hadoop-proxyserver-master.out
[hadoop@master hadoop]$ sbin/mr-jobhistory-daemon.sh start historyserver
starting historyserver, logging to /usr/local/src/hadoop/logs/yarn-hadoop-historyserver-master.out
```

启动成功。

6.3 启动后验证

6.3.1 查看进程

通过命令行查看三个节点上的服务是否都已正常启动。

查看 master 节点的 Java 进程，命令如下：

```
[hadoop@master hadoop]$ jps
2129 DataNode
3014 JobHistoryServer
3082 Jps
1787 JournalNode
2012 NameNode
1485 QuorumPeerMain
2573 NodeManager
2382 DFSZKFailoverController
2479 ResourceManager
```

查看 slave1 节点的 Java 进程，命令如下：

```
[hadoop@slave1 hadoop]$ jps
1760 DataNode
1634 JournalNode
2098 NameNode
1863 DFSZKFailoverController
1928 NodeManager
2284 Jps
1455 QuorumPeerMain
2191 ResourceManager
```

查看 slave2 节点的 Java 进程，命令如下：

```
[hadoop@slave2 ~]$ jps
1440 QuorumPeerMain
1904 Jps
1787 NodeManager
1613 JournalNode
1679 DataNode
```
验证成功。

6.3.2 查看端口

通过 Web 访问查看三个节点上的服务是否都已正常启动。

查看 master 节点的 50070 端口，如图 6.2 所示。

图 6.2 master 节点的 50070 端口

查看 slave1 节点的 50070 端口，如图 6.3 所示。

图 6.3 slave1 节点的 50070 端口

查看 master 节点的 8088 端口，如图 6.4 所示。

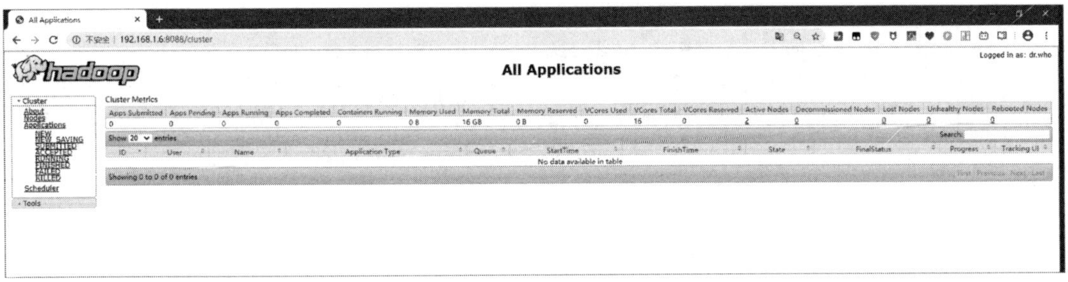

图 6.4　master 节点的 8088 端口

验证成功。

6.3.3　运行测试

HDFS 和 MapReduce 的运行测试步骤如下。

1．创建一个测试文件

在本地创建一个测试文件 a.txt，命令如下：

```
[hadoop@master hadoop]$cd ~
[hadoop@master ~]$ vi a.txt
```

内容如下：

```
Hello World
Hello Hadoop
```

保存并退出。

2．在 HDFS 上创建目录

在 HDFS 上创建一个目录 input，命令如下：

```
[hadoop@master ~]$ hadoop fs -mkdir /input
```

3．上传文件到 HDFS

将本地文件 a.txt 上传到 HDFS 的 input 目录下，命令如下：

```
[hadoop@master ~]$ hadoop fs -put a.txt /input
```

4．进入 MapReduce jar 包目录

切换到 MapReduce 放置 jar 包的目录，命令如下：

```
[hadoop@master ~]$ cd /usr/local/src/hadoop/share/hadoop/mapreduce/
```

5．运行 MapReduce 的 wordcount 程序

运行 MapReduce 的 wordcount 程序，读取 a.txt 文件中的单词，统计每个单词出现的频数，并将结果输出到 HDFS 的 output 目录下，命令如下：

```
[hadoop@master mapreduce]$ hadoop jar hadoop-mapreduce-examples-2.6.0.jar wordcount /input/a.txt /output
20/06/19 10:12:18 INFO mapreduce.Job:  map 0% reduce 0%
20/06/19 10:12:36 INFO mapreduce.Job:  map 100% reduce 0%
20/06/19 10:12:42 INFO mapreduce.Job:  map 100% reduce 100%
20/06/19 10:12:44 INFO mapreduce.Job: Job job_1592532458114_0001 completed successfully
```

运行成功。

6. 查看执行结果

在 HDFS 的 output 中查看运行结果，命令如下：

```
[hadoop@master mapreduce]$ hadoop fs -ls -R /output
-rw-r--r--   2 root supergroup          0 2020-06-19 10:12 /output/_SUCCESS
-rw-r--r--   2 root supergroup         32 2020-06-19 10:12 /output/part-r-00000
[hadoop@master mapreduce]$ hadoop fs -cat /output/part-r-00000
Hadoop 1
Hello 2
World 1
```

测试成功。

6.4 Hadoop HA 集群的主备切换

6.4.1 Hadoop HA 集群的切换机制

Hadoop HA 的作用就是一旦集群中的 active NameNode 发生故障，standby NameNode 可以实时切换上去，代替原先的 active NameNode 继续运行，从而保证整个集群安全、可靠地持续运行。Hadoop HA 集群的主备切换过程是由 ZKFC 控制的，NameNode 的主备切换过程主要由 ZKFailoverController、HealthMonitor 和 ActiveStandbyElector 三个组件协同完成。Hadoop HA 集群的主备切换过程如图 6.5 所示。

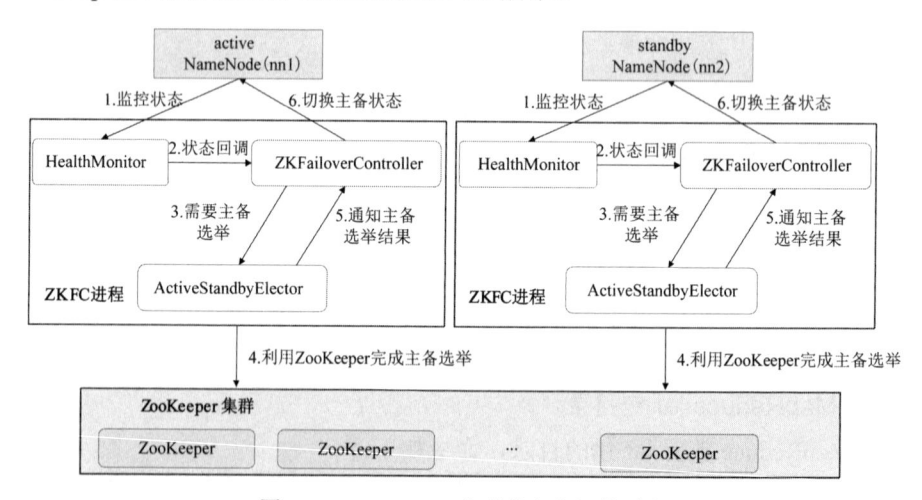

图 6.5 Hadoop HA 集群的主备切换过程

ZKFailoverController 作为 NameNode 机器上一个独立的进程进行启动，启动的时候会创建 HealthMonitor 和 ActiveStandbyElector 这两个主要的内部组件，在创建的同时，ZKFailoverController 会注册相应的回调方法。

HealthMonitor 主要负责检测 NameNode 的健康状态，如果检测到状态发生变化，则会回调 ZKFailoverController 的相应方法进行自动的主备选举。

ActiveStandbyElector 主要负责完成自动的主备选举，其内部封装了 ZooKeeper 的处理逻辑，一旦 ZooKeeper 主备选举完成，ActiveStandbyElector 就会回调 ZKFailoverController 的相应方法进行 NameNode 的主备状态切换。

Hadoop HA 集群的主备切换一般分为手动切换和自动切换两种方式。下面几种场景可能会触发 Hadoop HA 集群的主备切换。

（1）active NameNode JVM 崩溃：此时 active NameNode 上的 HealthMonitor 状态会停止上报，会触发状态迁移至 SERVICE_NOT_RESPONDING，然后 active NameNode 的 ZKFC 会退出选举，standby NameNode 会获得 active lock，成为 active 节点。

（2）active NameNode 宕机。

（3）active NameNode 健康状态异常。

（4）active ZKFC 崩溃。

（5）ZooKeeper 崩溃。

6.4.2　手动切换测试

主备 NameNode 之间的手动切换：调用 HDFS 的 FailoverController 机制，手动将 active NameNode（nn1）和 standby NameNode（nn2）进行切换。

1. 手动切换 NameNode

执行 NameNode 手动切换，命令如下：

```
[hadoop@master mapreduce]$ cd /usr/local/src/hadoop/
[hadoop@master hadoop]$ hdfs haadmin -failover --forcefence -forceactive nn1 nn2
```

2. 查看状态

查看两个 NameNode 切换后的状态，命令如下：

```
[hadoop@master hadoop]$ hdfs haadmin -getServiceState nn1
standby
```

由上可见，原先的 active NameNode 已切换成了 standby NameNode。

```
[hadoop@master hadoop]$ hdfs haadmin -getServiceState nn2
active
```

由上可见，原先的 standby NameNode 已切换成了 active NameNode。

手动切换测试成功。

6.4.3　自动切换测试

主备 NameNode 之间的自动切换：模拟 active NameNode（nn1）宕机，然后查看 standby NameNode（nn2）是否已经切换成功，集群是否能够正常运行。

1. 重启 active NameNode

停止 active NameNode（nn1）进程，命令如下：

```
[hadoop@master hadoop]$ sbin/hadoop-daemon.sh stop namenode
stopping namenode
```

重新启动 active NameNode 进程，命令如下：

```
[hadoop@master hadoop]$ sbin/hadoop-daemon.sh start namenode
starting namenode, logging to /usr/local/src/hadoop/logs/hadoop-hadoop-namenode-master.out
```

2. 查看状态

由于原先的 active NameNode（nn1）发生了重启，所以现在的 active NameNode 应该切换成了 Standby NameNode。

查看两个 NameNode 切换后的状态，命令如下：

```
[hadoop@master hadoop]$ hdfs haadmin -getServiceState nn1
standby
```

由上可见，原先的 active NameNode 已切换成了 standby NameNode。

```
[hadoop@master hadoop]$ hdfs haadmin -getServiceState nn2
active
```

由上可见，原先的 standby NameNode 已切换成了 active NameNode。

3. 查看 Web

查看 master 节点的 50070 端口，如图 6.6 所示，已切换为 standby 状态。

图 6.6　master 节点的 50070 端口

查看 slave1 节点的 50070 端口，如图 6.7 所示，已切换为 active 状态。

图 6.7　slave1 节点的 50070 端口

自动切换测试成功。

6.5　本章小结

本章主要介绍了 HDFS 的格式化、Hadoop HA 集群的启动流程、启动后验证、Hadoop HA 集群的主备切换。另外，还介绍了 Hadoop HA 集群启动的详细实验过程。

第三部分　大数据组件的维护

第 7 章 HBase 组件的维护

学习目标

- 知道 NoSQL 与传统 RDBMS 的差异。
- 了解 HBase 的相关知识。
- 了解 HBase 组件的设置。
- 掌握 HBase 的分布式部署。
- 掌握 HBase Shell 的操作。
- 掌握 HBase 的错误恢复。

HBase 是一个高可靠性、高性能、面向列、可伸缩的分布式数据库，是典型的 NoSQL（Not Only SQL）数据库。HBase 是 Hadoop 的子项目，它参照谷歌的 BigTable 进行建模，可高容错地存储海量数据。本章主要介绍 NoSQL 与传统 RDBMS（Relational Database Management System）的差异、HBase 组件的原理、HBase 的分布式部署、HBase 库/表管理、HBase 数据操作、HBase 宕机恢复及其他相关配置内容。

7.1 NoSQL 与传统 RDBMS 的差异

7.1.1 传统 RDBMS 及其应用场景

传统 RDBMS 有 MySQL、Oracle、Access 等，该类数据库具有以下特征：是面向表格、视图设计的标准化数据；表中的数据类型也会进行预定义；数据保存后，表的结构不易修改。每个表对列的数据有所限制，最大不会超过几百个，这将导致不同的数据可能会存放在多个表中，表之间存在一对一、一对多、多对一、多对多等复杂关系。传统 RDBMS 主要具有以下优点。

（1）数据一致：标准化数据，对应的列数据类型一致。
（2）便于维护：以标准为前提，数据更新的开销小。
（3）容易理解：二维表结构贴近逻辑世界，相对网状、层次等模型来说更容易理解。
（4）使用方便：支持 SQL 语言，使用主键查询的速度快，还支持复杂查询。

但是 RDBMS 的这些优点也限制了它的使用场景更适合高度结构化的行业，如医疗、机关、教育等行业。

7.1.2 NoSQL 简介

1. NoSQL 的分类

随着互联网的发展，数据正以爆炸式的态势在生产，目前的关系数据库已经无法满足 Web2.0 的需求。这些需求主要表现在以下几方面。

（1）海量数据的存储与管理。

（2）海量数据的实时计算分析。

（3）数据服务的高并发与扩展。

这些需求正是传统 RDBMS 无法提供的服务，而且"One size fits all"的模式已无法适应当下日益复杂的业务环境，结构化数据成为数据处理的拦路石。于是，此时就需要一种支持超大规模分布式数据存储，支持复杂的数据模型且具有灵活的扩展性的数据库，因此 NoSQL 应运而生。

NoSQL 数据库随着业务环境不同，数量众多，但是归结起来，典型的 NoSQL 数据库通常包括键值数据库、列族数据库、文档数据库和图形数据库。

（1）键值数据库：数据存储为键值对集合，其中的键作为唯一的标识符。键和值都可以是从简单对象到复杂复合对象的任何内容，如 Redis、Riak。

（2）列族数据库：数据存储在列族中，列族里的行把许多列数据与本行的"行键"关联起来，如 HBase、Cassandra。

（3）文档数据库：后台具有大量读/写操作的网站、使用 JSON 数据结构的应用，面向文档的数据或类似的半结构化数据，如 MongoDB、SisoDb。

（4）图形数据库：专门用于处理类似于社交网络类型的关联性数据，互联网企业应用较多，如 Neo4j、GraphDB。

2. NoSQL 与传统 RDBMS 的优点和缺点

NoSQL 与传统 RDBMS 各有自己的优点和缺点，彼此无法取代。在实际生产环境中，要根据业务选择合适的数据存储容器。传统 RDBMS 与 NoSQL 的优点和缺点如表 7.1 所示。

表 7.1　传统 RDBMS 与 NoSQL 的优点和缺点

数据类型	优　　点	缺　　点
NoSQL	①易扩展，数据之间没有关系 ②大数据量，高性能。高性能读/写非常灵活 ③灵活的数据模型。不需要事先对存储数据建立字段 ④高可用 简单概括：用于高并发读/写、海量数据的高效率存储和访问、高可扩展性和高可用性	①一般不支持 SQL,每种不同的 NoSQL 的查询使用都不同 ②维护成本高，学习成本也高 ③数据无法保持一致性 简单概括：操作复杂，学习难度高，运维成本高，数据类型不一致导致查询难

续表

数据类型	优点	缺点
RDBMS	①数据一致：同列数据类型一致，便于处理 ②便于维护：以标准为前提，数据更新的开销小 ③容易理解：二维表结构贴近逻辑世界，相对网状、层次等模型来说更容易理解 ④使用方便：支持 SQL 语言，使用主键查询速度快，也支持复杂查询 简单概括：适合小型结构化的数据，技术已经很成熟，入门简单，便于维护	①扩展性差，性能会随着数据规模的增大而降低 ②数据存储死板，应用场景受限制，可用性差 ③复杂查询性能差，无法适应当下日益增加的数据量 简单概括：过于死板的数据一致导致场景与复杂查询功能受限，无法适应当下互联网行业数据的增长

7.2 HBase 组件的原理

7.2.1 HBase 简介

1. HBase 的发展史

HBase 由 Powerset 公司在 2007 年创建，同年 10 月，HBase 的第一版与 Hadoop-0.15.0 捆绑发布，初期的目标是弥补 MapReduce 在实时操作上的缺失，使用户可随时操作大规模的数据集。随着大数据 NoSQL 的流行和迅速发展，2010 年 5 月，Apache HBase 脱离 Hadoop，成为 Apache 的顶级项目。

2. HBase 的特点

（1）面向列设计：面向列表（簇）的存储和权限控制，列（簇）独立检索。

（2）支持多版本：每个单元中的数据都可以有多种版本，默认情况下，版本号可自动分配，版本号就是单元格插入时的时间戳。

（3）稀疏性：空列不占用存储空间，表可以设计得非常稀疏。

（4）高可靠性：WAL 机制保证了数据写入时不会因集群异常而导致写入数据丢失，Replication 机制保证了当集群出现严重问题时数据不会丢失或损坏。

（5）高性能：底层的 LSM 数据结构和 Rowkey 有序排列等架构上的独特设计使得 HBase 具有非常高的写入性能。科学地设计 RowKey，可让数据进行合理的 Region 切分，主键索引和缓存机制使得 HBase 在海量数据下具备高速随机读取的性能。

HBase 是典型的 NoSQL 代表，相对于 RDBMS，它属于一种高效的映射嵌套型弱视图设计，以键值对的方式存储数据，每行数据都可以有不同的列设计。数据以行键作为唯一的标识符，当行数据的结构发生变化时，HBase 能根据需求做出灵活调整。数据以文本方式保存，HBase 把数据的解释任务交给了应用程序，因此它更适合灵活的数据结构项目。

7.2.2 HBase 的体系结构

HBase 是构建在 HDFS 之上的分布式、面向列的存储系统。在业务需要进行实时读/写且能够随机访问超大规模数据集时，HBase 是个不错的选择。HBase 依托于 Hadoop HDFS，它作为最基本的存储基础单元，采取了与 HDFS 类似的存储机制，它将一个表切分成若干

Region 进行存储。当表随着记录数的不断增加而变大后，表在行的方向上会被切分成多个 Region，一个 Region 由(startkey,endkey)表示，每个 Region 都会被 master 分散到不同的从节点 HRegionServer 上进行存储，数据块会被分散到不同的数据节点上进行存储类似。

HBase 是一个主从式的结构，在 HBase 的集群中，由一个 master 主节点管理多个从节点，主节点运行 HMaster 进程，且在整个集群中只有一个处于活动状态；从节点运行 HRegionServer 进程，可以同时执行多个，协调操作由 Zookeeper 组件负责。HMaster 进程用于启动任务，管理多个 HRegionServer 进程，并侦测各个 HRegionServer 进程的状态，当一个新的 HRegionServer 进程登录到 HMaster 进程时，HMaster 进程会重新平衡从节点之间的负载。当某个 HRegionServer 进程宕机时，HMaster 进程会把所有 Region 重新分配到其他 HRegionServer 进程上。事实上，HMaster 的负载很轻，HBase 允许有多个 HMaster 进程的节点共存，但同一时刻只有一个 HMaster 进程能为系统提供服务，其他的 HMaster 进程处于待命状态。当正在工作的 HMaster 进程宕机时，备用的 HMaster 进程会接管 HBase 的集群。

一个 HRegionServer 进程包含多个 HRegion，其内部由 WAL（HLog）、HStore、MemStore、HFile 等组件构成，如图 7.1 所示。WAL 是 HDFS 上的一个文件，所有写操作首先都会存入 WAL 中，然后更新 MemStore，最后写入 HFile 中。采用 WAL 可以保证当 HRegionServer 宕机后，依然可以从 HLog 文件中读取数据，Replay 所有的操作，而不至于丢失数据。HRegion 是数据 Region 在一个 HRegionServer 进程中的表达，一个表可以有一个或多个 Region。写缓存 MemStore 用于存储尚未写到磁盘中的数据，通过内置算法将数据映射到 HFile 中。HFile 保存在磁盘上，用于存储排序后的数据行。集群的一个节点上一般只运行一个 HRegionServer 进程，用户通过一系列的 HRegionServer 进程管理数据，且每个区段的 HRegion 只会被一个 HRegionServer 进程维护。HRegionServer 进程主要负责响应用户的 I/O 请求并向 HDFS 文件系统读/写数据，它是 HBase 中最核心的模块。

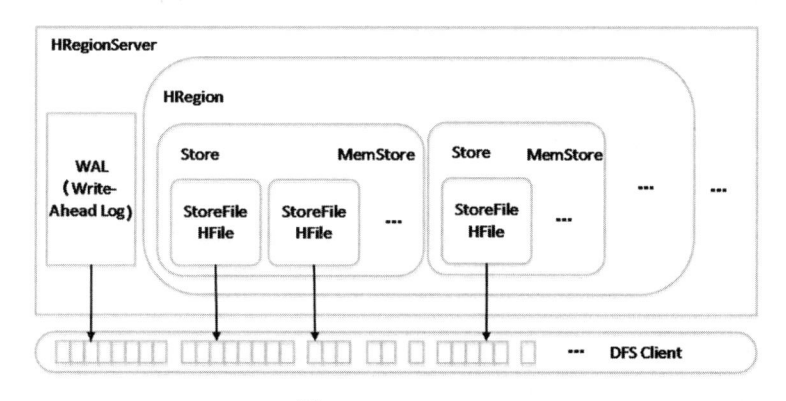

图 7.1 HRegionServer

7.3 HBase 的分布式部署

7.3.1 HBase 集群环境准备

基于实验环境下的网络 IP 地址规划，在 master 主机上配置 HBase 主节点，IP 地址是 192.168.1.6，slave1、slave2 为从节点，其 IP 地址分别为 192.168.1.7、192.168.1.8，掩码是

255.255.255.0。

前期，为各服务器修改主机名、添加 hosts 文件、关闭防火墙、配置 SSH 无密码登录，Hadoop 集群环境配置已完成且可通过相关命令查看。

HBase 安装包可在官方网站选择合适的版本号并下载：

```
http://archive.apache.org/dist/hbase
```

或者通过 wget 命令下载：

```
wget http://archive.apache.org/dist/hbase/1.2.1/hbase-1.2.1-bin.tar.gz
```

7.3.2　HBase 的分布式安装

（1）解压并配置 hadoop 用户变量（master 节点）。切换到下载目录，使用 tar 命令解压安装包到指定目录并重命名：

```
[hadoop@master ~]# cd /opt/software/
[hadoop@master ~]# tar -zxvf hbase-1.2.1-bin.tar.gz -C /usr/local/src/
[hadoop@master ~]# mv /usr/local/src/hbase-1.2.1 /usr/local/src/hbase
```

编辑/etc/profile 文件（所有节点）：

```
[hadoop@master ~]# vi /etc/profile
```

将以下配置信息添加到/etc/profile 文件的末尾：

```
# set HBase environment
export HBASE_HOME=/usr/local/src/HBase
export PATH=$PATH:$HBASE_HOME/bin
```

执行 source /etc/profile 命令，使配置的环境变量在系统全局范围内生效：

```
[hadoop@master ~]# source /etc/profile
```

所有节点在 hadoop 用户下执行一次。

（2）修改配置文件（master 节点）。HBase 的配置文件放置在安装目录下的 conf 文件夹内，切换到该目录后，首先修改 HBase 的环境配置文件 hbase-env.sh，并设置 JAVA_HOME 为自己安装的版本。

```
[hadoop@master ~]# cd /usr/local/src/hbase/conf
[hadoop@master ~]# vi hbase-env.sh
```

将以下配置信息添加到 hbase-env.sh 文件的末尾：

```
export JAVA_HOME=/usr/local/src/java
export HADOOP_HOME=/usr/local/src/hadoop
export HADOOP_CONF_DIR=${HADOOP_HOME}/etc/hadoop
export HBASE_MANAGES_ZK=false
export HBASE_LOG_DIR=${HBASE_HOME}/logs
export HBASE_PID_DIR=${HBASE_HOME}/pid
```

JAVA_HOME 为 Java 程序所在的位置；HBASE_MANAGES_ZK 表示是否使用 HBase 自带的 ZooKeeper 环境，由于 Hadoop HA 已配置了 ZooKeeper 环境，所以此处将其设置为 false（默认为 true），即不使用 HBase 自带的 ZooKeeper 环境；HBASE_CLASSPATH 指向 HBase 配置文件的路径；HBASE_LOG_DIR 与 HBASE_PID_DIR 分别为日志与 pid 文件的输出目录。

修改配置文件 hbase-site.xml，添加相关信息：

```
[hadoop@master ~]# vi hbase-site.xml
```

将以下配置信息添加到 hbase-site.xml 文件的<configuration>与</configuration>之间：

```
<property>
    <name>hbase.rootdir</name>
```

```xml
        <value>hdfs://master:9000/HBase</value>
</property>
<property>
        <name>hbase.master.info.port</name>
        <value>60010</value>
</property>
<property>
        <name>hbase.zookeeper.property.clientPort</name>
        <value>2181</value>
</property>
<property>
<name>hbase.tmp.dir</name>
<value>/usr/local/src/data/hbase/tmp</value>
</property>
<property>
        <name>zookeeper.session.timeout</name>
        <value>120000</value>
</property>
<property>
     <name>hbase.cluster.distributed</name>
     <value>true</value>
</property>
<property>
     <name>hbase.zookeeper.quorum</name>
     <value>master,slave1,slave2</value>
</property>
<property>
     <name>hbase.zookeeper.property.dataDir</name>
     <value>/usr/local/src/data/hbase /tmp/zookeeper-hbase</value>
</property>
```

hbase.rootdir：指定 HBase 的存储目录。

hbase.master.info.port：浏览器的访问端口。

hbase.zookeeper.property.clientPort：指定 ZooKeeper 的连接端口。

hbase.tmp.dir：指定 HBase 在本地生成文件的路径，类似于 hadoop.tmp.dir。

zookeeper.session.timeout：指 RegionServer 进程与 ZooKeeper 间的连接超时时间。当到达超时时间后，ReigonServer 进程会被 ZooKeeper 从 RS 集群清单中移除，HMaster 进程收到移除通知后，会对这台服务器负责的 Regions 进行重新分配，并让其他存活的从节点接管。

hbase.cluster.distributed：检查 HBase 是否为分布式模式。

hbase.zookeeper.quorum：默认值是 localhost，HBase 使用 ZooKeepr 的地址。

hbase.zookeeper.property.dataDir：这里表示 HBase 在 ZooKeeper 上存储数据的位置。

修改 regionservers 文件，删除 localhost 并添加以下内容：

```
[hadoop@master ~]# vi regionservers
salve1
salve2
```

为了让 HBase 读取到 Hadoop 的配置，将 core-site.xml 和 hdfs-site.xml 这两个文件复制到$HBASE_HOME/conf/目录下：

```
# cp $HADOOP_HOME/etc/hadoop/core-site.xml $HBASE_HOME/conf/
# cp $HADOOP_HOME/etc/hadoop/hdfs-site.xml $HBASE_HOME/conf/
```

（3）集群分发。将 master 节点配置好的 HBase 安装包分发给 salve1 节点和 salve2 节点：

```
[hadoop@master ~]$ scp -r /usr/local/src/hbase slave1:/usr/local/src
[hadoop@master ~]$ scp -r /usr/local/src/hbase slave2:/usr/local/src
```

（4）HBase 集群启动。在 master 主节点上使用 hadoop 用户切换到 bin 目录下。使用 ./start-hbase.sh 命令启动 HBase 集群：

```
[hadoop@master bin]# ./start-hbase.sh
```

用 Web UI 查看集群，需要特别强调的是，HBase2.0 的端口是 16010，如图 7.2 所示。

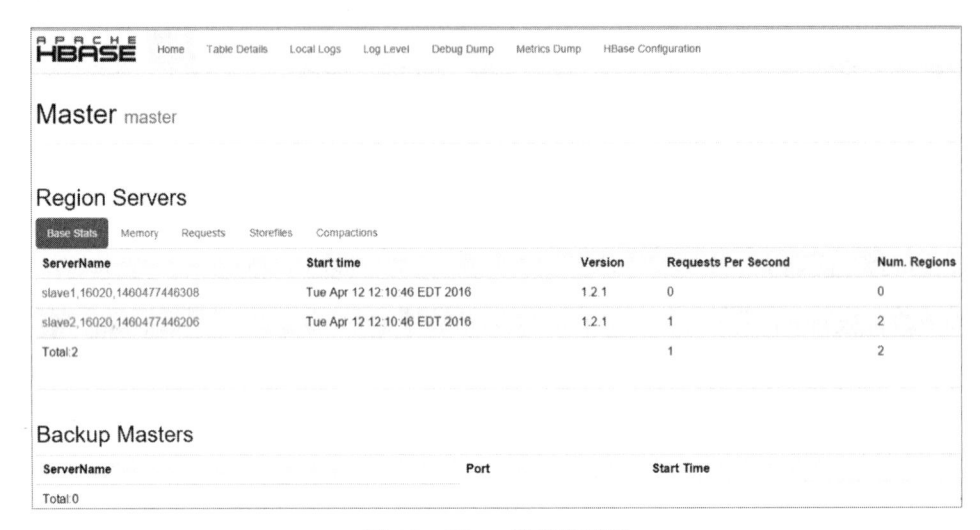

图 7.2　HBase 浏览器界面

7.4　HBase 库/表管理

7.4.1　HBase 库管理

1. 集群启动

HBase 依赖 HDFS 服务，通过相互之间的依赖关系得到的启动顺序为：ZooKeeper > Hadoop > HBase。

首先启动 ZooKeeper，在所有节点上执行以下命令：

```
[hadoop@master ~]# zkServer.sh start
```

ZooKeeper 选举机制会自动选择 Leader 节点，在 master 节点上启动 Hadoop 服务：

```
[hadoop@master ~]# ./start-all.sh
```

Hadoop 的从节点会自行启动，最后启动 HBase（master 节点）：

```
[hadoop@master ~]$ start-HBase.sh
[hadoop@master ~]$ jps
11635 SecondaryNameNode
12484 HMaster
11785 ResourceManager
12331 QuorumPeerMain
14427 Jps
11340 NameNode
11932 NodeManager
11471 DataNode
```

2. 增加节点

与传统数据库相比，集群的分布式扩展是非关系型数据库最大的优点。在原有集群基础上增加新的节点 slave3（192.168.1.9）。增加新节点首先要保证新的 Hadoop 集群已经运行正常，不需要关闭集群，此时执行以下命令即可。

（1）添加新节点信息，修改所有节点的/etc/hosts 文件：

```
[hadoop@master ~]# echo '192.168.1.9'  slave3 >> /etc/hosts
```

（2）增加 HBase 新节点，修改 HBasc 服务的所有节点的 regionservers 文件，在其中添加新的节点信息：

```
[hadoop@master ~]# echo 'slave3' >> /usr/local/src/hbase/conf/ regionservers
```

（3）在新的节点上启动服务：

```
[hadoop@master ~]# cd /usr/local/src/hbase/bin
[hadoop@master ~]# ./HBase-daemon.sh start regionserver
```

以上步骤的前提是此节点已添加到了 Hadoop 集群中。

3. 节点下线

节点升级或硬盘扩容在存储服务器上属于正常现象，当某存储节点需要扩容升级而短暂下线时，需要该节点下线。

（1）假设 slave3 节点需要扩容升级，则执行以下命令，停止该节点上的 HBase 服务：

```
[hadoop@master ~]# cd /usr/local/src/hbase/bin
[hadoop@master ~]# graceful_stop.sh slave3
```

graceful_stop.sh 脚本会自行关闭平衡器，移动 slave3 节点上的数据到其他节点上，此步骤需要较长的时间。

（2）同时，需要在 Hadoop 中删除该节点。在 hdfs-site.xml 文件中添加配置，需要新建 exclude 文件，并在该文件中写入删除节点的名称：

```
[hadoop@master ~]# vi /usr/local/src/hadoop/etc/hadoop/exclude
slaves3
[hadoop@master ~]# vi /usr/local/src/hadoop/etc/hadoop/hdfs-site.xml
<property>
   <name>dfs.hosts.exclude</name>
   <value>/usr/local/src/hadoop/etc/hadoop/exclude </value>
</property>
```

dfs.hosts.exclude：表示需要删除 exclude 中的节点。

（3）刷新配置，使之生效：

```
[hadoop@master ~]# hadoop dfsadmin -refreshNodes
```

打开 Web UI 监控页面查看，发现此节点显示（Decommission In Progress），表示节点正在做数据迁移，等待一段时间后，节点停止，宕机节点（Dead Nodes）列表显示下线节点。

（4）节点下线后，需要将 slaves 与 exclude 文件中 slave3 删除，然后更新 hadoop 命令，至此，操作全部结束。

7.4.2 HBase 表管理

（1）进入 HBase 命令行：

```
[hadoop@master ~]$ hbase shell
```

（2）建立表 student，包含两列（簇），分别是 name 和 num：

```
HBase(main):001:0> create 'student',{NAME=>'name'},{NAME=>'num'}
```

```
0 row(s) in 1.5420 seconds
=>HBase:: Table - scores
```

新建学生表，存储姓名与学号。

（3）查看所有表：

```
HBase(main):002:0> list
TABLE
student
1 row(s) in 0.0100 seconds
=>["student"]
```

（4）查看建表详细信息：

```
HBase(main):003:0> describe 'student'
Table student is ENABLED
student
COLUMN FAMILIES DESCRIPTION
{NAME => 'name', BLOOMFILTER => 'ROW', VERSIONS => '1', IN_MEMORY => 'false',
KEEP_DELETED_CELLS => 'FALSE', DATA_BLOCK_ENCODING => 'NONE', TTL =>
'FOREVER', COMPRESSION => 'NONE', MIN_VERSIONS => '0', BLOCKCACHE => 'true',
BLOCKSIZE => '65536', REPLICATION_SCOPE => '0'}
{NAME => 'num', BLOOMFILTER => 'ROW', VERSIONS => '1', IN_MEMORY => 'false',
KEEP_DELETED_CELLS => 'FALSE', DATA_BLOCK_ENCODING => 'NONE', TTL => '
FOREVER', COMPRESSION => 'NONE', MIN_VERSIONS => '0', BLOCKCACHE => 'true',
BLOCKSIZE => '65536', REPLICATION_SCOPE => '0'}
2 row(s) in 0.1310 seconds
```

在建表时如果没有指定列的详细属性，则系统会根据默认情况进行设置。

BLOOMFILTER：布隆过滤器，提高随机读（get）的性能。

VERSIONS：设置保存的版本数。

IN_MEMORY：针对随机读操作相对较多的列，可以设置该属性为 true。

KEEP_DELETED_CELLS：在默认情况下，删除标记会延伸到时间的开始。

DATA_BLOCK_ENCODING：数据块编码方式设置。

TTL：基于时间戳的生存周期临界值。

COMPRESSION：设置压缩算法。

MIN_VERSIONS：最小存储版本数。

BLOCKCACHE：设置 HFile 数据块大小（默认 64KB）。

REPLICATION_SCOPE：其值为 0、1、2，按照 Master 集群的 HLog 的写入顺序在 Slave 集群中实现同样的顺序。

（5）修改表：

```
HBase(main):004:0> alter 'student' ,{NAME=>'tel'}
Updating all regions with the new schema...
1/1 regions updated.
Done.
0 row(s) in 2.2360 seconds 2 row(s) in 0. 0230 seconds
```

alter 也可以对列进行删除操作，对属性进行修改。

```
HBase(main):005:0> alter 'student' ,{'NAME'=>'name',VERSIONS=>'2'}
Updating all regions with the new schema...
1/1 regions updated.
Done.
0 row(s) in 2.0350 seconds

HBase(main):006:0> alter 'student',{NAME=>'tel',METHOD=>'delete'}
```

```
Updating all regions with the new schema...
1/1 regions updated.
Done.
0 row(s) in 2.1230 seconds
```
修改原 name 列的 VERSIONS 属性为 2，删除刚增加的 tel 列。

（6）删除表（在删除表之前必须先将其禁用）：
```
HBase(main):007:0> disable 'student'
0 row(s)in 2.2930seconds

HBase(main):009:0> drop 'student'
0 row(s)in 1.2530seconds
HBase( main) :023:0> list
TABLE
0 row(s)in 0.0150 seconds
   ==>[]
```
（7）查看数据库的状态：
```
HBase(main) :025 :0> status
1 active master, 0 backup masters, 2 servers, 0 dead, 1.0000 average load
```
（8）查看数据库的版本：
```
HBase(main) :026:0> version
1.2.1,r8d8a7107dc4ccbf36a92f64675dc60392f85c015,Wed Mar 30 11:19:21 CDT 20
16
```

7.5 HBase 数据操作

7.5.1 基础操作

（1）进入 HBase 命令行：
```
[hadoop@master ~]$ hbase shell
```
（2）查看数据库的状态：
```
HBase (main) :001 :0> status
1 active master, 0 backup masters, 2 servers, 0 dead, 1.0000 average load
```
（3）插入两条记录：
```
HBase(main):003:0> put 'student','rk1','name','Tom'
HBase(main):004:0> put 'student','rk1','num','123456'
HBase(main):005:0> put 'student','rk2','name','Sun'
HBase(main):006:0> put 'student','rk2','num','123456'
```
（4）读取指定行和指定行中的列的信息：
```
HBase(main):009:0> get 'student','rk1'
HBase(main):009:0> get 'student','rk1','name'
```
（5）查看整个表记录：
```
HBase(main):021:0> scan 'student'
ROW                    COLUMN+CELL
 rk1                   column=name:, timestamp=1590776371847, value=Tom
 rk1                   column=num:, timestamp=1590776454898, value=123456
 rk2                   column=name:, timestamp=1590776427973, value=Sun
 rk2                   column=num:, timestamp=1590776408817, value=123456
2 row(s) in 0.0450 seconds
```
（6）按列查看表记录：

```
HBase(main):014:0> scan 'student',{COLUMNS=>'name'}
ROW                     COLUMN+CELL
 rk1                    column=name:, timestamp=1590776371847, value=Tom
 rk2                    column=name:, timestamp=1590776427973, value=Sun
2 row(s) in 0.0190 seconds2
```

（7）删除指定行和指定行中的列，并清空表：

```
HBase(main):014:0>delete 'student','rk2'
HBase(main):014:0>delete 'student','rk2','name'
HBase(main):014:0>truncate 'table_name'
```

7.5.2 模糊查询

（1）限制查询：

```
HBase(main):014:0> scan 'student',{COLUMNS=>'name'}
ROW                     COLUMN+CELL
 rk1                    column=name:, timestamp=1590808364741, value=Tom
 rk2                    column=name:, timestamp=1590808389347, value=Sun
 rk3                    column=name:, timestamp=1590808431426, value=wang
 rk3                    column=name:cha, timestamp=1590809143081, value=wang
 rk4                    column=name:, timestamp=1590808439850, value=zhang
5 row(s) in 0.3060 seconds
HBase(main):015:0> scan 'student1',{COLUMNS=>'name:cha'}
ROW                     COLUMN+CELL
 rk3                    column=name:cha, timestamp=1590809143081, value=wang
1 row(s) in 0.0370 seconds
HBase(main):001:0> scan 'student',{COLUMNS=>['name','num']}
ROW                     COLUMN+CELL
 rk1                    column=name:, timestamp=1590808364741, value=Tom
 rk1                    column=num:, timestamp=1590808374944, value=123456
 rk2                    column=name:, timestamp=1590808389347, value=Sun
 rk2                    column=num:, timestamp=1590808400696, value=123456
 rk3                    column=name:, timestamp=1590808431426, value=wang
 rk3                    column=name:cha, timestamp=1590809143081, value=wang
 rk3                    column=num:, timestamp=1590808453486, value=1234567
 rk4                    column=name:, timestamp=1590808439850, value=zhang
 rk4                    column=num:, timestamp=1590808417448, value=123456
4 row(s) in 0.3960 seconds
```

（2）限制查找条数：

```
HBase(main):002:0> scan 'student',{COLUMNS=>['name','num'],LIMIT=>2}
ROW                     COLUMN+CELL
 rk1                    column=name:, timestamp=1590808364741, value=Tom
 rk1                    column=num:, timestamp=1590808374944, value=123456
 rk2                    column=name:, timestamp=1590808389347, value=Sun
 rk2                    column=num:, timestamp=1590808400696, value=123456
2 row(s) in 0.0760 seconds
HBase(main):002:0> count 'student',INTERVAL=>1000,CACHE => 1000
HBase(main):025:0> count 'student1',INTERVAL=>1000,CACHE => 1000
4 row(s) in 0.0440 seconds
```

参数 INTERVAL 表示每隔多少行显示一次 count，默认是 1000；参数 CACHE 表示每次读取缓存区的大小，默认是 10 条，调整该参数可提高查询速度。对于大表查询，通过参数设置可以提高计算速度。

（3）限制时间范围：

```
HBase(main):004:0> scan 'student', {TIMERANGE => [ 1590808364741 ,
1590808389347 ] }
ROW                     COLUMN+CELL
 rk1                    column=name:, timestamp=1590808364741, value=Tom
 rk1                    column=num:, timestamp=1590808374944, value=123456
1 row(s) in 0.0160 seconds
```

时间戳是 1970 年 01 月 01 日 00 时 00 分 00 秒至当前的总秒数。通常表示提供一份电子证据，以证明用户的某些数据的产生时间。

（4）PrefixFilter：rowKey 前缀过滤器：

```
HBase(main):005:0>    scan   'student',{FILTER=>"PrefixFilter('rk')"   AND
"ValueFilter(=,'substring:m' }
ROW                     COLUMN+CELL
 rk2                    column=name:, timestamp=1590808389347, value=Sun
 rk2                    column=num:, timestamp=1590808400696, value=123456
1 row(s) in 0.0390 seconds
HBase(main):006:0> scan 'student1',{FILTER=>"PrefixFilter('r')"}
ROW                     COLUMN+CELL
 rk1                    column=name:, timestamp=1590808364741, value=Tom
 rk1                    column=num:, timestamp=1590808374944, value=123456
 rk2                    column=name:, timestamp=1590808389347, value=Sun
 rk2                    column=num:, timestamp=1590808400696, value=123456
 rk3                    column=name:, timestamp=1590808431426, value=wang
 rk3                    column=name:cha, timestamp=1590809143081, value=wang
 rk3                    column=num:, timestamp=1590808453486, value=1234567
 rk4                    column=name:, timestamp=1590808439850, value=zhang
 rk4                    column=num:, timestamp=1590808417448, value=123456
4 row(s) in 0.0420 seconds
```

另外，还有 QualifierFilter 列名过滤器、TimestampsFilter 时间戳过滤器等，都支持"且"操作。

（5）ValueFilter：值确定查询（value=Tom）与模糊查询（value 包含 m）。

```
HBase(main):026:0> scan 'student', FILTER=>"ValueFilter(=,'binary:Tom')"
ROW                     COLUMN+CELL
 rk1                    column=name:, timestamp=1590808364741, value=Tom
1 row(s) in 0.0800 seconds
HBase(main):027:0>                     scan                   'student1',
FILTER=>"ValueFilter(=,'substring:m')"
ROW                     COLUMN+CELL
 rk1                    column=name:, timestamp=1590808364741, value=Tom
1 row(s) in 0.0540 seconds
```

7.5.3 批量导入/导出

在创建大规模数据时，可以通过 HBase 自带的 ImportTsv 直接导入数据：数据首先会存入.csv 文件中，然后上传至 HDFS 中。HBase 调用 MapReduce 服务，当数据量较大时需等待。使用的命令需要切换至安装目录下的 bin 文件夹下：

```
[hadoop@master ~]# hdfs dfs -mkdir /data
[hadoop@master ~]# hdfs dfs -put /opt/software/student.csv /data
[hadoop@master ~]# cd /usr/local/src/HBase/bin
[hadoop@master bin~]# HBase org.apache.hadoop.HBase.mapreduce.ImportTsv
-Dimporttsv.separator="," -Dimporttsv.columns=HBASE_ROW_KEY,name,num student
/data/student.csv
```

```
...
File System Counters
    FILE: Number of bytes read=0
    FILE: Number of bytes written=146278
    FILE: Number of read operations=0
    FILE: Number of large read operations=0
    FILE: Number of write operations=0
    HDFS: Number of bytes read=8796
    HDFS: Number of bytes written=0
    HDFS: Number of read operations=2
    HDFS: Number of large read operations=0
    HDFS: Number of write operations=0
Job Counters
    Launched map tasks=1
    Data-local map tasks=1
    Total time spent by all maps in occupied slots (ms)=3623
    Total time spent by all reduces in occupied slots (ms)=0
    Total time spent by all map tasks (ms)=3623
    Total vcore-seconds taken by all map tasks=3623
    Total megabyte-seconds taken by all map tasks=3709952
Map-Reduce Framework
    Map input records=51
    Map output records=14
    Input split bytes=100
    Spilled Records=0
    Failed Shuffles=0
    Merged Map outputs=0
    GC time elapsed (ms)=62
    CPU time spent (ms)=840
    Physical memory (bytes) snapshot=113860608
    Virtual memory (bytes) snapshot=2087878656
    Total committed heap usage (bytes)=30474240
ImportTsv
    Bad Lines=37
File Input Format Counters
    Bytes Read=8696
File Output Format Counters
    Bytes Written=0
```

同理，可以使用 Export 命令将数据导出到 HDFS 中：

```
[hadoop@master bin]$ HBase org.apache.hadoop.HBase.mapreduce.Export student1 /data/HBase-data-back
...
File System Counters
    FILE: Number of bytes read=0
    FILE: Number of bytes written=146461
    FILE: Number of read operations=0
    FILE: Number of large read operations=0
    FILE: Number of write operations=0
    HDFS: Number of bytes read=67
    HDFS: Number of bytes written=471
    HDFS: Number of read operations=4
    HDFS: Number of large read operations=0
    HDFS: Number of write operations=2
Job Counters
    Launched map tasks=1
```

```
        Rack-local map tasks=1
        Total time spent by all maps in occupied slots (ms)=4105
        Total time spent by all reduces in occupied slots (ms)=0
        Total time spent by all map tasks (ms)=4105
        Total vcore-seconds taken by all map tasks=4105
        Total megabyte-seconds taken by all map tasks=4203520
Map-Reduce Framework
        Map input records=4
        Map output records=4
        Input split bytes=67
        Spilled Records=0
        Failed Shuffles=0
        Merged Map outputs=0
        GC time elapsed (ms)=79
        CPU time spent (ms)=1140
        Physical memory (bytes) snapshot=121937920
        Virtual memory (bytes) snapshot=2087395328
        Total committed heap usage (bytes)=30474240
File Input Format Counters
        Bytes Read=0
File Output Format Counters
        Bytes Written=471

[hadoop@master bin]$ hdfs dfs -ls /data
Found 2 items
drwxr-xr-x   - hadoop  supergroup          0 2020-05-30 04:53 /data/HBase-data-back
-rw-r--r--   1 hadoop  supergroup       8696 2020-05-29 21:52 /data/student.csv
```

7.6 HBase 错误恢复

错误一：Hmaster 节点宕掉的数据恢复。

```
[hadoop@master bin]$ jps
12368 Jps
5427 NodeManager
1396 QuorumPeerMain
4868 NameNode
5318 ResourceManager
4972 DataNode
5132 SecondaryNameNode
```

解决方案：①时钟不同步；②ZooKeeper 链接信息过期。

```
[hadoop@master bin]$ ./zkCli.sh
[zk: localhost:2181(CONNECTED) 0] ls /
[zookeeper, HBase]
[zk: localhost:2181(CONNECTED) 1] rmr /HBase
[zk: localhost:2181(CONNECTED) 2] quit
[hadoop@master bin]$ ./zkServer.sh stop
[hadoop@master bin]$ ./zkServer.sh start
```

错误二：java.net.ConnectException:拒绝连接。

```
java.net.ConnectException:拒绝连接
```

```
            at sun.nio.ch.SocketChannelImpl...
      ...
```

解决方案：首先检查防火墙的状态，然后查看 zoo.cfg 配置文件中的 dataDir 与 dataLogDir 是否存在。

错误三：无法与客户端版本通信。

```
FATAL org.apache.hadoop.HBase.master.HMaster: Unhandled exception. Starting
shutdown. org.apache.hadoop.ipc.RemoteException: Server IPC version 7 cannot
communicate with client version 4 ...
```

解决方案：检查 Hadoop 与 HBase 版本是否兼容。

7.7 退出 HBase 库

退出 HBase Shell，可以通过键入 exit 命令实现：

```
HBase(main):001:0> exit
[hadoop@master bin]$
```

停止 HBase，浏览进入 HBase 主文件夹，然后键入以下命令并稍等待：

```
[hadoop@master bin]$ ./stop-HBase.sh
stopping HBase...........
```

7.8 卸载 HBase 库

首先停止 HBase 服务，删除 hdfs 上的 HBase 数据，其次清除 ZooKeeper 数据：

```
[hadoop@master bin]$ hadoop fs -rm -r /HBase
[hadoop@master bin]$ ./zkCli.sh
[zk: localhost:2181(CONNECTED) 1] rmr /HBase
[zk: localhost:2181(CONNECTED) 2]
```

删除本地服务器中的安装文件、配置文件及日志（所有节点）：

```
[hadoop@master ~]$ rm -rf /usr/local/src/HBase
```

7.9 本章小结

HBase 是一种非关系型数据库，它利用 Hadoop HDFS 作为其文件存储系统；通过 Hadoop MapReduce 处理 HBase 中的海量数据；同时使用 ZooKeeper 实现协同服务。HBase 凭借其可以快速地随机访问数据、存储半结构化数据或非结构化数据、超大数据量存储等优势而被许多公司采纳。

# 第 8 章
Hive 组件的维护

学习目标

- 理解 Hive 的架构。
- 掌握 Hive 的分布式部署。
- 掌握 Hive 配置。
- 掌握 Hive 的数据操作的方法。

Hive 是 Apache 基于 Hadoop 构建的数据仓库工具。HDFS 可以实现数据的安全存储,同时,使用类 SQL 语句实现对数据的操作。Hive 不同于传统的数据库工具,它将类 SQL 语句转化为 MapReduce 执行,实现海量数据的提取、分析等操作。

8.1 Hive 的架构

8.1.1 Hive 简介

随着数据规模的增大和数据形式的复杂化,常用关系型数据库 MySQL 对海量数据进行排序、查询等操作耗时、耗力,同时 MapReduce 的编写过于复杂。因此,业内希望有一种工具,它能够支持海量数据的存储,又具有简单的接口,方便调用,且可以进行并行运算,Hive 就应运而生了。Hive 最初由 Facebook 研发,是建立在 Hadoop 之上用来处理结构化数据的工具。Hive 借助 Hadoop 的优点,通过 HDFS 实现数据的分布式存储,同时借助 MapReduce 实现数据操作的快速执行。

可以简单地将 Hive 理解为面向使用者的控制端工具,使使用者可以使用简单的 SQL 语句对数据进行操作(HiveQL)。Hive 可以将 SQL 语句自动转化为 MapReduce 操作,实现数据的快速运算,降低了入门和开发的难度。Hive 十分适合海量数据的统计分析,它不仅可以读取 HDFS 的文件,还可以读取其他存储数据库。

Hive 在生产上只需在集群中的某个节点上部署,要操作 Hive,只需通过它提供的客户端即可,用户操作 Hive 接口大致为三类客户端,如图 8.1 所示。

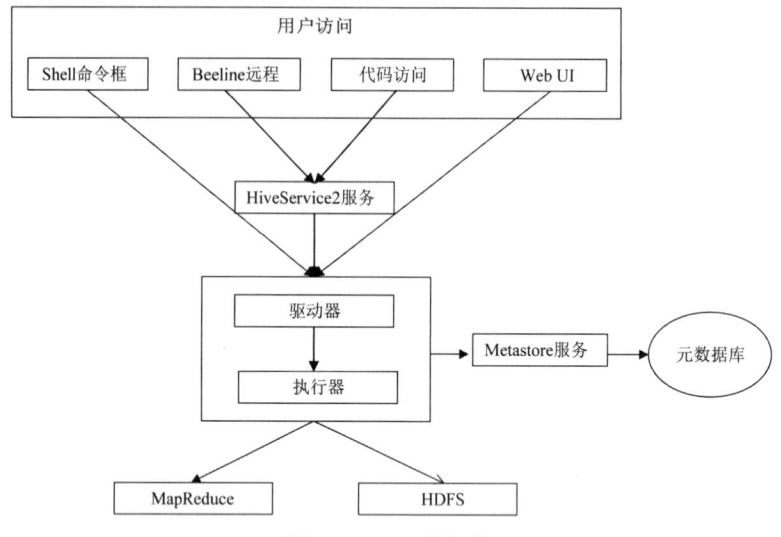

```
            用户访问
┌─────────────────────────────────────┐
│ Shell命令框  Beeline远程  代码访问  Web UI │
└─────────────────────────────────────┘
              │
              ▼
       HiveService2服务
              │
              ▼
         ┌─────────┐
         │ 驱动器   │──────►  Metastore服务 ──► 元数据库
         │ 执行器   │
         └─────────┘
          │       │
          ▼       ▼
      MapReduce  HDFS
```

图 8.1　Hive 的架构

Hive Shell：通过 Hive Shell 操作 Hive。Hive Shell 是最常用的操作接口，启动时伴随着启动一个 Hive 副本，操作命令直接发送至驱动器。

Web UI：通过 HUE/Zeppelin 对 Hive 表进行操作，提供图形化界面的访问接口。

基于 JDBC 等协议：Beeline 远程访问与编程连接需要启动 HiveServer2 服务，通过 JDBC 协议可以访问 Hive。Hive2.0 及以后的版本均自带 HiveServer2 服务。简而言之，HiveServer2 服务是 Hive 启动了一个服务，客户端可以使用 JDBC 协议，通过 IP+Port 的方式对其进行访问，达到并发使用的目的。

Hive 用户发送的业务请求会统一汇总到驱动器，请求经过驱动内部分析翻译 HQL 命令，完成词法分析和语法分析，对 HQL 语言进行编译操作，使之能够在平台运行。最后，通过逻辑策略对查询计划进行优化，生成的解析命令存储在 HDFS 上并运行，并在 MapReduce 中调用执行。用户在发送请求至驱动器后，生成的查询计划会同时配送至 Metastore 中，即元数据服务。驱动器通过 Metastore 服务连接元数据库，元数据库选择关系型数据库，如 Hive 内置的 Derby、第三方的 MySQL 等。元数据库中存储着 Hive 库、表、分区、桶等信息，其中并不存储真实数据，当 Hive 服务停止时，可以通过元数据库重新构建 Hive 库。

8.1.2　Hive 的数据类型

Hive 支持传统关系型数据库的大多数数据类型。Hive 的数据类型如表 8.1 所示。

表 8.1　Hive 的数据类型

类　　型	符　　号	大　　小	备　注　信　息
整型	TINYINT	1 bit	有符号
	SMALLINT	2 bit	有符号
	INT	4 bit	有符号
	BIGINT	8 bit	有符号
浮点型	FLOAT	4 bit	有符号、单精度
	DOUBLE	8 bit	有符号、双精度

续表

类　型	符　号	大　小	备 注 信 息
字符串	STRING	—	—
	VARCHAR	—	[1,65535]
	CHAR	—	[1,255]
布尔型	BOOLEAN	—	TRUE/FALSE
时间类型	TIMESTAMP	—	yyyy-mm-dd hh:mm:ss
	DATE	—	YYYYMMDD

除了常用的数据类型，Hive 还支持 ARRAY（数组），它类似于传统的数据类型，要求所有存储数据类型相同；MAP（键值对），它类似于传统字典类型，通过键值访问 MAP 数据；STRUCT（结构体），它类似于 C 语言中的结构体，是封装不同数据类型的集合。

8.2 分布式部署 Hive

8.2.1 环境需求

（1）预先安装部署 Hadoop 分布式环境。本实验采用 Hadoop 2.7.1 部署三台大数据处理平台环境，如图 8.2 所示。

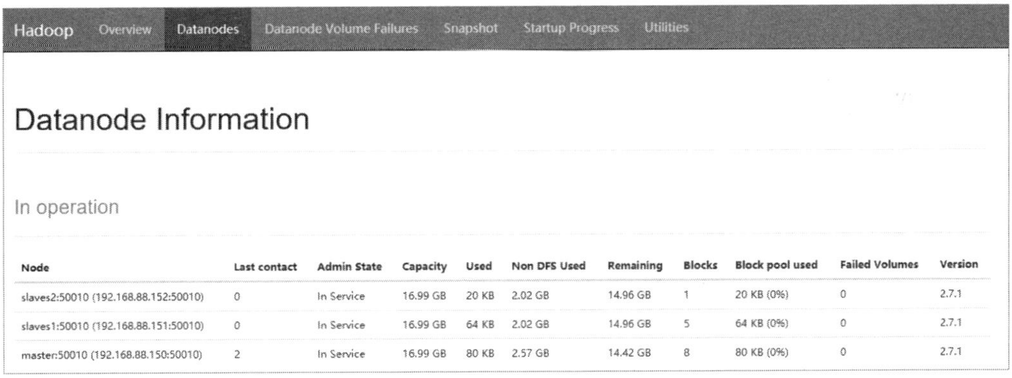

图 8.2　Hadoop 分布式环境

（2）解压安装文件。使用 tar 命令解压安装包到指定目录并重命名：

```
[root@master ~]# cd /opt/software/
[root@master software]# tar -zxvf apache-hive-2.0.0-bin.tar.gz -C /usr/local/src/  # 解压到统一的安装目录中
[root@master software]# cd /usr/local/src
[root@master src]# mv /usr/local/src/apache-hive-2.0.0-bin /usr/local/src/hive
[root@master src]# chown -R hadoop:hadoop hive
```

编辑/etc/profile 文件：

```
[root@master src]# cd
[root@master ~]# vi /etc/profile
```

将以下配置信息添加到/etc/profile 文件的末尾：

```
# set Hive environment
```

```
export HIVE_HOME=/usr/local/src/hive
export PATH=$HIVE_HOME/bin:$PATH
export HIVE_CONF_DIR=$HIVE_HOME/conf
```
执行 source /etc/profile 命令，使配置的环境变量在系统全局范围内生效：
```
[root@master ~]# source /etc/profile
```
以上命令只需在 Hive 安装的节点上操作即可，本书在 master 主节点上进行 Hive 的分布式部署。

8.2.2 MySQL 的安装与启动

MariaDB 数据库管理系统是 MySQL 的一个分支，它与 MySQL 发布版本保持一致，如 MariaDB 5.1.47 对应 MySQL 5.1.47。在最新的 CentOS 系统中，其内置数据库由 MySQL 更换成了 MariaDB，由于两者冲突，所以在安装 MySQL 前需要提前卸载 MariaDB。

（1）卸载 MariaDB。先查看一下系统上的 MariaDB 版本，然后卸载：
```
[root@master ~]# rpm -qa | grep mariadb
mariadb-libs-5.5.56-2.el7.x86_64
[root@master ~]# rpm -e --nodeps mariadb-libs-5.5.56-2.el7.x86_64
```
rpm 为 Linux 用于管理套件的命令。它包含的参数如下。

rpm -qa：列出所有已安装的软件包。

rpm -e packagename：删除软件包。

rpm -e --nodeps packagename：强制删除软件包和依赖包。

rpm -q packagename：查询软件包是否已安装。

rpm -ivh packagename：安装软件包。

（2）使用 rpm 安装 MySQL，安装的顺序如下：
```
[root@master ~]# cd /opt/software/mysql-5.7.18
[root@master mysql-5.7.18]# rpm -ivh mysql-community-common-5.7.18-1.el7.x86_64.rpm
[root@master mysql-5.7.18]# rpm -ivh mysql-community-libs-5.7.18-1.el7.x86_64.rpm
[root@master mysql-5.7.18]# rpm -ivh mysql-community-client-5.7.18-1.el7.x86_64.rpm
[root@master mysql-5.7.18]# rpm -ivh mysql-community-server-5.7.18-1.el7.x86_64.rpm
```
安装完毕后可通过 rpm 命令检查 MySQL 的安装情况，并打开/etc/my.cnf 文件，在其中增如以下配置信息：
```
[root@master mysql-5.7.18]# rpm-qa | grep mysql
[root@master mysql-5.7.18]# vi /etc/my.cnf
default-storage-engine=innodb
innodb_file_per_table
collation-server=utf8_general_ci
init-connect='SET NAMES utf8'
character-set-server=utf8
```
启动 MySQL 服务并查看其状态：
```
[root@master mysql-5.7.18]# systemctl start mysqld
[root@master mysql-5.7.18]# systemctl status mysqld
```
初始化后，MySQL 会在/var/log/mysqld.log 中生成默认密码，可通过命令查看临时密码并进行修改：
```
[root@master mysql-5.7.18]# cat /var/log/mysqld.log | grep password
```

```
2020-09-08T09:29:24.733974Z 1 [Note] A temporary password is generated for
root@localhost: GgH;.<sjW5:U
```

得到 MySQL 的初始密码为：GgH;.<sjW5:U。使用 mysql_secure_installation 命令进行初始化：

```
[root@master mysql-5.7.18]# mysql_secure_installation
```

在重新设定密码和相关配置时，统一使用 Password123$作为密码。在设置配置项的过程中，需要将允许远程连接设定为 n，表示允许远程连接，并将其他设定为 y：

```
Disallow root login remotely?(Press y|Y for Yes,any other key for No):n
…
All done!
```

设置完毕后启动数据库：

```
[root@master mysql-5.7.18]# mysql -uroot -pPassword123$
Welcome to the MySQL monitor.  Commands end with ; or \g.
Your MySQL connection id is 19
Server version: 5.7.18 MySQL Community Server (GPL)
Copyright (c) 2000, 2017, Oracle and/or its affiliates. All rights reserved.
Oracle is a registered trademark of Oracle Corporation and/or its
affiliates. Other names may be trademarks of their respective
owners.
Type 'help;' or '\h' for help. Type '\c' to clear the current input statement.
mysql>
```

（3）新建 hive 用户与元数据。在 MySQL 中新建名称为 hive_db 的数据库，用来存储 Hive 元数据；并新建 hive 用户，密码为 Password123$，同时赋予所有权限：

```
mysql>create database hive_db;
mysql>create user hive identified by 'Password123$';
mysql>grant all privileges on *.* to hive@'%' identified by 'Password123$'
with grant option ;
mysql>grant all privileges on *.* to 'root'@'%'identified by 'Password123$'
with grant option;
mysql>flush privileges;
```

create database hive_db：新建 hive_db 数据库并以此作为 Hive 的元数据存储地址。

create user hive identified by 'Password123$'：创建 Hive 访问用户，用户名为 hive，密码为 Password123$。

grant all privileges on *.* to hive@'%' identified by 'Password123$' with grant option：赋予 hive 用户在集群内任何节点上都对 MySQL 具有所有操作权限。

flush privileges：刷新 MySQL 的系统权限相关表。

8.2.3　配置 Hive 参数

（1）配置 hive-site.xml 文件。复制源文件 hive-default.xml.template 并修改为 hive-site.xml，修改对应参数的值：

```
[root@master ~]# su - hadoop
[hadoop@master ~]$ cp /usr/local/src/hive/conf/hive-default.xml.template
/usr/local/src/hive/conf/hive-site.xml
[hadoop@master ~]$ vi /usr/local/src/hive/conf/hive-site.xml
<configuration>
<property>
<name>javax.jdo.option.ConnectionURL</name>
<value>jdbc:mysql://master:3306/hive_db?createDatabaseIfNotExist=true</v
```

```xml
alue>
    </property>
    <!--mysql 用户名-->
    <property>
    <name>javax.jdo.option.ConnectionUserName</name>
    <value>hive</value>
    </property>
    <!--mysql 中 hive 用户密码-->
    <property>
    <name>javax.jdo.option.ConnectionPassword</name>
    <value>Password123$</value>
    </property>
    <!--mysql 驱动-->
    <property>
    <name>javax.jdo.option.ConnectionDriverName</name>
    <value>com.mysql.jdbc.Driver</value>
    </property>
    <property>
    <name>hive.downloaded.resources.dir</name>
    <value>/usr/local/src/hive/tmp</value>
    </property>
    <property>
    <name>hive.exec.local.scratchdir</name>
    <value>/usr/local/src/hive/tmp/${hive.session.id}_resources</value>
    </property>
    <property>
    <name>hive.querylog.location</name>
    <value>/usr/local/src/hive/tmp</value>
    </property>
    <property>
    <name>hive.server2.logging.operation.log.location</name>
    <value>/usr/local/src/hive/tmp/operation_logs</value>
    </property>
    <property>
    <name>hive.server2.webui.host</name>
    <value>master</value>
    </property>
    <property>
    <name>hive.server2.webui.port</name>
    <value>10002</value>
    </property>
</configuration>
```

javax.jdo.option.ConnectionURL：默认为自带数据库，要修改为以 MySQL 作为元数据库。

javax.jdo.option.ConnectionUserName：连接 MySQL 的 hive 用户。

javax.jdo.option.ConnectionPassword：连接 MySQL 的 hive 用户密码。

javax.jdo.option.ConnectionDriverName：配置数据库连接驱动。

hive.downloaded.resources.dir：远程资源下载的临时目录。

hive.server2.webui.host：HiveServer2 的 Web UI 页面访问地址。

hive.server2.webui.port：HiveServer2 的 Web UI 页面访问端口。

另外，Hive 的默认配置文件为 hive-default.xml.template，若用户没有对相关配置参数进行修改，那么 Hive 将读取默认配置文件参数进行启动：

```
[hadoop@master ~]$ hadoop fs -mkdir -p /user/hive/warehouse
```

```
[hadoop@master ~]$ hadoop fs -chmod g+w /user/hive/warehouse
[hadoop@master ~]$ mkdir /usr/local/src/hive/tmp
```

(2) 配置 hive-env.sh 文件。在此处设置 Hive 和 Hadoop 的环境变量：

```
[hadoop@master ~]cd /usr/local/src/hive/conf/
[hadoop@master ~]$ cp hive-env.sh.template hive-env.sh
[hadoop@master ~]$ vi /usr/local/src/hive/conf/hive-env.sh
export JAVA_HOME=/usr/local/src/java
export HADOOP_HOME=/usr/local/src/hadoop
export HIVE_CONF_DIR=/usr/local/src/hive/conf
export HIVE_AUX_JARS_PATH=/usr/local/src/hive/lib
[hadoop@master  ~]$   cp   /opt/software/mysql-connector-java-5.1.46.jar
/usr/local/src/hive/lib/
[hadoop@master ~]$ schematool -initSchema -dbType mysql
```

退出保存。此时需要将 Hive 连接 MySQL 的驱动器文件上传至 Hive 的 lib 文件夹下。本书选择的驱动器版本为 mysql-connector-java-5.1.46.jar。

当显示 schemaTool completed 时，表示初始化成功，即表明 Hive 与 MySQL 建立了连接。启动完毕后查看 MySQL 下的 hive_db 数据库，发现多出了许多个新表（55 个）。

(3) 启动 Hive。在 Hadoop 集群和 MySQL 处于运行状态时，在命令框中输入 hive：

```
[hadoop@master ~]$ hive
SLF4J: Class path contains multiple SLF4J bindings.
SLF4J: Found binding in [jar:file:/usr/local/src/hive/lib/hive-jdbc-2.0.0-
standalone.jar!/org/slf4j/impl/StaticLoggerBinder.class]
SLF4J: Found binding in [jar:file:/usr/local/src/hive/lib/log4j-slf4j-impl
-2.4.1.jar!/org/slf4j/impl/StaticLoggerBinder.class]
…
hive>
```

创建新表并验证 MySQL：

```
hive> show databases;
hive> create database hive_test_db;
hive> use hive_test_db;
hive> create table t_user(id int, name string);
hive> show tables;
```

打开 MySQL 数据库，查看配置过的 hive_db 数据库，此时需要注意的是，Hive 创建的表统一都在 hive_db 数据库的 TBLS 表中。当创建表存在时，表明基于 MySQL 存储元数据的 Hive 组件搭建完毕：

```
mysql> use hive_db;
mysql> select * from TBLS;
```

8.2.4 Beeline CLI 远程访问 Hive

(1) 修改 Hadoop 的 core-site.xml 文件。要使用 Beeline CLI 远程访问 Hive，就需要在 Hadoop 集群中为 Hive 赋予代理用户权限：

```
[hadoop@master ~]# cd /usr/local/src/hadoop/etc/Hadoop
[hadoop@master ~]# vi core-site.xml
<property>
  <name>hadoop.proxyuser.hadoop.hosts</name>
  <value>*</value>
</property>
<property>
  <name>hadoop.proxyuser.hadoop.groups</name>
```

```
<value>*</value>
</property>
```

"*"为固定写法，前者表示 Hadoop 集群下的所有节点可以使用 hadoop 代理用户访问 Hive，后者表示所有组。

启动 HiveServer2 服务，等待时间较长，此页面不要关闭。

```
[hadoop@master ~]# hiveserver2
SLF4J: Class path contains multiple SLF4J bindings.
SLF4J: Found binding in [jar:file:/usr/local/src/hive/lib/hive-jdbc-2.0.0-standalone.jar!/org/slf4j/impl/StaticLoggerBinder.class]
SLF4J: Found binding in [jar:file:/usr/local/src/hive/lib/log4j-slf4j-impl-2.4.1.jar!/org/slf4j/impl/StaticLoggerBinder.class]
SLF4J: Found binding in [jar:file:/usr/local/src/hadoop/share/hadoop/common/lib/slf4j-log4j12-1.7.10.jar!/org/slf4j/impl/StaticLoggerBinder.class]
SLF4J: See http://www.slf4j.org/codes.html#multiple_bindings for an explanation.
SLF4J: Actual binding is of type [org.apache.logging.slf4j.Log4jLoggerFactory]
OK
```

（2）添加远程访问节点。假设在 slave1 节点上进行远程访问，则首先需要在 slave1 节点上添加 Hive 组件，然后从 master 节点上复制即可：

```
[hadoop@master ~]#scp -r /usr/local/src/hive slave1:/usr/local/src/
```

在 slave1 节点上配置 hadoop 用户环境变量，可以使用 hive 命令：

```
[hadoop@slave1 ~]#vi ~/.bashrc
#hive
export HIVE_HOME=/usr/local/src/hive
export HIVE_CONF_DIR=${HIVE_HOME}/conf
export PATH=${HIVE_HOME}/bin:$PATH
[hadoop@ slave1 ~]#source ~/.bashrc
```

（3）远程访问。通过 JDBC 连接到 Beeline 就可以对 Hive 进行操作了。在 slave1 节点上的 hadoop 用户下执行以下命令，注意修改 IP 地址。

```
[hadoop@slave1 ~]# beeline -u jdbc:hive2://192.168.88.150:10000
```

同时可以在 Hive Web UI 页面上查看访问的客户端。如图 8.3 所示，192.168.88.150（master）节点与 192.168.88.151（slave1）节点并发访问 Hive。

User Name	IP Address	Operation Count	Active Time (s)	Idle Time (s)
anonymous	192.168.88.150	0	82	82
anonymous	192.168.88.151	0	6	6

Total number of sessions: 2

图 8.3　在 Hive Web UI 页面上查看访问节点

8.3　Hive 库操作

创建数据库：在 Hive 中创建 school 数据库。可以使用 if not exists 参数判断是否需要重复创建：

```
[hadoop@master ~]$ hive
hive > create database school;
hive > create database if not exists school;
hive > use school;
```
修改数据库并显示数据库的详细信息，可以使用参数 extended 查看数据库的详细信息：
```
hive> alter database school set dbproperties('creater'='H3C');
hive> desc database extended school;
```
使用 alter 命令修改库信息，添加自定义属性，创建者为 H3C：
```
hive> alter database school set owner user root;
hive> desc database extended school;
```
删除数据库并显示全部数据库：
```
hive> drop database school;
hive> show databases;
```

8.4 Hive 表操作

8.4.1 创建表

在 school 数据库中建立 teacher 表，它具有工号、姓名、学科、授课年级四项属性。创建之前需要使用 use 命令切换操作数据库：
```
hive> create database school;
hive> use school;
hive> create table teacher(
    > num int,
    > name string,
    > email map<string,int>,
    > class array<string>);
```
Hive 默认创建的普通表称为管理表或内部表。表的数据由 Hive 进行统一管理，默认存储于数据仓库目录中，可通过 Hive 的配置文件 hive-site.xml 对其进行修改，通过 Hadoop Web UI 查看创建结果，如图 8.4 所示。

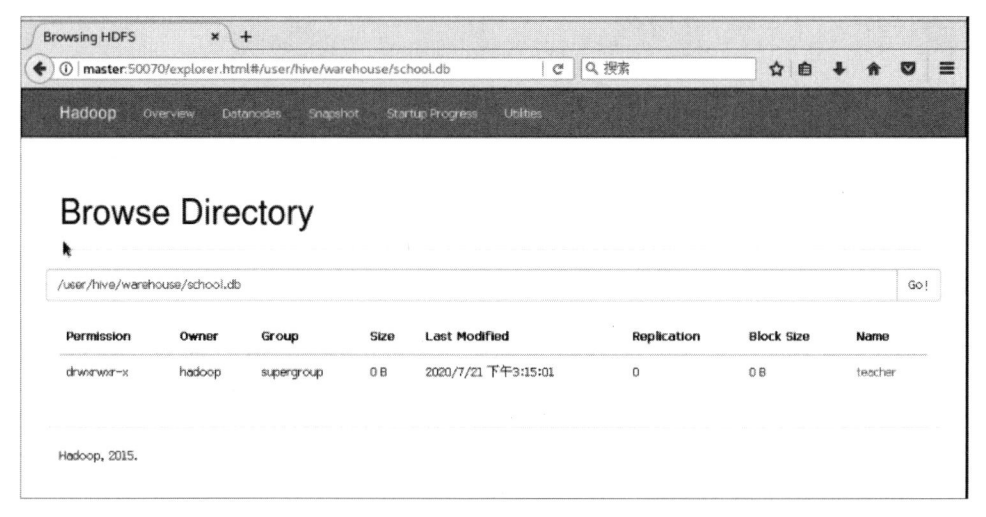

图 8.4 查看创建结果

除了默认的内部表，Hive 还可以使用关键词 External 创建外部表。外部表的数据可以存储在数据仓库以外的位置。

为了避免暴力扫描，可以创建分区表。一个分区就是 HDFS 上的一个独立文件夹；Hive 的分区就是 HDFS 的目录分割。需要注意的是，在创建表时，指定的表的列中不应该包含分区列，分区列需要使用关键词 partitioned by 在后面单独指定：

```
hive> create table teacher(
    > num int,
    > name string,
    > email map<string,int>,
    > class array<string>)
    > partitioned by (age int)
    > row format delimited fields terminated by ",";
```

当对数据进行更细粒度的划分时，可以将表或分区进一步细化成桶，称为分桶表，以便获得更高的查询效率。桶在数据存储上与分区不同的是，分区使用 HDFS 的子目录功能实现，每个子目录包含了分区对应的列名和每一列的值；一个桶将存储为一个文件，数据内容存储于文件中。需要注意的是，在创建分桶表时，指定桶列需要提前创建，使用关键词 clustered by 在后面单独指定，并指定分为多少个桶（buckets）：

```
hive> create table teacher(
    > num int,
    > name string,
    > email map<string,int>,
    > class array<string>)
    > clustered by (num) into 4 buckets;
    > row format delimited fields terminated by ",";
```

8.4.2 查看与修改表

可通过以下命令对表进行查看与修改：

```
hive> show tables;
hive> desc teacher;
hive> desc formatted teacher;
```

也可以复制一个已经存在的表：

```
hive> create table teacher2 like teacher;
```

使用 alter 命令修改表名：

```
hive> alter table teacher rename to new_teacher;
```

alter 命令也可以修改表的列名、数据类型、列注释和列所在的位置。下面的语句将列名 num 修改为了 number，将数据类型更改为了 string 并添加注释，最后将这一列放在 name 后面：

```
hive> alter table new_teacher change num number string comment 'the num of teacher, change datatype to string ' after name;
```

增加/更新列：add columns 允许用户在当前列的末尾前添加新的列；replace columns 允许用户更新列，更新的过程是先删除当前的列，然后加入新的列。命令如下：

```
hive> alter table new_teacher add columns(age int);
```

8.4.3 删除表和退出 Hive

删除表：

```
hive> drop table teacher2;
```
清空表数据:
```
hive> truncate table new_teacher;
```
退出 Hive:
```
hive> exit;
```

8.5 Hive 数据操作

8.5.1 数据导入

(1) 单条插入。新建学生表：具有学号、姓名、班级、身高体重、成绩。插入单条数据进行测试。插入复杂类型需要使用 select 命令转储；查询语句跟 MySQL 语句一致：

```
hive> create table student(
    > num int,
    > name string,
    > class string,
    > body map<string,int>,
    > exam array<string>)
    > row format delimited
    > fields terminated by '|'
    > collection items terminated by ','
    > map keys terminated by ':'
    > lines terminated by '\n';

hive> create table lib(
    > num int,
    > book string)
    > row format delimited
    > fields terminated by '|'
    > collection items terminated by ','
    > map keys terminated by ':'
    > lines terminated by '\n';
hive> create table price(
    > book string,
    > price int)
    > row format delimited
    > fields terminated by '|'
    > collection items terminated by ','
    > map keys terminated by ':'
    > lines terminated by '\n';
hive> insert into student (num,name,class,body,exam) select
20200101,'Wlen','grade 2',map('height',175,'weight',60),array('80','70');
```

(2) 批量导入。当使用 Hive 时，即使插入少量数据，也会调用 MapReduce 操作，因此效率低下。当海量数据需要导入时，通常采用 load 命令。海量数据的存放地址可以是本地磁盘，也可以是 HDFS。

数据存储在 txt 文本中，属性之间以 "|" 隔开。需要注意的是，在创建表时，应设置 fields terminated by '|'，否则，默认为 ","。由于表中含有复杂的数据格式，所以简单的分隔符通常会失去效果：

```
hive> load data local inpath '/opt/software/student.txt' into table student;
```

```
Loading data to table school.student
OK
Time taken: 1.109 seconds
hive> select * from student;
OK
20200102    Michael grade 1 {"height":170,"weight":61} ["81","77"]
20200103    Will    grade 3 {"height":170,"weight":61} ["66","77"]
20200104    Shelley grade 4 {"height":170,"weight":61} ["63","79"]
20200105    Lucy    grade 5 {"height":170,"weight":61} ["96","72"]
20200106    ZhangSan grade 2 {"height":170,"weight":61} ["85","63"]
20200107    WangWu  grade 4 {"height":170,"weight":61} ["0","71"]
20200117    LiSi    grade 2 {"height":170,"weight":61} ["55","70"]
Time taken: 0.953 seconds, Fetched: 7 row(s)
```

8.5.2 查询

（1）select 语句。Hive 中的 select 语句和标准 SQL 基本一致，都支持子查询、where、distinct、group by、order by、having、limit 等。在所有的数据库系统中，select 语句是使用最多的，也是最复杂的一块。

```
hive> select * from student;
```

（2）where 语句。where 语句属于布尔表达式，其后可以与"且""或"联动进行复杂查询：

```
hive> select * from student where class = 'grade 4';
hive> select * from student where exam[0] = 96 or exam[1]=77;
hive> select * from student where body['height'] = 170;
```

注意：特殊字段的查找方式。

（3）distinct 语句。distinct 用于去除重复的项，若不加参数则默认为 all。distinct 语句执行时调用 MapReduce 进行排序，对大规模数据的处理效率较高：

```
hive> select class from student;
hive> select distinct class from student;
```

（4）group by 与 having 语句。group by 用于对列进行分组查询，having 可以对 group by 的查询结果进行进一步的过滤。having 与 where 的区别是，where 后面不能写分组函数，而 having 后面则可以使用分组函数。

以下语句的作用是首先筛选统计年级总数，然后过滤出 2 年级以上的同学有多少名：

```
hive> select class ,count(*) from student group by class;
hive> select class,count(*) num from student group by class having num >=2;
```

其中，num 为存储 count(*)的结果。

（5）limit 限制语句与 union 联合。limit 限制查询的说明范围，当查询大量数据时，行数显示过多，需要限制显示的数量。union 可以把多个 select 语句查询的结果使用并集展示出来，也可以多表联动。

```
hive> select * from student limit 2,4;
hive> select class from student union select num from student;
```

（6）order by 排序与 sort by 排序。order by 为全局排序，它后面可以有多列，默认按字典排序。对于大规模的数据集，order by 的效率非常低。在很多情况下，并不需要全局排序，此时可以使用 sort by。以下对成绩进行排序，结果虽然一样。但当遇到大规模数据时，sort by 可以通过修改 MapReduce 步骤中的 Reducer 操作的个数，为每个 Reducer 操作产生一个排序文件，对每个 Reducer 内部进行排序：

```
hive> set mapreduce.job.reduces=3;
hive> select * from student sort by exam[0];
hive> select * from student order by exam[0];
```

（7）join 多表查询。

join 可以连接多表进行联合查询，如果连接 *n* 个表，则至少需要 *n*-1 个连接条件。例如，连接 3 个表，至少需要 2 个连接条件。本例有 2 个表：一个是学生表，具有学号 num；另一个是图书馆表，具有学号及借书名称。

首先创建图书馆表 lib，并导入图书信息：

```
hive> create table lib( num int,book string)row format delimited fields terminated by '|' collection items terminated by ',' lines terminated by '\n';
hive> load data local inpath '/opt/software/lib.txt' into table lib;
hive> select * from student join lib on student.num =lib.num;
```

查询每个人的借书名称：

```
hive> select * from student left outer join lib on student.num =lib.num;
```

左连接，查询每个人的借书名称。表的信息都显示。例如，学号 20200103 与 20200106 没有借书记录，显示为 NULL。与左连接对应的是右连接，右表全部显示：

```
hive> select * from student right outer join lib on student.num =lib.num;
hive> select * from student full outer join lib on student.num =lib.num;
```

全连接是左右连接的综合使用，显示两张表的所有信息。若两表没有关联项目，则放到最后显示为 NULL：

```
hive> select * from student left semi join lib on student.num =lib.num;
```

半连接只显示左表内容，即显示与连接的右表有关系的左表内容：

```
hive> create table price(book string ,money int)row format delimited fields terminated by '|' collection items terminated by ',' lines terminated by '\n';
hive> load data local inpath '/opt/software/price.txt' into table price;
hive> select * from student join lib on student.num =lib.num join price on lib.book=price.book;
```

多表（两个以上）查询，如查询学生租借的书及书的价格。在大多数情况下，Hive 会为每对 join 连接对象启动一个 MapReduce 任务。

8.6 Hive 宕机恢复

8.6.1 数据备份

在生产环境中，数据中心面临着自然灾害、数据交换、软硬件故障等情况。定期的数据备份能够帮助企业避免可能发生的数据丢失问题。因此，进行经济、可靠的数据备份逐渐成为信息安全的一项重要内容。

```
hive> use school;
OK
Time taken: 0.024 seconds
hive> insert overwrite local directory '/opt/software/hive_data/' ROW FORMAT DELIMITED FIELDS TERMINATED BY '|' STORED AS TEXTFILE select * from student;
  WARNING: Hive-on-MR is deprecated in Hive 2 and may not be available in the future versions. Consider using a different execution engine (i.e. spark, tez) or using Hive 1.X releases.
  Query ID = hadoop_20200908204813_72f4280d-806a-433a-8037-2a806e37dd80
  Total jobs = 1
```

```
  Launching Job 1 out of 1
  Number of reduce tasks is set to 0 since there's no reduce operator
  Starting     Job    =    job_1599562949771_0001,    Tracking    URL    =
http://master:8088/proxy/application_1599562949771_0001/
  Kill    Command    =    /usr/local/src/hadoop/bin/hadoop    job    -kill
job_1599562949771_0001
  Hadoop job information for Stage-1: number of mappers: 1; number of reducers:
0
  2020-09-08 21:02:50,652 Stage-1 map = 0%,  reduce = 0%
  2020-09-08 21:02:58,834 Stage-1 map = 100%,  reduce = 0%, Cumulative CPU 0.76
sec
  MapReduce Total cumulative CPU time: 760 msec
  Ended Job = job_1599562949771_0001
  Copying data to local directory /opt/software/hive_data
  MapReduce Jobs Launched:
  Stage-Stage-1: Map: 1   Cumulative CPU: 0.76 sec   HDFS Read: 4887 HDFS Write:
354 SUCCESS
  Total MapReduce CPU Time Spent: 760 msec
  OK
  Time taken: 51.055 seconds
```

在 8.4 节中，使用 Hive 创建了 school 数据库，并新建了 student 表以导入数据。本例把 school 表中的数据以 "|" 为分隔符号，并备份到了本地/opt/software/hive_data/目录中。可通过 vi 命令查看本地导出的文件数据。

8.6.2 基于 HDFS 的数据恢复

Hive 数据恢复可以通过本地数据备份恢复。Hive 的元数据存储在 MySQL 上，存储表的描述信息，真实数据存储在 HDFS 上，实现分布式存储。通过查看 Hive 参数设置，可以从 HDFS 上查看原始数据：

```
  [hadoop@master ~]$ hdfs dfs -cat /user/hive/warehouse/school.db/student/
student.txt
  20200102|Michael|grade 1|height:170,weight:61|81,77
  20200103|Will|grade 3|height:170,weight:61|66,77
  20200104|Shelley|grade 4|height:170,weight:61|63,79
  20200105|Lucy|grade 5|height:170,weight:61|96,72
  20200106|ZhangSan|grade 2|height:170,weight:61|85,63
  20200107|WangWu|grade 4|height:170,weight:61|0,71
  20200117|LiSi|grade 2|height:170,weight:61|55,70
```

其中，/user/hive/warehouse/为 Hive 部署配置 hive.metastore.warehouse.dir 设置的参数；school.db 为表存在的数据库名；student 为表名。可以通过 load 命令实现数据的批量恢复。

8.6.3 基于 MySQL 元数据生成表结构

Hive 宕机后可以根据 MySQL 查看元数据信息，根据原始表结构创建 Hive 表后，通过 HDFS 实现数据恢复：

```
  mysql> use hive_db;
  Reading table information for completion of table and column names
  You can turn off this feature to get a quicker startup with -A
  Database changed
  mysql> show tables;
  +---------------------------+
```

```
| Tables_in_hive_db          |
+----------------------------+
| AUX_TABLE                  |
| BUCKETING_COLS             |
……B|
| VERSION                    |
+----------------------------+
55 rows in set (0.01 sec)
```

Hive 元数据存储于 MySQL 中，默认初始化后会生成 55 个表，以下是其中比较重要的表。

DBS：存储 Hive 数据库的表。它的属性 DB_ID 表示数据库的 ID 号，通过 ID 号与其他表进行关联：

```
mysql> desc DBS;
+-----------------+----------------+------+-----+---------+-------+
| Field           | Type           | Null | Key | Default | Extra |
+-----------------+----------------+------+-----+---------+-------+
| DB_ID           | bigint(20)     | NO   | PRI | NULL    |       |
| DESC            | varchar(4000)  | YES  |     | NULL    |       |
| DB_LOCATION_URI | varchar(4000)  | NO   |     | NULL    |       |
| NAME            | varchar(128)   | YES  | UNI | NULL    |       |
| OWNER_NAME      | varchar(128)   | YES  |     | NULL    |       |
| OWNER_TYPE      | varchar(10)    | YES  |     | NULL    |       |
+-----------------+----------------+------+-----+---------+-------+
6 rows in set (0.00 sec)
```

TBLS：存储所有表信息的表。其中的 TBL_ID 为表的 ID 号：

```
mysql> desc TBLS;
+--------------------+--------------+------+-----+---------+-------+
| Field              | Type         | Null | Key | Default | Extra |
+--------------------+--------------+------+-----+---------+-------+
| TBL_ID             | bigint(20)   | NO   | PRI | NULL    |       |
| CREATE_TIME        | int(11)      | NO   |     | NULL    |       |
| DB_ID              | bigint(20)   | YES  | MUL | NULL    |       |
| LAST_ACCESS_TIME   | int(11)      | NO   |     | NULL    |       |
| OWNER              | varchar(767) | YES  |     | NULL    |       |
| RETENTION          | int(11)      | NO   |     | NULL    |       |
| SD_ID              | bigint(20)   | YES  | MUL | NULL    |       |
| TBL_NAME           | varchar(128) | YES  | MUL | NULL    |       |
| TBL_TYPE           | varchar(128) | YES  |     | NULL    |       |
| VIEW_EXPANDED_TEXT | mediumtext   | YES  |     | NULL    |       |
| VIEW_ORIGINAL_TEXT | mediumtext   | YES  |     | NULL    |       |
+--------------------+--------------+------+-----+---------+-------+
11 rows in set (0.00 sec)
```

其他重要的表如下。

PARTITION_KEYS：存储所有分区的 Key 的表。

COLUMNS_V2：存储表的所有列的表。

PARTITIONS：存储所有分区信息的表。

本例以 Hive 中的表 student 为例，根据 MySQL 元数据生成创建表语句：

```
mysql> select * from TBLS;
+--------+-------------+-------+------------------+-------+-----------+-------
| TBL_ID | CREATE_TIME | DB_ID | LAST_ACCESS_TIME | OWNER | RETENTION | SD_ID
| TBL_NAME | TBL_TYPE    | VIEW_EXPANDED_TEXT | VIEW_ORIGINAL_TEXT |
```

```
+------+-------------+------+---------------------+--------+------+
|    1 |  1599569400 |    6 |                   0 | hadoop |    0 |    1 |
student | MANAGED_TABLE | NULL |              NULL |        |
+------+-------------+------+---------------------+--------+------+
1 row in set (0.00 sec)
mysql> select * from DBS;
+-------+----------------------+----------------------------------------------+
| DB_ID | DESC                 | DB_LOCATION_URI                              |
NAME    | OWNER_NAME | OWNER_TYPE |
+-------+----------------------+----------------------------------------------+
|     1 | Default Hive database | hdfs://mycluster/user/hive/warehouse        |
| default | public    | ROLE      |
|     6 |         NULL          |                                              |
hdfs://mycluster/user/hive/warehouse/school.db | school | hadoop   | USER
+-------+----------------------+----------------------------------------------+
2 rows in set (0.00 sec)
```

首先在 TBLS 表中查询需要恢复的表名,并通过 DB_ID 字段得到表存在于哪个数据库中。COLUMNS_V2 表中存储表的所有列的信息,通过 COLUMNS_V2 表中的 CD_ID 字段与 TBLS 表中的 TB_ID 字段进行关联:

```
mysql> select * from COLUMNS_V2;
+-------+---------+-------------+------------------+-------------+
| CD_ID | COMMENT | COLUMN_NAME | TYPE_NAME        | INTEGER_IDX |
+-------+---------+-------------+------------------+-------------+
|     1 | NULL    | body        | map<string,int>  |           3 |
|     1 | NULL    | class       | string           |           2 |
|     1 | NULL    | exam        | array<string>    |           4 |
|     1 | NULL    | name        | string           |           1 |
|     1 | NULL    | num         | int              |           0 |
+-------+---------+-------------+------------------+-------------+
5 rows in set (0.00 sec)
```

通过查询可知,表存在于 school 数据库中,表 student 的列信息为: num < int >, name< string >, exam< array >, class< string >, body< map >。

通过关联查看获得创建 student 表的语句为:

```
create table student(num int, name string, class string, body map<string,int>,exam array<string>);
```

查看 HDFS 上的真实数据信息,数据属性之间以 "|" 作为分隔符:

```
[hadoop@master ~]$ hdfs dfs -cat /user/hive/warehouse/school.db/student/student.txt
20200102|Michael|grade 1|height:170,weight:61|81,77
20200103|Will|grade 3|height:170,weight:61|66,77
20200104|Shelley|grade 4|height:170,weight:61|63,79
20200105|Lucy|grade 5|height:170,weight:61|96,72
20200106|ZhangSan|grade 2|height:170,weight:61|85,63
20200107|WangWu|grade 4|height:170,weight:61|0,71
20200117|LiSi|grade 2|height:170,weight:61|55,70
```

完整的建表语句为:

```
create table student(num int, name string, class string, body map<string,int>,exam array<string>) row format delimited fields terminated by '|' collection items terminated by ',' map keys terminated by ':' lines terminated by '\n';
```

8.7 退出和卸载 Hive 组件

8.7.1 退出 Hive

通过执行 exit 命令退出 Hive 命令界面。

```
hive> exit;
[hadoop@master ~]$
```

8.7.2 卸载 Hive

（1）删除 Hive 安装文件：
```
[hadoop@master ~]$ rm -rf /usr/local/src/hive/
```
（2）删除 MySQL 元数据。drop database 将删除数据库中的所有表，并删除数据库：
```
mysql> drop database hive_db;
```
（3）删除 HDFS 数据。根据配置文件地址删除 HDFS 上真实存放的数据：
```
[hadoop@master ~]$ hdfs dfs -rm -rf /user/hive/warehouse
```
（4）删除环境变量。若用户在配置时设置了全局环境变量/etc/profile 或用户环境变量 ~/.bashrc，则需要找到以下内容并删除：
```
export HIVE_HOME=/usr/local/src/hive
export PATH=$HIVE_HOME/bin:$PATH
export HIVE_CONF_DIR=$HIVE_HOME/conf        #Hive 的环境变量
```

8.8 本章小结

Hive 是构建在 Hadoop 上的数据仓库构架。Hive 借助 HDFS 与 MySQL 数据库实现数据的安全、可靠地存储。同时，Hive 定义了简单的类 SQL 查询语言，称为 HQL，允许查询和分析存储在 Hadoop 中的大规模数据，让 MapReduce 的使用变得更加简单。Hive 的优势使得其应用在基于大量不可变数据的批处理作业上具有明显的优势。

第 9 章
ZooKeeper 组件的维护

学习目标

- 理解 ZooKeeper 的角色选举。
- 理解 ZooKeeper 的相关知识。
- 掌握 ZooKeeper 的集群部署。
- 掌握 ZooKeeper 选项文件的设置。

ZooKeeper 是 Apache 的一个软件项目,它为大型分布式计算提供了开源的分布式配置、同步和命名注册等服务。本章主要介绍 ZooKeeper 基础、ZooKeeper 的功能及其优点和局限性、ZooKeeper 的架构、配置 ZooKeeper 集群、ZooKeeper 集群的决策选举、ZooKeeper 组件管理等内容。

9.1 ZooKeeper 基础

9.1.1 ZooKeeper 简介

ZooKeeper 最初是由雅虎公司下属研究院开发的,它在发展到一定时期后,被托管给 Apache 进行开源统一管理。目前,ZooKeeper 已成为 Hadoop 的正式子项目,作为分布式协调服务管理大型主机。

在过往的一段时间内,一个应用程序提供简单的服务是在单独的一个物理主机下进行的。随着提供的服务越来越复杂,用户越来越多,应用程序越来越庞大,单个物理节点已经无法满足程序的运行需求了,由此,大数据和云计算开始盛行。此时应用程序是由多个独立的服务或程序共同组成的。每个独立的服务或程序都运行在不同的主机上。如何管理主机群上的程序或服务逐渐成为一种需求。

ZooKeeper 也是一种由集群(节点组)使用的服务,它是集群的管理者,监视集群中各个节点的状态并根据节点提交的反馈合理地进行下一步操作。最终将简单易用的接口和性能高效、稳定的系统提供给用户。

9.1.2 ZooKeeper 中的重要概念

Client（客户端）：服务的请求方。
Leader（领导者）：负责进行投票的发起和决议，更新系统状态。
Follower（追随者）：接收服务请求后返回客户端的结果，在选举过程中参与投票。
Observer（观察者）：与追随者一样，但不参与投票。
Session（会话）：ZooKeeper 服务器与客户端进行会话。一个客户端连接是指客户端和服务器之间的一个 TCP 长连接。通过这个连接，客户端能够通过心跳检测与服务器保持有效会话，也能够向 ZooKeeper 服务器发送请求并接收响应，还能够接收来自 ZooKeeper 服务器的 Watch 事件的通知。
ZNode（数据节点）：在 ZooKeeper 中，节点分为两类，第一类是指构成集群的机器，称为机器节点；第二类是指数据模型中的数据单元，我们称之为数据节点。
Watcher（事件监听器）：ZooKeeper 允许用户在指定节点上注册一些事件监听器，并且在一些特定事件触发的时候，ZooKeeper 服务器会将事件通知给感兴趣的客户端，该机制是 ZooKeeper 实现分布式协调服务的重要特性。
ACL：ZooKeeper 采用 ACL（Access Control Lists）策略进行权限控制，类似于 UNIX 文件系统的权限控制。

9.2 ZooKeeper 的功能及其优点和局限性

9.2.1 ZooKeeper 的功能

ZooKeeper 的出现并不意味着 Hadoop 生态圈的其他组件可以完全放弃自行管理的能力。ZooKeeper 借助其他组件的管理节点的优点，如分布式锁管理及分布式数据库来实现协作。它的设计更加专注于任务及服务之间的合作，并不提供任何锁的接口或通用的存储接口。这样，ZooKeeper 就可以使开发人员更加专注于应用，即提供的服务在本身的逻辑设计上，而不是把精力放在如何处理设计构建分布式集群上。借助 ZooKeeper，可以简化相关的开发流程，提供更加迅捷健壮的方案。

之所以需要利用分布式系统，无非是想利用其多处理器的运算能力或多硬盘的存储能力。我们需要在一个庞大的机群上（机器配置也各不相同）安装不同的服务。这些服务最终会汇总到统一的客户端并面向客户。此时，如果我们利用一个单独的协调组件处理集群，则希望 ZooKeeper 能够做到以下几点。

（1）顺序一致性。对于从同一客户端发起的事务请求，最终将会严格地按照顺序被应用到 ZooKeeper 中去。

（2）原子性。所有事务请求的处理结果在整个集群中所有机器上的应用情况是一致的，要么整个集群中所有的机器都成功应用了某一事务，要么都没有应用。

（3）单一系统映像。无论客户端连到哪一个 ZooKeeper 服务器上，它看到的服务器数据模型都是一致的。

（4）可靠性。一旦一次更改请求被应用，更改的结果就会被持久化，直到被下一次更改覆盖。

这样，ZooKeeper 就提供了一种可靠的、可扩展的、分布式的、可配置的协调机制以统一集群系统的状态。

9.2.2 ZooKeeper 的优点

ZooKeeper 采用耦合交互方式为其他组件提供服务，具有以下优点。

（1）扩展性。分布式系统的最大优点就是具有无限的扩展性，无论是在计算力方面还是在存储方面。

（2）可靠性。ZooKeeper 既然为其他组件服务，就必须具有可靠性。ZooKeeper 会一直保持内部数据的更新。

（3）有序性。ZooKeeper 记录一个数字，表示每次更新的顺序，保证消息有序。同时，根据具体规则，ZooKeeper 可以对数据进行编码。

（4）迅捷性。ZooKeeper 能够以很快的速度进行数据更新。

9.2.3 ZooKeeper 的局限性

ZooKeeper 也并不是万能的，随着服务规模的增大，在应用发布时，大量服务注册带来的写请求，或者毫秒级的服务健康状态请求带来的读/写操作，都迫切希望能够把负责业务的机器直连至数据中心，以尽可能地降低连接压力。业务服务的增长逐渐导致 ZooKeeper 力不从心，而 ZooKeeper 的写操作并不是可扩展的，不可以通过添加节点解决水平扩展性问题。另外，ZooKeeper 的节点数、API 等也受到限制。ZooKeeper 的局限性体现在以下几方面。

（1）节点数。ZooKeeper 为保证正常的选举只允许($2n+1$)（奇数）个节点数目。

（2）实际可靠性。在实际生产环境中，如果 ZooKeeper 集群跨机房部署，则稳定性能无法保证，假设 ZooKeeper 集群的 Leader 角色正在服务，则一旦机房之间的连接中断，就可能出现每个区域内都有一个 Leader 的现象。

（3）性能限制。随着服务的增加，对速度的要求越来越高。ZooKeeper 本身由于设计系统吞吐量而有一定的上限。

（4）API 事务能力不足，不支持客户端发起事务性的多步骤操作。

（5）ZooKeeper 集群不支持服务在线动态添加机器或替换机器，扩展性不足。

9.3 ZooKeeper 的架构

在 ZooKeeper 集群中，通过内置的选举过程，会有一个 Leader 服务器负责管理和协调其他服务器，因此集群的数量通常都是奇数。ZooKeeper 的运行模式有两种：一种是独立模式；另一种是仲裁模式。

独立模式只有一个单独的服务器节点，ZooKeeper 在一台主机下为其他组件提供服务。但一台主机无法保证可靠性、稳定性。

仲裁模式需要选举出 Leader 节点，此时 ZooKeeper 是一组集群。ZooKeeper 主机之间可以相互通信，可以进行状态的复制，同时服务于客户端。仲裁模式下存在法定人数，为保证可以稳定地提供服务，一般要求 ZooKeeper 集群数为奇数，且要在总集群数的一半以上。在此状态下，最多可以允许($n/2-1$)台服务器宕机，至少保证一台机器存在并运行 ZooKeeper 服务，如图 9.1 所示。

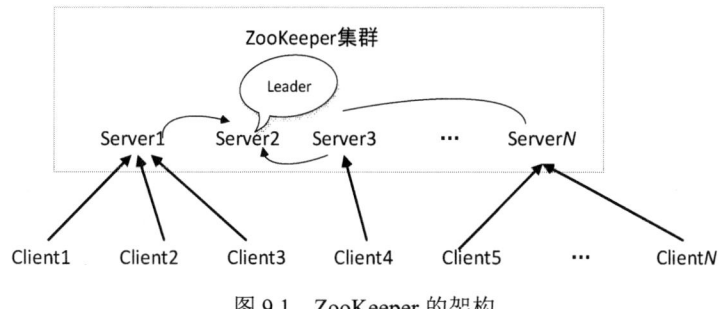

图 9.1　ZooKeeper 的架构

9.4　ZooKeeper 仲裁模式

若使用独立模式，则 ZooKeeper 的状态是无法复制的，在生产环境中会造成一定的风险。而在仲裁模式下，则使用当下流行的分布式集群。仲裁模式不仅可以进行状态的复制，还可以服务于 Client 的请求。

本节通过单机服务器模拟 ZooKeeper 仲裁模式的执行过程。在单机下模拟 ZooKeeper 仲裁模式，即在一台机器上运行多个服务，通过配置参数文件让服务之间通过不同端口进行通信。设置步骤如下。

由于三个服务需要三个不同的数据文件夹，因此，分别创建文件夹以存储服务数据。在分布式集群下，即在不同的节点上创建文件夹：

```
[root @master ~]#mkdir -p /usr/local/src/zookeeper/z1/data
[root @master ~]#mkdir -p /usr/local/src/zookeeper/z2/data
[root @master ~]#mkdir -p /usr/local/src/zookeeper/z3/data
```

接着需要告诉机器服务 ID 信息。分别在 data 文件下创建 myid 文件：

```
[root @master ~]#echo 1 > /usr/local/src/zookeeper/z1/data/myid
[root @master ~]#echo 2 > /usr/local/src/zookeeper/z2/data/myid
[root @master ~]#echo 3 > /usr/local/src/zookeeper/z3/data/myid
```

表明服务 ID 后需要配置 ZooKeeper 的启动参数。三个服务使用相同的参数配置：

```
[root @master ~]#vi /usr/local/src/zookeeper/z1/data/z1.cfg
tickTime=2000
initLimit=10
syncLimit=5
clientPort=2181
dataDir=/usr/local/src/zookeeper/z1/data
server.1=127.0.0.1:2222:2223
server.2=127.0.0.1:3333:3334
server.3=127.0.0.1:4444:4445
```

tickTime、initLimit、syncLimit、clientPort 参数会在 9.6.2 节进行讲解。以服务 server.1 为例，127.0.0.1 表示本机在启动 ZooKeeper 时会首先读取读 myid 文件，获取 myid 文件中写入的数字 1。将读取数据与 z1.cfg 的配置信息进行比较，从而判断当前属于哪个 server。2222:2223 前者为 TCP 连接的端口号，后者为仲裁通信与 Leader 选举的通道。由于是在一台主机上模拟仲裁模式，所以需要使用不同的端口号进行测试。

同样，建立另外两个服务配置的文件，分别修改 clientPort 为 2182 和 2183，防止端口冲突：

```
[root @master ~]#vi /usr/local/src/zookeeper/z2/data/z2.cfg
[root @master ~]#vi /usr/local/src/zookeeper/z3/data/z3.cfg
```

此时，分别利用配置文件启动：

```
[root @master ~]#cd /usr/local/src/zookeeper/bin
[root @master ~]#./zkServer.sh start /usr/local/src/zookeeper/z1/z1.cfg
[root @master ~]#./zkServer.sh start /usr/local/src/zookeeper/z2/z2.cfg
[root @master ~]#./zkServer.sh start /usr/local/src/zookeeper/z3/z3.cfg
```

简单的模拟仲裁模式就此完成，可以通过查看日志文件观察谁是 Leader 节点。模拟的三个服务之间可以进行状态的复制，并同时接收客户端的请求。

9.5 配置 ZooKeeper

ZooKeeper 的配置信息主要包括以下几项。

（1）基础配置。包括端口号、数据文件、日志文件等通用必须项。

（2）存储配置。这一部分涉及高级配置；不进行设置并不影响 ZooKeeper 的正常启动；包括限制每个 IP 的最大连接数、会话数、连接时长等。

（3）集群配置。在构建 ZooKeeper 集群时，需要为每台服务器配置正确的时间和服务器列表信息，以便这些服务器可以相互连接并进行通信。

（4）认证和授权选项。这部分涉及 Kerberos 的相关配置信息。ZooKeeper 通过访问控制表控制访问权限，其内置一组鉴权模式。ZooKeeper 使用 SASL（简单认证与安全层）模式把底层鉴权模型抽象成一个框架。其中，SASL 使用的是 Kerberos 协议。

（5）非安全配置。这部分配置文件并不为运维人员所使用。面向事务可以为相关的开发人员提供优化。

（6）日志。ZooKeeper 使用 Java 下的 SLF4J 库进行日志记录。

（7）角色。ZooKeeper 角色主要有三类：Leader，负责进行投票的发起和决议，更新系统状态；Follower，接收 Client 请求并向 Client 返回结果，在选举过程中参与投票；ObServer，接收 Client 连接，转发写操作至 Leader 节点，但在集群中不参与投票。不同于 Leader 与 Follower，ObServer 通过配置参数实现，在该角色服务器的配置中添加以下内容：

```
peerType = observe
```

另外，还需要在所有服务器的集群配置文中添加以下内容：

```
Server.1:localhost:2181:3181: observe
```

9.6 配置 ZooKeeper 集群

9.6.1 集群环境准备

准备安装软件，在主节点（master）上部署配置，本实验依旧在 hadoop 用户下进行。软件统一放置在/opt/software/目录下，解压至/usr/local/src/目录中并重命名。ZooKeeper 安装包可在官方网站下载。为了加快速度，建议使用国内源，如 https://mirrors.tuna.tsinghua.edu.cn/apache/

（1）ZooKeeper 使用 3.4.5 版本，其安装包放置在 Linux 系统的/opt/software 目录下。

（2）解压安装包到指定目录下并重命名，在主节点上执行如下命令：

```
[hadoop @master ~]# tar zxvf /opt/software/zookeeper-3.4.5.tar.gz -C /usr/local/src
[hadoop @master ~]# cd /usr/local/src/
[hadoop @master ~]# mv zookeeper-3.4.5 /usr/local/src/zookeeper
```

9.6.2 ZooKeeper 集群的安装

（1）修改配置文件（master 节点）：

ZooKeeper 的配置文件放置在安装目录下的 conf 文件夹内，切换到该目录，首先修改 ZooKeeper 环境配置文件 zoo.cfg：

```
[hadoop@master ~]# mv /usr/local/src/zookeeper/conf/zoo_sample.cfg /usr/local/src/zookeeper/conf/zoo.cfg
[hadoop@master ~]# vi /usr/local/src/zookeeper/conf/zoo.cfg
```

完整的配置内容如下：

```
tickTime=2000
initLimit=10
syncLimit=5
clientPort=2181
dataDir=/usr/local/src/zookeeper/data
dataLogDir=/usr/local/src/zookeeper/logs
server.1=master:2888:3888
server.2=slave1:2888:3888
server.3=slave2:2888:3888
```

tickTime：心跳时间，单位为 ms，是 Leader 服务器与 Follower 服务器连接的超时时长。

initLimit：Leader 服务器与 Follower 服务器连接初始化的心跳数。当心跳数超过 10 后，如果 Follower 服务器没有连接到 Leader 服务器，则认为连接失败。initLimit 与 tickTime 共同使用，每次心跳时间为 2000ms，即连接超时时长为 10×2000ms=20s。

syncLimit：Leader 服务器与 Follower 服务器相互传输信息时能够等待的最长心跳时间，与 tickTime 共同使用。

clientPort：连接 ZooKeeper 的访问端口。

dataDir、dataLogDir：ZooKeeper 的数据存储目录与日志存储目录。

```
[hadoop@master ~]#mkdir -p /usr/local/src/zookeeper/data
[hadoop@master ~]#mkdir -p /usr/local/src/zookeeper/logs
```

除了修改 zoo.cfg 配置文件，在集群模式下，还要配置一个文件 myid，此文件存放在 dataDir 目录下，默认文件内容为空：

```
[hadoop@master ~]#vi /usr/local/src/zookeeper/data/myid
1
```

vi：新建文件，并写入数据。以 master 节点为例，文件中只写入了一个数字（1），ZooKeeper 会读取这个文件，获取里面的数据并与 zoo.cfg 里面的配置信息进行比较，从而判断到底是哪个服务节点。本实验在 master 节点上配置，因此为 1。

（2）文件分发。将 master 节点已经配置好的 ZooKeeper 文件分发给集群从节点：

```
[hadoop@master ~]#scp -r /usr/local/src/zookeeper  hadoop@slave1:/usr/local/src/
[hadoop@master ~]#scp -r /usr/local/src/zookeeper  hadoop@slave2:/usr/local/src/
```

此时需要注意的是，在分发的从节点上需要对每个 myid 文件进行修改，如将 slave1 从节点修改为 2，与 zoo.cfg 配置文件相对应：

```
[hadoop@ slave1 ~]#vi /usr/local/src/zookeeper/data/myid
2
[hadoop@ slave2 ~]#vi /usr/local/src/zookeeper/data/myid
3
```

（3）启动。ZooKeeper 集群启动的复杂之处在于需要分别安装 ZooKeeper 的节点。启动地址在安装目录下的 bin 文件夹内：

```
[hadoop@master bin]$ ./zkServer.sh start
ZooKeeper JMX enabled by default
Using config: /usr/local/src/zookeeper/bin/../conf/zoo.cfg
Starting zookeeper ... STARTED
```

启动完毕，可通过以下命令查询 Leader 节点与 Follower 节点。本实验经过内部选举 slave1 为 Leader 节点：

```
[hadoop@master bin]$ ./zkServer.sh status
ZooKeeper JMX enabled by default
Using config: /usr/local/src/zookeeper/bin/../conf/zoo.cfg
Mode: follower
[hadoop@slave1 bin]$ ./zkServer.sh status
ZooKeeper JMX enabled by default
Using config: /usr/local/src/zookeeper/bin/../conf/zoo.cfg
Mode: follower
[hadoop@slave2 bin]$ ./zkServer.sh status
ZooKeeper JMX enabled by default
Using config: /usr/local/src/zookeeper/bin/../conf/zoo.cfg
Mode: leader
```

（4）全局生效。如果想全局生效，则可以设置全局环境变量。在 master、slave1、slave2 三个节点上增加环境变量配置。切换到 root 用户，设置环境变量：

```
[hadoop@master bin]$su - root
[root@master bin]$ vi /etc/profile
set zookeeper environment
export ZOOKEEPER_HOME=/usr/local/src/zookeeper
export PATH=$PATH:$ZOOKEEPER_HOME/bin
```

9.7 Zookeeper 集群的决策选举

配置多个实例，共同构成一个集群并对外提供服务以达到水平扩展的目的，每台服务器上的数据都是相同的。ZooKeeper 内部默认使用 FastLeaderElection 算法。下面先介绍选举中的重要概念。

服务器 ID：服务器的编号，同时蕴含着权重。例如，三台服务器的编号分别为 1、2、3，就意味着服务器编号越大，其在选择算法中的权重越大。

数据 Version：表示更新的次数。它越大，意味着数据越新，在选择算法中的权重越大。

投票 Version：以逻辑时钟为连接核对基础，每进行一次投票，此数值就会递增。同时与接收到的其他服务器返回的投票信息中的数值相比较，根据不同的值做出不同的判断。

选举状态 Status：Looking，竞选状态；Following，随从状态，参与投票；Observing，观察状态，不参与投票；Leading，领导者状态。

消息同步：在投票完成后，需要将投票信息发送给集群中的所有服务器，投票信息包括服务器 ID、数据 Version、投票 Version、选举状态 Status。

假设现在有三台服务器，编号分别是 1、2、3。每台服务器的数据均为空，假定按编号顺序依次启动它们，则它们的选举过程如下。

（1）服务器 1 启动，首先自己给自己投票，然后把投票信息以广播的形式发送给其他服务器，由于其他服务器还没有启动，所以它收不到反馈信息，服务器 1 的状态一直是 Looking。

（2）服务器 2 启动，首先自己给自己投票，此时可以接收到服务器 1 的广播信息，同时，它把自己的信息交还给服务器 1，由于服务器 2 的编号大、权重大，所以服务器 2 胜出。

（3）服务器 3 启动，首先自己给自己投票，同时与之前启动的服务器 1 和服务器 2 交换信息，由于服务器 3 的编号最大，所以服务器 3 胜出。但此时投票信息中的服务器 2 已经成为 Leader，因此，服务器 3 即使胜出，也只能为 Follower 角色。

选举简要流程如图 9.2 所示。

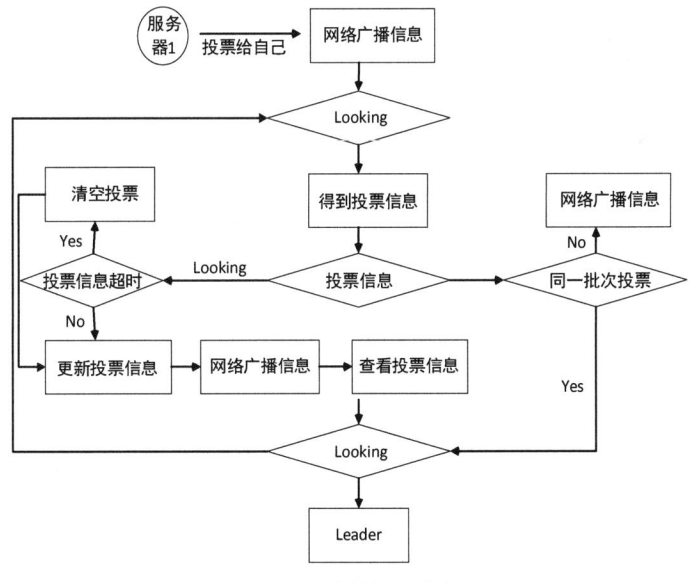

图 9.2 选举简要流程

9.8 ZooKeeper 组件管理

9.8.1 JMX 管理框架

JMX 对运行中的 Java 系统进行管控。目前，ZooKeeper 使用标准的 JMX 接口。首先修改 zkServer.sh 这个启动脚本：找到 ZOOMAIN，删除原先的信息并添加相应的信息。完整的代码如下：

```
[hadoop@master ~] cd /usr/local/src/zookeeper/bin
[hadoop@master ~] vi zkServer.sh
…
if [ "x$JMXDISABLE" = "x" ] || [ "$JMXDISABLE" = 'false' ]
then
  echo "ZooKeeper JMX enabled by default" >&2
  if [ "x$JMXPORT" = "x" ]
  then
    # for some reason these two options are necessary on jdk6 on Ubuntu
    #   accord to the docs they are not necessary, but otw jconsole cannot
    #   do a local attach
    ZOOMAIN="-Dcom.sun.management.jmxremote
-Dcom.sun.management.jmxremote.port=8888
-Dcom.sun.management.jmxremote.authenticate=false
-Djava.rmi.server.hostname=192.168.88.150
-Dcom.sun.management.jmxremote.ssl=false
-Dcom.sun.management.jmxremote.local.only=false
org.apache.zookeeper.server.quorum.QuorumPeerMain"
```

其中，-Djava.rmi.server.hostname 后为主节点的地址，通过 JConsole 连接，在本地启动：

```
[hadoop@master ~] jconsole
```

输入配置的 IP 地址与端口号，启动结果如图 9.3 所示。

图 9.3　JConsole 启动页面

进入管理界面后，选择"MBeans"选项，由此可以看到此时连接的是 id=1 的节点，角色为 Follower。通过 JMX 可以查看当前 ZooKeeper 服务器所配置的所有参数及当前的运行状态，如图 9.4 所示。

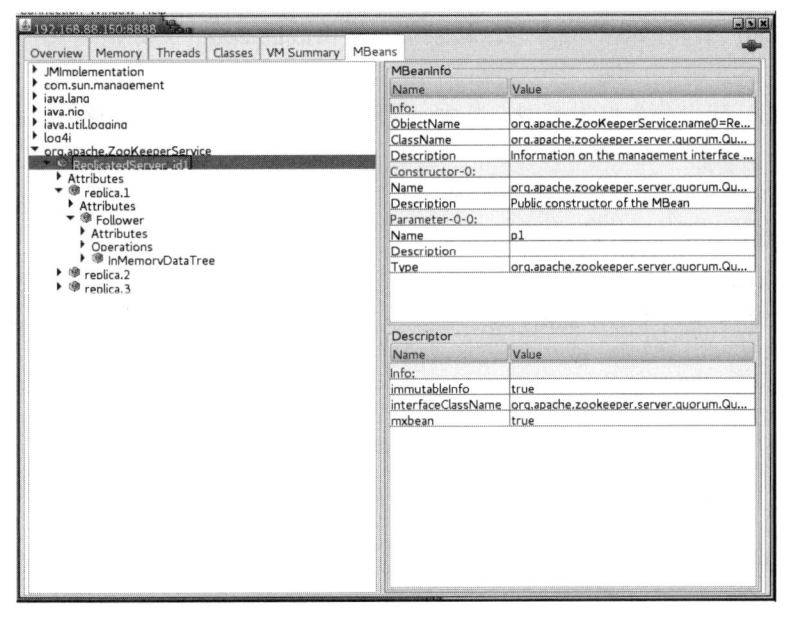

图 9.4　JConsole 信息

9.8.2　ZooKeeper Shell 操作

（1）ls 命令。它的语法结构参考 Linux 命令。在 ZooKeeper 中查看该节点下某一路径下的目录列表：

```
[zk: localhost:2181(CONNECTED) 0] ls /
[zookeeper]
[zk: localhost:2181(CONNECTED) 1] ls /zookeeper
[quota]
[zk: localhost:2181(CONNECTED) 2] ls /zookeeper/quota
[]
```

（2）stat 命令用于显示节点的详细信息：

```
[zk: localhost:2181(CONNECTED) 3] stat /
cZxid = 0x0
ctime = Thu Jan 01 08:00:00 CST 1970
mZxid = 0x0
mtime = Thu Jan 01 08:00:00 CST 1970
pZxid = 0x0
cversion = -1
dataVersion = 0
aclVersion = 0
ephemeralOwner = 0x0
dataLength = 0
numChildren = 1
```

cZxid：代表 ZooKeeper 创建后为这个节点分配的 ID 号。

ctime：代表该节点的创建时间。

mZxid：代表修改节点后分配的一个新 ID。

mtime：代表最后一次被修改的时间。

pZxid：代表该节点的子节点，其值为最后被修改生成的 ID 号。

cversion：节点下所有子节点被修改的版本号，表示节点被修改的次数。

dataVersion：节点修改的版本号，代表节点被修改的次数，初始值为 0，修改一次，其值加 1。

aclVersion：代表一个权限模型，其中 acl 代表当节点权限发生变化时，权限的版本会自动加 1。

ephemeralOwner：如果节点为临时节点，则表示节点拥有者的会话 ID，否则为 0。

dataLength：代表元数据长度。

numChildren：节点下子节点的数量。

（3）ls2 命令相当于 ls + stat，用于显示当前目录及其详细信息：

```
[zk: master:2181(CONNECTED) 5] ls2 /
[zookeeper]
cZxid = 0x0
ctime = Thu Jan 01 08:00:00 CST 1970
mZxid = 0x0
mtime = Thu Jan 01 08:00:00 CST 1970
pZxid = 0x0
cversion = -1
dataVersion = 0
aclVersion = 0
ephemeralOwner = 0x0
dataLength = 0
numChildren = 1
[zk: master:2181(CONNECTED) 6]
```

（4）create 命令用于创建节点。本实验在根目录下创建 zknode1 节点，也可以在节点下创建子节点，元数据为字符串 node1_data。

```
[zk: master:2181(CONNECTED) 6] create /zknode1 "node1_data"
Created /zknode1
[zk: master:2181(CONNECTED) 7] create /zknode1/node1 "data"
Created /zknode1/node1
```

（5）get 命令用于获取当前目录（节点）的数据信息：

```
[zk: master:2181(CONNECTED) 9] get /zknode1
node1_data
cZxid = 0x100000003
ctime = Wed Jul 05 05:15:43 CST 2017
mZxid = 0x100000003
mtime = Wed Jul 05 05:15:43 CST 2017
pZxid = 0x100000004
cversion = 1
dataVersion = 0
aclVersion = 0
ephemeralOwner = 0x0
dataLength = 10
numChildren = 1
```

（6）set 命令用于修改节点的元数据。本实验的元数据被修改为 zknode1_data。使用 get 命令查看后，参数 dataVersion 加 1，数据的长度也发生了变化：

```
[zk: master:2181(CONNECTED) 10] set /zknode1 "zknode1_data"
cZxid = 0x100000003
ctime = Wed Jul 05 05:15:43 CST 2017
mZxid = 0x100000005
mtime = Wed Jul 05 05:37:09 CST 2017
pZxid = 0x100000004
```

```
cversion = 1
dataVersion = 1
aclVersion = 0
ephemeralOwner = 0x0
dataLength = 12
numChildren = 1
[zk: master:2181(CONNECTED) 11] get /zknode1
zknode1_data
cZxid = 0x100000003
ctime = Wed Jul 05 05:15:43 CST 2017
mZxid = 0x100000005
mtime = Wed Jul 05 05:37:09 CST 2017
pZxid = 0x100000004
cversion = 1
dataVersion = 1
aclVersion = 0
ephemeralOwner = 0x0
dataLength = 12
numChildren = 1
```

（7）删除节点（要求该节点下没有子节点）：

```
[zk: master:2181(CONNECTED) 12] delete /zknode1
Node not empty: /zknode1
[zk: master:2181(CONNECTED) 13] delete /zknode1/node1
[zk: master:2181(CONNECTED) 14] delete /zknode1
```

9.9 本章小结

ZooKeeper 是开放源码的分布式应用程序协调服务。当需要构建分布式系统时，可以使用 ZooKeeper 解决分布式应用中经常遇到的一些数据管理问题，如统一命名服务、状态同步服务、集群管理、分布式应用配置项的管理等。ZooKeeper 已经成为 Hadoop 生态圈的重要组件。

第 10 章 ETL 组件的维护

📖 **学习目标**

- 掌握 Sqoop 导入数据和导出数据的方法。
- 掌握 Flume 组件的代理配置、数据获取、管理的方法。
- 掌握 Kafka 组件部署和验证部署的方法。
- 掌握 Kafka 组件和 Flume 组件联用的方法。

ETL（Extract Transform Load）负责将分布的异构数据源中的数据抽取到临时中间层并进行清洗、转换、集成操作，最后加载到数据仓库或数据集市中，成为联机分析处理、数据挖掘的基础。本章介绍主流的开源 ETL 工具 Sqoop、Flume 和 Kafka。

10.1 Sqoop 概述与架构

10.1.1 Sqoop 概述

Sqoop 的名字来自 SQL-to-Hadoop。Sqoop 于 2012 年 3 月被授予 Apache 顶级项目资格，现在是一个顶级的 Apache 项目。Sqoop 是一个开源的数据库导入/导出工具，主要用于在 Hadoop 与传统的关系型数据库之间进行数据的传递。Sqoop 允许用户将关系型数据库中的数据导入 Hadoop 的 HDFS 文件系统中，或者将 HDFS 文件系统中的数据导出到关系型数据库中。因此，Sqoop 在连接关系型数据库和 Hadoop 上起到了一个桥梁的作用，如图 10.1 所示。

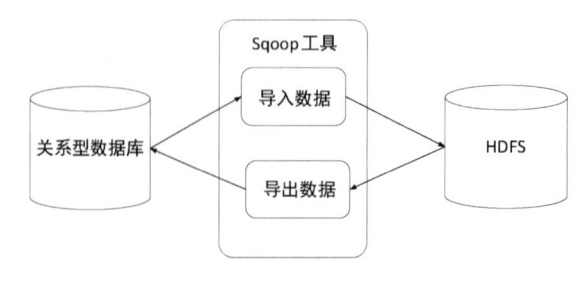

如图 10.1 Sqoop 的工作原理

Sqoop 主要通过 JDBC 和关系型数据库进行交互。理论上，支持 JDBC 的数据库都可以使用 Sqoop 和 HDFS 进行数据交互。但是，Sqoop 官方只对 MySQL、Oracle、SQLSever、PostgreSQL、Teradata 等关系型数据库进行了测试。Sqoop 底层通过 MapReduce 任务实现数据的传输，具有高并发性和高可靠性的特点。

10.1.2 Sqoop 的架构

Sqoop 的架构设计如图 10.2 所示。Sqoop 工具接收到命令后，通过任务翻译器将命令转换为 mapper 任务，实现数据的并发复制和传输。

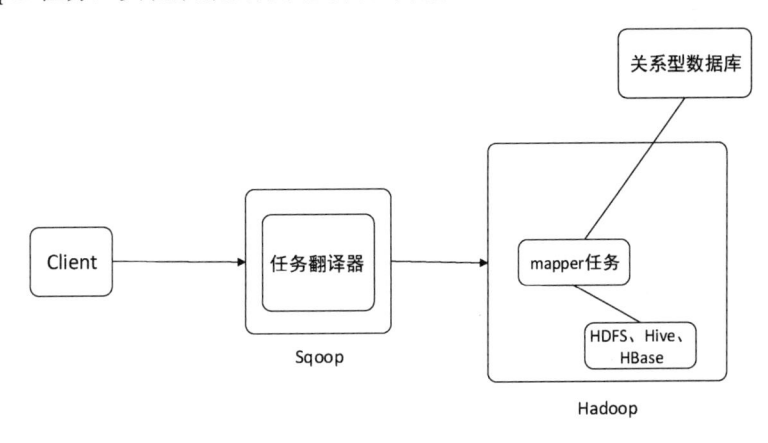

图 10.2 Sqoop 的架构设计

1．导入数据

（1）用户输入一个导入命令。

（2）Sqoop 从关系型数据库中获取元数据信息，如数据库表的 Schema、表名、字段、字段类型等。

（3）将输入命令转化为 Map 的 MapReduce 任务，高效、快速地将关系型数据库中的数据复制到 HDFS 中，如图 10.3 所示。

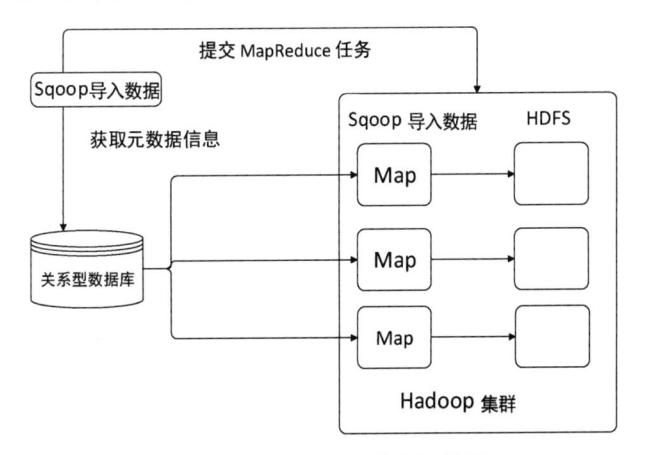

图 10.3 Sqoop 导入数据架构图

2．导出数据

（1）用户输入一个导出命令。

（2）Sqoop 会获取关系型数据库的元数据信息，并将 Hadoop 的字段与数据库表中的字段建立映射关系。

（3）将输入命令转化为基于 Map 的 MapReduce 任务，高效、快速地将 HDFS 中的数据复制到关系型数据库中，如图 10.4 所示。

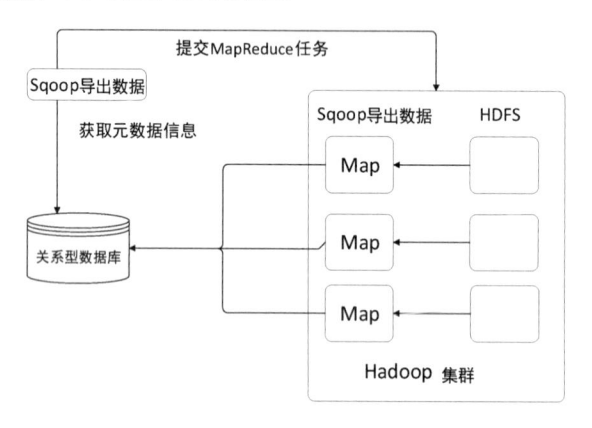

图 10.4　Sqoop 导出数据架构图

10.2　Flume 概述与架构

10.2.1　Flume 概述

Cloudera 公司开发的分布式日志收集系统 Flume 是 Hadoop 的周边组件之一。它可以实时地将分布在不同节点、不同机器上的日志收集到 HDFS 中。Flume 初始的发行版本目前被统称为 Flume OG（Original Generation）。随着 FLume 功能的扩展，Flume OG 代码工程臃肿、核心组件设计不合理、核心配置不标准等缺点暴露出来，尤其在 Flume OG 的最后一个发行版本 Flume OG 0.94.0 中，日志传输不稳定的现象尤为严重。为了解决这些问题，Cloudera 公司于 2011 年 10 月 22 日完成了 Flume-728，对 Flume 进行了里程碑式的改动：重构了核心组件、核心配置及代码架构，重构后的版本统称为 Flume NG（Next Generation）。后将 Flume 纳入了 Apache 旗下，Cloudera Flume 改名为 Apache Flume。

Flume 是一个高可用的、高可靠的、分布式的海量日志采集、聚合和传输的系统。它除了具有简单灵活的基于流数据的体系结构，还具有健壮性、容错性、可调可靠性机制与多种故障转移和恢复机制。它使用了一个简单的可扩展数据模型，允许在线分析应用程序。

Apache Flume 的使用不仅限于日志数据的聚合。由于数据源是可定制的，所以 Flume 还可用于传输大量事件数据，包括但不限于网络流量数据、社交媒体生成的数据、电子邮件消息，以及几乎所有可能的数据源。Apache Flume 是 Apache Software Foundation 的顶级项目。

10.2.2　Flume 的架构

Flume 的核心就是 Agent，如图 10.5 所示：Agent 通过 Source 和 Sink 与外界交互，其

中，Source 负责接收数据；Sink 负责将数据发送到外部指定的目的地。Source 接收到数据后，会将数据发送给 Channel，Channel 作为一个数据缓冲区，会临时存放这些数据，随后 Sink 会将 Channel 中的数据发送到指定的目的地，如 HDFS 等。需要注意的是，只有在 Sink 将 Channel 中的数据发送成功后，Channel 才会将临时数据删除，这种机制保证了数据传输的可靠性与安全性。

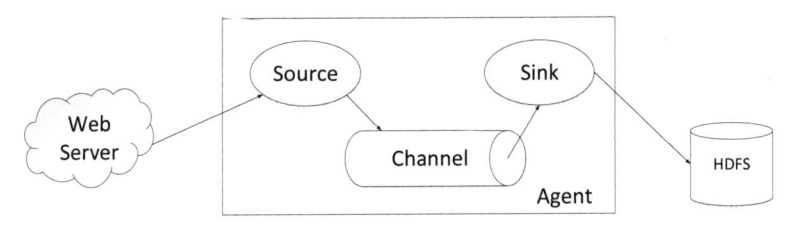

图 10.5　Flume Agent 架构图

Flume 的一些核心概念如下。

（1）Event：将传输的数据进行封装，它是 Flume 数据传输的基本单元，以事件的形式将数据从源头传送到最终目的地。

（2）Client：将原始 log 包装成 Event，并将其发送到一个或多个 Agent 中。

（3）Agent：使用 JVM 运行 Flume，每台机器只允许运行一个 Agent，但是可以在一个 Agent 中包含多个 Source 和 Sink。它利用这些组件将 Event 从一个节点传输到另一个节点或最终目的地。Agent 主要由 Source、Channel、Sink 三个组件组成（见图 10.5）。

（4）Source：从 Client 处收集数据，然后传递给 Channel，它是负责接收数据的组件，常见的 Source 类型有 spooling directory、exec、syslog、avro、netcat 等。

（5）Channel：位于 Source 和 Sink 之间的缓存区，用于缓存进来的 Event。Flume 自带的两种 Channel 类型分别为 Memory Channel 和 File Channel。其中，Memory Channel 类型具有运行速度快的特点，属于内存中的队列，但数据容易丢失，适合不关心数据是否保存的情况；File Channel 类型会将所有的 Event 写入磁盘中，因此在程序关闭或服务器宕机的情况下不会丢失数据，但速度相对较慢。

（6）Sink：负责将 Channel 中的数据传输到下一个 Agent 或写入 HDFS、Hive、HBase 中等。Sink 是完全事务性的。在从 Channel 中批量删除数据之前，每个 Sink 都会用 Channel 启动一个事务。批量 Event 一旦被成功写入存储系统或下一个 Flume Agent 中，Sink 就会利用 Channel 提交事务。事务一旦被提交，该 Channel 就会从自己的内部缓冲区删除该 Event。

10.3　Kafka 概述与架构

10.3.1　Kafka 概述

Kafka 是由 LinkedIn 公司开发的，它是一个分布式的、高吞吐量的、支持多分区和多副本的基于 ZooKeeper 的分布式消息流平台。它也是一款开源的、快速的、可扩展的、高吞吐的、可容错的发布订阅消息的系统。用户通过 Kafka 系统可以发布大量消息，也能实时订阅消费信息。Kafka 的设计初衷是构建一个用来处理海量日志、用户行为和网站运营统计等的数据处理框架。Kafka 由 Scala 和 Java 语言编写,可用于不同系统之间的数据传递。Kafka 在普通服务器上也能每秒处理数十万条消息,LinkedIn 每天通过 Kafka 处理数万亿条消息。Kafka 于 2011 年成为 Apache 的孵化项目,随后于 2012 年成为 Apache 的主要项目之一。

Kafka 通常扮演数据交换枢纽的角色。以 Kafka 作为交换枢纽,可以很好地解决不同系统之间的数据生产/消费速率不同的问题。例如,某个购物网站需要将用户的下单数据保存至 HDFS 中,用户的下单数据不但生成速率快,而且具有随机性,如果把该数据直接保存至 HDFS 中,那么极有可能在高峰时期导致 HDFS 写入数据失败。在这种情况下,我们可以先把数据写入 Kafka 中,再借助 Kafka 将数据写入 HDFS 中,如图 10.6 所示。

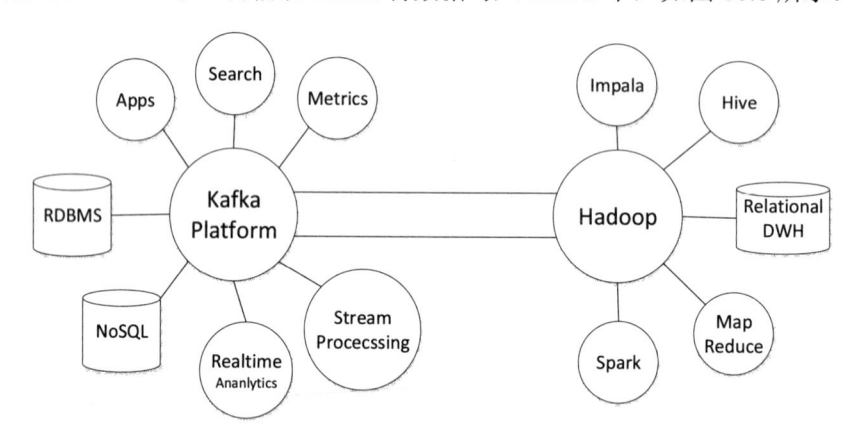

图 10.6　Kafka 作为数据交换枢纽

10.3.2　Kafka 的架构

Kafka 的整体架构很简单,如图 10.7 所示,Kafka 给 Producer 和 Consumer 提供注册的接口,数据从 Producer 端发送给 Broker,Broker 起一个中间缓存和分发的作用,负责分发注册到系统中的 Consumer。

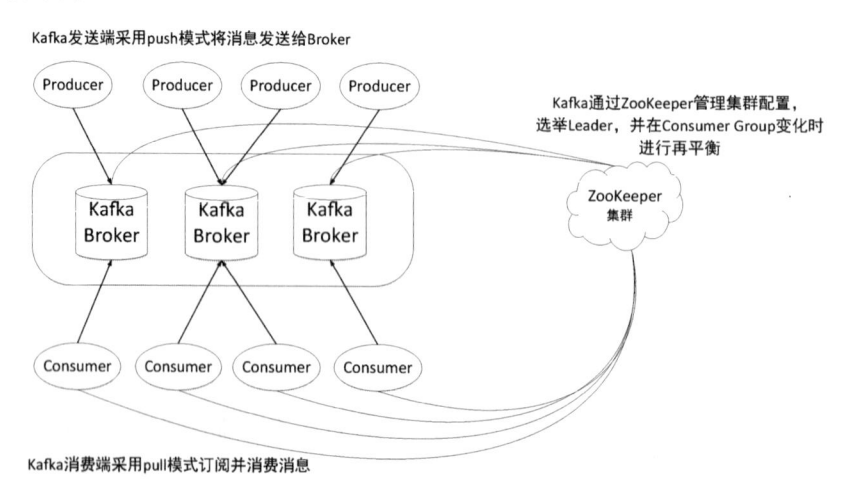

图 10.7　Kafka 架构图

一个 Kafka 集群由 Producer、Consumer、Broker、ZooKeeper 等多个组件组成。

（1）Producer：向 Kafka 的 Broker 发送消息的客户端，称为生产者。

（2）Consumer：从 Kafka 的 Broker 获取消息的客户端，称为消费者。

（3）Consumer Group：每个 Consumer 都属于一个特定的 Consumer Group，可为每个 Consumer 指定 group name，若不指定 group name，则属于默认的 group。

（4）Broker：Kafka 集群中包含一台或多台服务器，这些服务器称为 Broker。一个 Kafka 集群由多个 Broker 组成，一个 Broker 允许容纳多个 Topic。

（5）Topic：每条发布在 Kafka 集群的消息都有一个类别，这个类别称为 Topic。物理上不同的 Topic 的消息分开存储；逻辑上，一个 Topic 的消息虽然保存于一个或多个 Broker 上，但用户只需指定消息的 Topic 即可生产或消费数据，而不必关心数据存于何处。Producer 和 Consumer 只有在同一个 Topic 中，Consumer 才能获取到 Producer 发送给 Broker 的数据。

（6）Partition：是物理上的概念。为了提高并发能力和容错性，用户可以把一个特别大的 Topic 分布到多个 Broker 节点中，一个 Broker 可以有多个 partition，每个 partition 都是一个有序的队列。

（7）ZooKeeper：Kafka 集群能够正常工作依赖于 ZooKeeper 对 Kafka 集群的统一协调调度。它帮助 Kafka 有序地储存和管理集群的相关信息，对 Kafka 有着重大的作用。

10.4　Sqoop 导入数据

由 10.1 节可知，Sqoop 是通过 MapReduce 任务进行导入数据的操作的。在导入数据的过程中，Sqoop 从关系型数据库表中读取数据行并将其写入 HDFS。本节介绍 Sqoop 导入数据的具体操作。在进行本节的学习之前，请确保已经成功安装了 JDK、Hadoop 和 MySQL。

（1）创建数据库并插入数据：

```
mysql> create database mysql_hdfs;         #创建数据库
mysql> use mysql_hdfs;                     #将默认数据库指定为 mysql_hdfs
mysql> insert into users value('0001', 'wm', 23, 'woman');
mysql> insert into users value('0010', 'ck', 23, 'man');
```

（2）启动 Hadoop 进程，执行如下命令：

```
[hadoop@master ~]$ start-all.sh
```

（3）将 MySQL 中的数据导入 HDFS 中：

```
[hadoop@master~]$sqoop
 import              # import 参数指定 Sqoop 为导入数据
--connect jdbc:mysql://localhost:3306/mysql_hdfs # 指定数据库连接的地址
--username root          #数据库的用户名
--password root          #数据库的密码
--table users            #指定数据库表的名称
--columns id,name,age,sex      #表中的字段
-m 1                     #启动 MapReduce 的数量
--target-dir '/sqoop/users'    #数据导入 HDFS 中的路径
```

（4）查看 Sqoop 数据是否导入成功：

```
[hadoop@master ~]$ hdfs dfs -cat /sqoop/users/*
0010,ck,23,man
0001,wm,23,woman
```

10.5 Sqoop 导出数据

10.4 节完成了 Sqoop 导入数据的操作，相信大家对 Sqoop 导入数据的功能已经有了一定的了解。本节介绍 Sqoop 导出数据的操作。

在进行本节的学习之前，请确保已经成功安装了 JDK、Hadoop、MySQL 并完成了 10.4 节的导入数据的操作。

（1）在 MySQL 数据库中创建一张表：

```
mysql> create table users2(id varchar(11), name varchar(11), age int, sex varchar(11) );
```

（2）将 HDFS 中的数据导出到 MySQL 中：

```
[hadoop@master~]$sqoop
export                           #指定 Sqoop 为导出数据
--connect jdbc:mysql://localhost:3306/mysql_hdfs  #数据库连接的地址
--username root                  #数据库的用户名
--password root                  #数据库的密码
--table users2                   #指定数据库表的名称
--export-dir /sqoop/users/part-m-00000  #指定要导出数据的路径
--input-fields-terminated-by ','        #指定源数据的分隔符
```

（3）查看数据表中的数据：

```
mysql> select * from users2;
+------+------+------+------+
| id   | name | age  | sex  |
+------+------+------+------+
| 0001 | wm   |  23  | woman|
| 0010 | ck   |  23  | man  |
+------+------+------+------+
```

10.6 修改控制 Sqoop 组件的参数

本节对 Sqoop 组件的常用操作命令及其常用参数进行介绍，如表 10.1～表 10.5 所示。

表 10.1 Sqoop 组件的常用操作命令

命　　令	类	说　　明
import	ImportTool	将数据导入集群中
export	ExportTool	将集群中的数据导出
codegen	CodeGenTool	用来生成封装导入记录数据的 Java 类
create-hive-table	CreateHiveTableTool	创建 Hive 表
eval	EvalSqlTool	查看 SQL 的执行结果
import-all-tables	ImportAllTablesTool	将某个数据库下的所有表导入 HDFS 中
job	JobTool	用来生成一个 Sqoop 的任务，生成后，该任务并不执行，除非使用命令执行该任务
list-databases	ListDatabasesTool	列出所有数据库名
list-tables	ListTablesTool	列出某个数据库下的所有表
Merge	MergeTool	将 HDFS 中不同目录下的数据合在一起，并存放在指定的目录中

续表

命　令	类	说　明
help	HelpTool	打印 Sqoop 帮助信息
version	VersionTool	打印 Sqoop 版本信息

表 10.2　Sqoop 组件的数据库连接公用参数

参　数	说　明
--connect	连接关系型数据库的 URL
--connection-manager	指定要使用的连接管理类
--driver	JDBC 的 driver class
--help	打印帮助信息
--password	连接数据库的密码
--username	连接数据库的用户名
--verbose	在控制台打印出详细信息

表 10.3　Sqoop 组件中 import 命令的公用参数

参　数	说　明
--enclosed-by <char>	在字段值前后加上指定的字符
--escaped-by <char>	为字段中的双引号加转义符
--fields-terminated-by <char>	设定每个字段的结束标志，默认为逗号
--lines-terminated-by <char>	设定每行记录之间的分隔符，默认是\n
--mysql-delimiters	MySQL 默认的分隔符设置，字段之间以逗号分隔，行之间以 \n 分隔，默认转义符是\，字段值以单引号包裹
--optionally-enclosed-by <char>	在带有双引号或单引号的字段值前后加上指定的字符

表 10.4　Sqoop 组件中 export 命令的公用参数

参　数	说　明
--input-enclosed-by <char>	在字段值前后加上指定的字符
--input-escaped-by <char>	对含有转移符的字段做转义处理
--input-fields-terminated-by <char>	字段之间的分隔符
--input-lines-terminated-by <char>	行之间的分隔符
--input-optionally-enclosed-by <char>	在带有双引号或单引号的字段前后加上指定的字符

表 10.5　Sqoop 组件中 hive 命令的公用参数

参　数	说　明
--hive-delims-replacement <arg>	用自定义的字符串替换数据中的\r\n 和\013\010 等字符
--hive-drop-import-delims	在导入数据到 Hive 时，去掉数据中的\r\n\013\010 等字符
--map-column-hive <map>	在生成 Hive 表的同时可以更改生成字段的数据类型
--hive-partition-key	创建分区，后面直接跟分区名，分区字段的默认类型为 string
--hive-partition-value <v>	在导入数据时，指定某个分区的值
--hive-home <dir>	Hive 的安装目录，可以通过该参数覆盖之前默认配置的目录
--hive-import	将数据从关系型数据库中导入 Hive 表中
--hive-overwrite	覆盖掉 Hive 表中已经存在的数据
--create-hive-table	默认是 false，即如果目标表已经存在了，则创建任务失败

续表

参　　数	说　　明
--hive-table	后面接要创建的 Hive 表，默认使用 MySQL 的表名
--table	指定关系数据库的表名

10.7　Flume 组件代理配置

安装好 Flume 后，使用 Flume 的步骤如下。

（1）在配置文件中描述 Source、Channel 与 Sink 的具体实现。

（2）运行一个 Agent 实例，在运行 Agent 实例的过程中会读取配置文件的内容，这样，Flume 就会采集到数据。

下面介绍 Source、Channel 与 Sink 在配置文件中的具体实现步骤。现使用 Flume 监听指定的端口，并将信息写入 HDFS 中。在配置过程中，关键是配置一个 conf 文件，将数据源 r1 指定为 syslogtcp 类型，将接收器 k1 指定为 HDFS；配置一个管道 c1，指定 r1 的下游单元和 k1 的上游单元均为 c1，从而实现 Source->Channel->Sink 的事件传送通道。在进行本节的学习之前，请确保已经成功安装了 JDK、Hadoop。

① 创建 hdfs_sink.conf 配置文件：

```
[hadoop@master conf]$ touch /usr/local/src/flume/conf/hdfs_sink.conf
```

② 在 hdfs_sink.conf 文件中添加以下内容：

```
a1.sources = r1       #指定 sources 的别名
a1.sinks = k1         #指定 sinks 的别名
a1.channels = c1      #指定 channels 的别名

# Describe/configure the source
a1.sources.r1.type = syslogtcp       #指定 sources 的类型
a1.sources.r1.port = 5140            #指定 sources 的端口
a1.sources.r1.host = localhost       #指定 sources 的主机名

# Describe the sink
a1.sinks.k1.type = hdfs      #指定 sinks 的类型
a1.sinks.k1.hdfs.path = hdfs://master:9000/user/flume/syslogtcp
#指定 sinks 的 hdfs 的路径
a1.sinks.k1.hdfs.filePrefix = Syslog    #指定 sinks 的 hdfs 的文件名前缀
a1.sinks.k1.hdfs.round = true           #指定时间戳需要四舍五入
a1.sinks.k1.hdfs.roundValue = 10        #四舍五入到小于当前时间的最高倍数
a1.sinks.k1.hdfs.roundUnit = minute     #四舍五入值的单位

# Use a channel which buffers events in memory
a1.channels.c1.type = memory    #指定 channels 的类型
# Bind the source and sink to the channel
a1.sources.r1.channels = c1     #将 sources 和 channels 连接
a1.sinks.k1.channel = c1        #将 sinks 和 channels 连接
```

10.8　Flume 组件的数据获取

10.7 节介绍了 Source、Channel 与 Sink 在配置文件中的具体实现步骤。本节介绍运行一个 Agent 实例的过程。在运行 Agent 实例的过程中会读取配置文件的内容，采集数据。具体实现步骤如下。

需要注意的是，在进行本节的学习之前，请确保已经安装了 JDK、Hadoop 并已经完成 10.7 节的相关操作。

（1）启动 Flume 进程：

```
[hadoop@master~]$/usr/local/src/flume/bin/flume-ng agent
-c  /usr/local/src/flume/conf/              #在 conf 目录下使用配置文件
-f /usr/local/src/flume/conf/hdfs_sink.conf  #指定一个配置文件
-n a1                                        # agent 的名称
-Dflume.root.logger=DEBUG,console
#表示在 flume 运行时，动态修改 flume.root.logger 参数的属性值
#并将控制台日志打印级别设置为 DEBUG 级别。日志级别包括 log、info、error
```

（2）向监听端口发送信息：

```
[hadoop@master conf]$ telnet  localhost  5140
Trying ::1...
telnet: connect to address ::1: Connection refused
Trying 127.0.0.1...
Connected to localhost.
Escape character is '^]'.
hello flume
```

（3）在 HDFS 中查看获取的数据信息：

```
[hadoop@master conf]$ hdfs dfs -ls /user/flume/syslogtcp
Found 1 items
-rw-r--r--   1 hadoop supergroup        127 2020-06-21 23:47 /user/flume/syslogtcp/Syslog.1592808396936
```

10.9　Flume 组件管理

本节对 Flume 组件中的 Source、Channel、Sink 的类型进行介绍，如表 10.6~表 10.8 所示。

表 10.6　Source 的类型

Source 类型	说　　明
Avro Source	支持 Avro 协议，内置支持
Thrift Source	支持 Thrift 协议，内置支持
Exec Source	基于 UNIX 的 command 在标准输出上生产数据
JMS Source	从 JMS 系统（消息、主题）中读取数据
Spooling Directory Source	监控指定目录内的数据变更
Twitter 1% firehose Source	通过 API 持续下载 Twitter 数据
Netcat Source	监控某个端口，生产序列数据
Sequence Generator Source	序列生成器，生产序列数据
Syslog Sources	读取 Syslog 数据，产生 Event，支持 UDP 和 TCP 两种协议
HTTP Source	Source 通过 HTTP POST 和 GET 接收 Flume Event，GET 只能用于试验

续表

Source 类型	说　　明
Legacy Sources	兼容老的 Flume OG 中的 Source（0.9X 版本）
AVRO Legacy Sources	兼容老的 Flume OG 中的 Source（0.9X 版本）
Thrift Legacy Sources	兼容老的 Flume OG 中的 Source（0.9X 版本）
Scribe Legacy Sources	兼容老的 Flume OG 中的 Source（0.9X 版本）
Custom Source	自定义 Source

表 10.7　Channel 的类型

Channel 类型	说　　明
Memory Channel	Event 数据存储在内存中
JDBC Channel	Event 数据存储在持久化内存中
File Channel	Event 数据存储在磁盘文件中
Custom Channel	自定义 Channel 实现

表 10.8　Sink 的类型

Sink 类型	说　　明
HDFS Sink	将数据写入 HDFS 中
Logger Sink	将数据写入日志文件中
Avro Sink	数据被转换成 Avro Event，然后将其发送到配置的 RPC 端口上
Thrift Sink	数据被转换成 Thrift Event，然后将其发送到配置的 RPC 端口上
IRC Sink	数据在 IRC 上进行回放
File Roll Sink	存储数据到本地文件系统
Null Sink	丢弃所有数据
Hbase Sink	将数据写入 HBase 数据库中
Morphline Solr Sink	将数据发送到 Solr 搜索服务器（集群）中
Elastic Search　Sink	将数据发送到 Elastic Search 搜索服务器（集群）中
Kite Dataset Sink	写入数据到 Kite Dataset 中
Custom Sink	自定义 Sink 实现

10.10　Kafka 组件的部署

在部署 Kafka 集群之前，请确保已经成功安装了 JDK、ZooKeeper 集群。

（1）将 Kafka 的 tar.gz 安装包解压并重命名：

```
[hadoop@master src]$tar -zxvf /opt/software/kafka1.0.0.tgz -C /usr/local/src/
[hadoop@master src]$ mv /usr/local/src/kafka_2.11-1.0.0/  /usr/local/src/kafka
```

（2）修改配置文件并保存。

文件路径为/usr/local/src/kafka/config，保存并退出 server.properties 文件：

```
[hadoop@master src]$ vi /usr/local/src/kafka/config/server.properties
```

在 server.properties 文件中找到下列配置项并修改：

```
broker.id=0
zookeeper.connect=master,slave1,slave2
```

（3）使用 scp 命令将 Kafka 发送到各个节点：
```
[hadoop@master src]$ scp -r /usr/local/src/kafka/ hadoop@slave1:/usr/local/src/kafka/
[hadoop@master src]$ scp -r /usr/local/src/kafka/ hadoop@slave2:/usr/local/src/kafka/
```

（4）在 slave1 和 slave2 节点上修改 server.properties 文件。

在 slave1 节点中，将 broker.id 修改为 1：
```
broker.id=1
```
在 slave2 节点中，将 broker.id 修改为 2：
```
broker.id=2
```

（5）在各个节点上启动 ZooKeeper 集群。

在 master 节点上启动 ZooKeeper：
```
[hadoop@master ~]$ zkServer.sh start
```
在 slave1 节点上启动 ZooKeeper：
```
[hadoop@slave1 ~]$ zkServer.sh start
```
在 slave2 节点上启动 ZooKeeper：
```
[hadoop@slave2 ~]$ zkServer.sh start
```

（6）在各个节点上启动 Kafka 服务。

在 master 节点上启动 Kafka 服务：
```
[hadoop@master~]$/usr/local/src/kafka/bin/kafka-server-start.sh /usr/local/src/kafka/config/server.properties
```
在 slave1 节点上启动 Kafka 服务：
```
[hadoop@slave1~]$/usr/local/src/kafka/bin/kafka-server-start.sh /usr/local/src/kafka/config/server.properties
```
在 slave2 节点上启动 Kafka 服务：
```
[hadoop@slave2~]$/usr/local/src/kafka/bin/kafka-server-start.sh /usr/local/src/kafka/config/server.properties
```

10.11 Kafka 组件的验证部署

10.10 节介绍了 Kafka 组件的部署方法，本节会介绍如何验证 Kafka 组件是否部署成功。在进行本节的学习之前，请确保已经安装了 JDK、ZooKeeper 集群和 Kafka 集群。

（1）在 master 节点中创建一个名为 hello 的 topic：
```
[hadoop@master ~]$ /usr/local/src/kafka/bin/kafka-topics.sh
--create              #代表创建topic
--zookeeper master:2181,slave1:2181,slave2:2181   #ZooKeeper 集群的主机名
--replication-factor 2           #生成多少个副本文件
--topic hello                    #topic 的名称
--partitions 1                   #指定多少个分区
```

（2）在 slave1 节点上创建一个消费者。

使用 kafka-console-consumer.sh 脚本创建消费者：
```
[hadoop@slave1~]$        /usr/local/src/kafka/bin/kafka-console-consumer.sh
--zookeeper master:2181,slave1:2181,slave2:2181   #ZooKeeper 集群的主机名
--topic hello           #指定在 hello 上创建消费者
--from-beginning        #读取历史未消费的数据
```

（3）在 master 节点上创建一个生产者并输入信息。

使用 kafka-console-producer.sh 脚本创建生产者：

```
[hadoop@master~]$       /usr/local/src/kafka/bin/kafka-console-producer.sh
--broker-list master:9092,slave1:9092,slave2:9092
#指定服务器，在 Kafka 集群中包含一台或多台服务器，这种服务器被称为 Broker
--topic hello           #指定在 hello 上创建生产者
>hello kafka            #输入的内容
```

（4）在创建的消费者中查看信息：

```
[hadoop@slave1~]$       /usr/local/src/kafka/bin/kafka-console-consumer.sh
--zookeeper     master:2181,slave1:2181,slave2:2181      --topic     hello
--from-beginning
Using the ConsoleConsumer with old consumer is deprecated and will be removed
in a future major release. Consider using the new consumer by passing
[bootstrap-server] instead of [zookeeper].
hello kafka
```

在消费者中发现了我们在生产者中发送的数据，说明消费者接收数据成功，至此，Kafka 组件部署成功。

10.12　Kafka 组件的数据处理

本节以 Kafka 组件和 Flume 组件的联用为例来介绍 Kafka 组件数据处理的过程和方法。Kafka 组件和 Flume 组件的联用如图 10.8 所示。

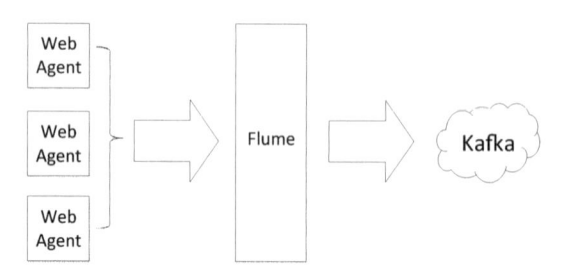

图 10.8　Kafka 组件与 Flume 组件的联用

在进行本节的学习之前，请确保已经成功安装了 JDK、ZooKeeper 集群、Kafka 集群和 Flume 组件。

（1）在/usr/local/src/flume/conf/目录下新建一个文件并添加如下内容：

```
agent1.sources = src         #指定 source 的别名为 src
agent1.channels = ch1        #指定 channels 的别名为 ch1
agent1.sinks = des1          #指定 sinks 的别名为 des1

# Describe/configure the source
agent1.sources.src.type = syslogtcp        #指定 sources 的类型
agent1.sources.src.port = 6868             #指定 sources 的端口
agent1.sources.src.host = master           #指定 sources 的主机名

# Use a channel which buffers events in memory
agent1.channels.ch1.type = memory          #指定 channels 的类型

# Describe the sink
agent1.sinks.des1.type = org.apache.flume.sink.kafka.KafkaSink
#指定 sinks 的类型
```

```
agent1.sinks.des1.brokerList = master:9092,slave1:9092,slave2:9092
#指定 Kafka 中多台服务器的名称
agent1.sinks.des1.topic = flumekafka      #指定 Kafka 中 topic 的名称
agent1.sources.src.channels = ch1         #将 sources 和 channels 连接
agent1.sinks.des1.channel = ch1           #将 sinks 和 channels 连接
```

（2）创建一个 topic：

```
[hadoop@master ~]$ /usr/local/src/kafka/bin/kafka-topics.sh
--create                  #代表创建
--zookeeper master:2181,slave1:2181,slave2:2181   #ZooKeeper 集群的主机名
--replication-factor 2            #生成多少个副本文件
--topic flumekafka                #topic 的名称
--partitions 1                    #指定多少个分区
```

（3）在 slave1 节点上创建消费者：

```
[hadoop@slave1~]$/usr/local/src/kafka/bin/kafka-console-consumer.sh
--zookeeper master:2181,slave1:2181,slave2:2181   #ZooKeeper 集群的主机名
--topic flumekafka         #指定在 hello 上创建消费者
--from-beginning           #读取历史未消费的数据
```

（4）启动 Flume 进程：

```
[hadoop@master ~]$ /usr/local/src/flume/bin/flume-ng agent -c /usr/local/
src/flume/conf/ -f /usr/local/src/flume/conf/syslog_mem_kafka.conf -n agent1
-Dflume.root.logger=DEBUG,console
```

（5）连接测试。

在 master 节点中打开一个新的终端，使用 nc 命令向 master:6868 发送信息，如果连接成功，则此时客户端输入文本信息再按 Enter 键就可以将信息发送到服务端了，一旦有人连接，第二个会话就连接不上了：

```
[hadoop@master ~]$ nc master 6868
Hello flumekafka
```

（6）查看 slave1 节点：

```
[hadoop@slave1    ~]$    /usr/local/src/kafka/bin/kafka-console-consumer.sh
--zookeeper master:2181,slave1:2181,slave2:2181 --topic hello --from-beginning
  Using the ConsoleConsumer with old consumer is deprecated and will be removed
in a future major release. Consider using the new consumer by passing
[bootstrap-server] instead of [zookeeper].
  hello flumekafka
```

10.13　本章小结

本章介绍了 Sqoop 导入/导出数据的方法、Flume 组件的代理配置、Kafka 组件的部署、Flume 与 Kafka 的联用等内容。

第 11 章
Spark 组件的维护

📖 **学习目标**

- 掌握 Spark 的架构。
- 掌握 Spark 的工作原理。
- 掌握 Scala 的安装部署。
- 掌握 Spark 的安装部署。
- 掌握 Spark 的参数修改方法。
- 掌握 Spark Shell 编程。
- 掌握 Spark 的基本管理方法。

Spark 是一种与 Hadoop 类似的开源集群计算框架,却又比 Hadoop 的运算效率高,其易用性更好、通用性更强。本章主要介绍 Spark 的架构及工作原理、Scala 和 Spark 的安装部署、Spark 的参数修改方法和基本管理及 Spark Shell 编程。

11.1 Spark 概述与架构

11.1.1 Spark 概述

随着数据规模的不断扩大和对数据处理要求的不断提高,Hadoop 自身的局限性导致对某些任务的处理无法达到相关要求。例如,缺乏对数据迭代的有效支持,不断地对中间结果进行 I/O 操作造成不必要的传输开销,从而无法实现数据的实时处理。

Spark 最初由美国加州大学伯克利分校的 AMP 实验室于 2009 年开发。它是基于内存计算的大数据并行计算框架,可用于构建大型的、低延迟的数据分析应用程序,于 2010 年正式开源。2013 年,Spark 加入 Apache 孵化器项目后开始获得迅速发展,如今已经成为 Apache 软件基金会最重要的三大分布式计算系统开源项目(Hadoop、Spark、Storm)之一。2014 年,Spark 打破了 Hadoop 保持的基准排序(Sort Benchmark)记录,使用 206 个节点在 23min 内完成了 100TB 数据的排序,而 Hadoop 则使用了 2000 个节点在 72min 内完成了同样数据的排序。也就是说，Spark 仅使用了十分之一的计算资源，却获得了比 Hadoop 快 3 倍的速度。由此表明，Spark 可以作为一个更加快速、高效的大数据计算平台。

从另一个角度来看，可以把 Spark 看作 MapReduce 的一种扩展。MapReduce 之所以不擅长迭代式、交互式和流式的计算工作，主要因为它缺乏在计算的各个阶段进行有效的资源共享。针对这一点，Spark 创造性地引入了 RDD（Resilient Distributed Dataset，弹性分布数据集）来解决这个问题。RDD 的重要特性之一就是资源共享，它提供了比 Hadoop 更加丰富的 MapReduce 模型，拥有 Hadoop MapReduce 的所有优点。但不同于 Hadoop MapReduce 的是，Spark 中的 Job 的中间输出和结果可以保存在内存中，从而可以基于内存快速地对数据集进行多次迭代，以支持复杂的机器学习、图计算和准实时流计算处理等，且效率更高、速度更快。

Spark 凭借其独有的优势已经成为整合以下大数据应用的标准平台：交互式查询，包括 SQL（SparkSQL）；实时流处理（SparkStream）；复杂的分析，包括机器学习（SparkMlib）和图技术（SparkGraphX）；批处理。

Spark 具有以下几个主要特点。

1．运行处理速度快

Spark 使用先进的 DAG（Directed Acyclic Graph，有向无环图）执行引擎，以支持循环数据流与内存计算，它将多个 Stage 的任务串联或并发执行，而无须将 Stage 中间结果输出到 HDFS 中。

2．易于使用

Spark 支持的计算机编程语言多，API 的简单设计有利于轻松构建并行程序，Spark 自带 80 多个算子，且可通过 Spark Shell 进行交互式编程。对于相同的应用程序，其代码量比 MapReduce 的代码量少 50%～80%。

3．通用性

Spark 提供了完整而强大的技术库，包括 SQL 查询、流式计算、机器学习和图算法组件，这些组件可以无缝地整合在一起，以应对一个应用中的复杂计算。

4．运行模式多样性

Spark 可指定 Hadoop、YARN 的版本以编译出合适的发行版本，它可运行于独立的集群模式（Standalone 模式）中，也可运行于 Amazon EC2、Mesos 等云环境中，并且可访问 HDFS、Cassandra、HBase、Hive 和其他数据源。

5．容错性

RDD 之间维护了血缘关系，因此，一旦某个 RDD 失败了，Spark 就能通过父 RDD 自动重建，从而保证了容错性。

6．任务调度的开销

Spark 采用事件驱动的类库 Akka 启动任务，通过线程池复用线程来避免线程启动及切换产生的开销。

Spark 可以用 R 语言、Java 语言、Scala 语言及 Python 语言编写程序，Spark 本身是由 Scala 语言编写的。Java 语言编写的代码量大，Scala 语言编写的比较简洁，但是可读性比较差。Java 语言和 Scala 语言编写的程序执行效率相同，Python 语言编写的程序执行效率低于 Java 语言和 Scala 语言编写的程序执行效率。

11.1.2 Spark 的架构

在了解 Spark 架构之前先了解以下几个概念。

（1）RDD：分布式内存的一个抽象概念，提供了一种高难度受限的共享内存模型。

（2）DAG：反映 RDD 之间的依赖关系。

（3）DAG Scheduler（有向无环图调度器）：计算作业和任务的依赖关系，指定调度逻辑。在 SparkContext 初始化的过程中被实例化，一个 SparkContext 对应一个 DAG Scheduler。

（4）Task（任务）：运行在 Executor 上的工作单元，是单个分区数据集上的最小处理流程单元。

（5）TaskSet（任务集）：由一组关联的但相互之间没有 Shuffle 依赖关系的任务（Task）组成。

（6）Task Scheduler（任务调度器）：将 TaskSet 提交给 Worker（集群）运行并汇报结果，负责每个具体任务的实际物理调度。

（7）Job（作业）：一个 Job 包括多个 RDD 及作用于相应 RDD 上的各种操作。

（8）Stage（阶段）：是 Job 的基本调度单位，一个 Job 会分为多组 Task，每组 Task 被称为阶段，也被称为任务集。

Spark 运行架构由 Cluster Manager（集群管理器）、Worker Node（工作节点）、Executor（执行进程）、Driver Program（任务控制节点）、Application（应用程序）组成。

1. Cluster Manager（集群管理器）

Cluster Manager 是 Spark 的集群管理器，主要负责对整个集群资源进行分配和管理，管理集群中的 Worker Node 的计算资源，它能跨应用从底层调度集群资源，可以让多个应用分享集群资源并运行在同一个 Worker Node 上。根据部署模式的不同，Cluster Manager 可以分为以下三种。

（1）Hadoop YARN：主要指 YARN 中的 ResourceManager。YARN 是 Hadoop 2.0 中引入的集群管理器，它可以让多种数据处理框架运行在一个共享的资源池上，让 Spark 运行在配置了 YARN 的集群上，利用 Yarn 管理资源。

（2）Apache Mesos：主要指 Mesos Master。Mesos 起源于美国加州大学伯克利分校的 AMP 实验室，是一个通用的集群管理器。它能够将 CPU、内存、硬盘及其他计算资源从设备（物理或虚拟）中抽象出来，形成一个池的逻辑概念，从而实现高容错与弹性分布式系统的轻松构建与高效运行。

（3）Standalone：主要指 Standalone Master。Standalone Master 是 Spark 原生的资源管理器，由 Master 负责资源的分配。

2. Worker Node（工作节点，简称 Worker）

Worker 用于执行提交的作业。在 YARN 部署模式下，Worker 由 NodeManager 代替，提供 CPU、内存、存储资源，Worker 把 Spark 应用看作分布式进程，并在集群节点上执行。

Worker 的作用如下。

（1）通过注册机制向 Cluster Master 汇报自身的 CPU 和 memory 等资源。

（2）在 Master 的指示下创建并启动 Executor，Executor 是执行真正计算的"苦力"。

（3）将资源和任务进一步分配给 Executor。

（4）同步资源信息和 Executor 状态信息并返回给 Cluster Master。

3．Executor（执行进程）

Executor 是真正执行计算任务的组件。Executor 是某个 Application 运行在 Worker 上的一个进程，该进程负责运行某些 Task，并且负责将数据存到内存或磁盘上，每个 Application 都有各自独立的一批 Executor，Executor 的生命周期和创建它的 Application 一样。也就是说，一旦 Spark 应用结束，那么它创建的 Executor 也将结束。

4．Driver Program（任务控制节点，简称 Driver）

Drive 是 Application 的驱动程序。可以将 Driver 理解为使程序运行的 main 函数，它会创建 SparkContext。Application 通过 Driver 与 Cluster Master 和 Executor 进行通信。Driver 可以运行在 Application 中，也可以由 Application 提交给 Cluster Master，然后由 Cluster Master 安排 Worker 运行，Spark 将在 Worker 上执行这些代码。一个 Driver 可以在 Spark 集群上启动一个或多个 Job。

5．Application（应用程序）

用户使用 Spark API 编写的应用程序包括一个 Driver 功能的代码和分布在集群中多个节点上运行的 Executor 代码。Application 通过 Spark API 创建 RDD，对 RDD 进行转换，创建 DAG，并通过 Driver 将 Application 注册到 Cluster Master 上。Application 就是 spark-submit 提交的 Spark 应用程序。

了解了以上几个概念之后，下面对 Spark 的架构进行具体介绍。Spark 运行架构如图 11.1 所示。

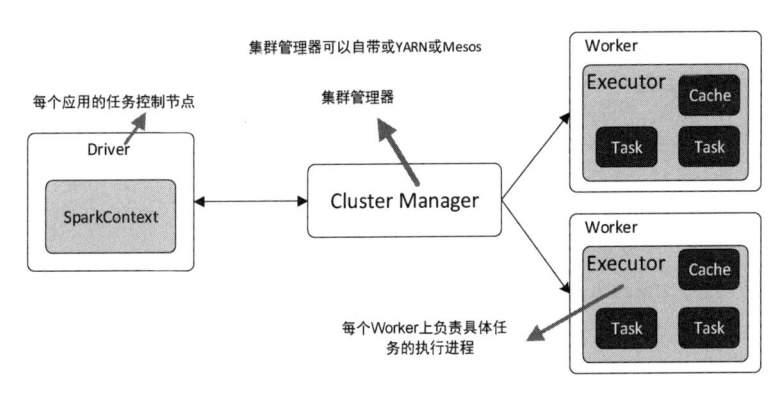

图 11.1 Spark 运行架构

Spark 运行架构的特点如下。

（1）Executor 专属：每个 Application 都有自己专属的 Executor，并且该进程在 Application 运行期间一直驻留，Executor 以多线程的方式运行 Task。

（2）支持多种资源管理器：Spark 与资源管理器无关，只要能够获取 Executor 并保持互相通信就可以了。

（3）按移动程序而非移动数据的原则执行：Task 采用数据本地性和推测执行等优化机制。

与 Hadoop MapReduce 计算框架相比，Spark 采用的 Executor 有以下两个优点。

（1）利用多线程执行具体任务，可以降低任务的开销。

（2）Executor 中有一个 BlockManager 存储模块，它会将内存和磁盘共同作为存储设备，当需要进行多轮迭代计算时，可以将中间结果存储到这个存储模块中，在下次需要时，就可以直接读取该存储模块里的数据，而不需要重新读取 HDFS 等文件系统了，因而有效地降低了 I/O 开销。

11.2　Spark 的工作原理

Spark 的基本运行流程如图 11.2 所示。

（1）提交一个 Spark 应用，构建一个 Spark Application 运行环境。

（2）由 Driver 创建一个 SparkContext 对象，进行资源的申请、任务的分配和监控。

（3）Cluster Marager 给 Executor 分配资源并启动 Executor，Executor 发送心跳（运行情况）至 Cluster Marager。

（4）SparkContext 根据 RDD 的依赖关系构建 DAG。

（5）将构建的 DAG 提交给 DAG Scheduler，然后将其解析成 Stage（TaskSet）。

（6）将 Stage（TaskSet）提交给底层调度器 Task Scheduler 处理。

（7）Executor 向 SparkContext 注册并申请 Task。

（8）Task Scheduler 将 Task 发送给 Executor 运行并提供应用程序代码。

（9）Task 在 Executor 上运行并把执行结果反馈给 Task Scheduler，然后反馈给 DAG Scheduler，运行完后写入数据并释放所有资源。

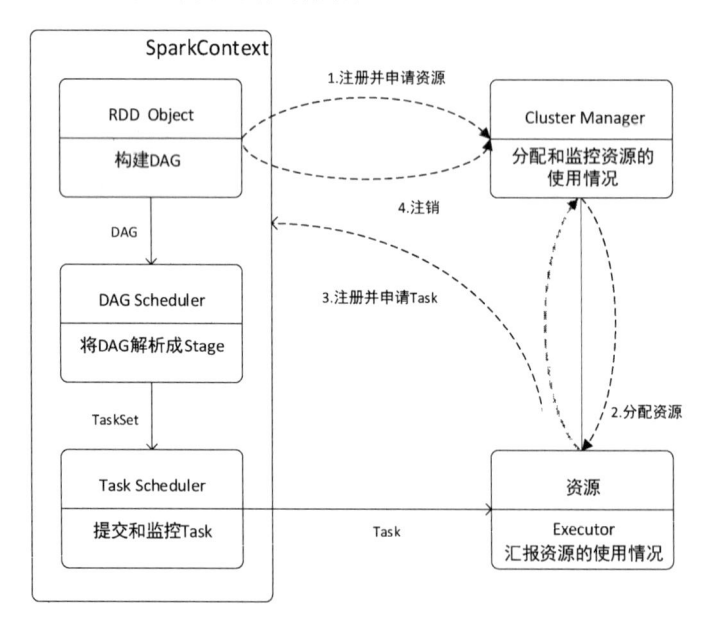

图 11.2　Spark 的基本运行流程

下面我们对其中的一些流程进行详细的介绍。

1．RDD 的依赖关系

在 RDD 中，不同的操作会使不同的 RDD 分区之间产生不同的依赖关系。DAG Scheduler 会根据 RDD 之间的依赖关系把 DAG 分为若干阶段。RDD 中的依赖关系分为窄依赖和宽依赖，二者的区别在于是否包含 shuffle 操作，shuffle 操作涉及数据的重新分发，会产生大量的磁盘 I/O 和较高的网络开销。RDD 的依赖关系如图 11.3 所示。

协同划分是指多个父 RDD 的某一分区的所有键（key）均落在子 RDD 的同一分区内，而不会发生同一个父 RDD 的某一分区的所有键落在子 RDD 的两个分区内的情况。

窄依赖表现为一个父 RDD 的分区对应一个子 RDD 的分区，或者多个父 RDD 的分区对应一个子 RDD 的分区，对输入进行协同划分。

宽依赖表现为存在一个父 RDD 的一个分区对应一个子 RDD 的多个分区，对输入进行非协同划分。

总体而言，如果父 RDD 的一个分区只被一个子 RDD 的一个分区使用就是窄依赖，否则就是宽依赖。典型的窄依赖有 map、filter、union；典型的宽依赖有 groupByKey、sortByKey。

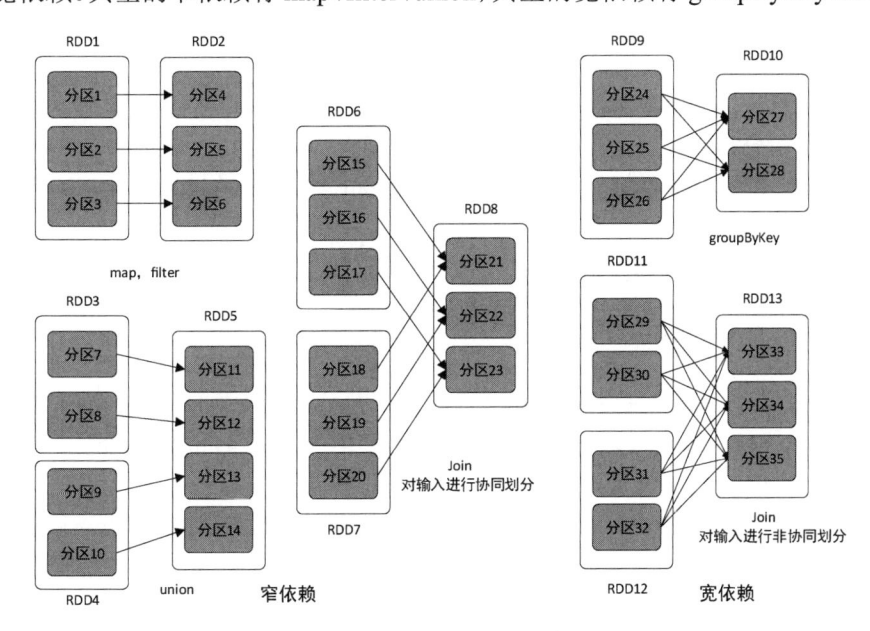

图 11.3　RDD 的依赖关系

2．构建 DAG

Spark 的计算发生在 RDD 的 Action 操作中，对于 Action 之前的所有 Transformation，Spark 只会记录下 RDD 的生成轨迹，而不会触发真正的计算。Spark 内核会在需要计算发生的时刻绘制一张关于计算路径的 DAG。

3．将 DAG 划分为 Stage 核心算法

Stage 的划分依据就是宽依赖。Spark 内核从触发 Action 操作的那个 RDD 开始从后往前推，首先为最后一个 RDD 创建一个 Stage，然后继续倒推，当发现对某个 RDD 是宽依赖时，就为宽依赖的那个 RDD 创建一个新的 Stage，该 RDD 就是新的 Stage 的最后一个 RDD。然后依次类推，继续倒推，根据窄依赖或宽依赖进行 Stage 的划分，直到所有的 RDD 全部遍历完成。

结合之前介绍的 Spark 的基本运行流程，再总结一下 RDD 在 Spark 架构中的运行过程。

（1）创建 RDD 对象。

（2）SparkContext 负责计算 RDD 之间的依赖关系，构建 DAG。

（3）DAG Scheduler 负责把 DAG 分解成多个 Stage，每个 Stage 中包含多个 Task，每个 Task 会被 Task Scheduler 分发给各个 Worker 上的 Executor 去执行。

11.3 Scala 的安装部署

11.3.1 Scala 简介

Scala 是一种现代的多范式编程语言,旨在以简练、优雅及类型安全的方式表达常用的编程模式。它平滑地集成了面向对象和函数语言的特性。Scala 的名称来自"Scalable Language",即可伸展的语言。Scala 运行在 JVM 虚拟机上并兼容现有的 Java 程序,因此,Scala 代码可以调用 Java 方法、访问 Java 字段、继承 Java 类、实现 Java 接口。

Scala 语言具有以下特征。

(1)Java 和 Scala 可以无缝混编,因此它们都运行在 JVM 虚拟机上。
(2)类型推测(自动推测类型),不用指定类型。
(3)并发和分布式(Actor,类似于 Java 多线程 Thread)。
(4)Trait(特征),类似于 Java 中 Interfaces 和 Abstract 的结合。
(5)模式匹配,类似于 Java Switch。
(6)高阶函数(函数的参数是函数,函数的返回是函数),可进行函数式编程。

11.3.2 Scala 的安装

Scala 于 2004 年 1 月公开发布 Scala 1.0 版本,目前仍处于快速发展阶段,每隔几个月就会有新的版本发布。从 Spark 2.0 版本开始,就都采用 Scala 2.11 进行编译。本书选用 2017 年 4 月发布的 Scala 2.11.8 版本。

由于 Scala 运行在 JVM 虚拟机上,所以只要安装相应的 JVM 虚拟机,所有操作系统就都可运行 Scala 程序了,包括 Windows、Linux、UNIX、Mac OS 等。下面以 Linux 为例来介绍 Scala 的安装。

首先解压 Scala 安装包到指定路径,将它的 bin 目录配置到 PATH 环境变量中,然后运行 scala-version 查看是否安装成功,最后使用 scala 命令进入 Scala REPL(Read Eval Print Loop,交互式解释器)。

详细安装过程如下。

1. 解压 Scala 压缩文件并重命名

本实验使用的是 Scala 2.11.8 版本,可以在官网 https://downloads.lightbend.com/scala/2.11.8/scala-2.11.8.tgz 下载。所有下载好的安装包都需放到/opt/software 目录下,因此,将 scala-2.11.8.tgz 放到/opt/software 目录下,解压 scala 到/usr/local/src 文件夹中,并将解压的 scala-2.11.8 目录重命名为 scala:

```
[hadoop@master ~]$ tar -zxvf
/opt/software/scala-2.11.8.tgz -C
/usr/local/src/
```

其中,tar-zxvf 是解压命令:

```
[hadoop@master ~]$ mv
/usr/local/src/scala-2.11.8/  /usr/local/src/scala
```

其中,mv 是移动文件或目录的命令。

2. 修改 scala 目录的用户权限

如果在实验的一开始就已经对目录/urs/local/src 赋予了 hadoop 用户权限,则该步骤可略过，否则，就需要对重命名的 scala 目录进行用户权限修改，以便后续 hadoop 用户对该目录进行相关操作。具体命令如下：

```
[hadoop@master ~]$ sudo chown -R
hadoop:hadoop /usr/local/src/scala
```

执行以上命令，即可完成用户权限的修改。其中，chown 是修改用户权限的命令。

3．配置环境变量

因为每次启动 Scala Shell 都需要进入/usr/local/src/scala/bin 目录下，否则，会提示无法识别 scala 命令的信息。因此，只要在~/.bashrc 文件中配置 Scala 的环境变量，就可以在任意位置启动 Scala Shell 进行交互式编程了。打开~/.bashrc 文件的命令如下：

```
[hadoop@master ~]$ vi ~/.bashrc
```

通过键盘输入字母 i 或 o 进入编辑模式，在文件中加入如下内容：

```
export SCALA_HOME=/usr/local/src/scala
export PATH=$PATH:$SCALA_HOME/bin
```

然后按 Esc 键退出编辑模式，并通过键盘输入":wq"以进行内容的保存并退出，最后使.bashrc 文件生效，即可完成 Scala 的环境配置。

```
[hadoop@master ~]$ source ~/.bashrc
```

4．验证 Scala 是否安装成功

当配置了环境变量后，就可以直接在任意路径输入命令 scala-version 以验证 Scala 是否安装成功，否则就需要按如下步骤来验证：

```
[hadoop@master ~]$ cd /usr/local/scr/scala/bin
```

进入 bin 目录，然后输入以下命令：

```
[hadoop@master ~]$ scala -version
```

执行上述命令可以查看 Scala 的版本，运行结果如下：

```
Scala code runner version 2.11.8 -- Copyright 2002-2016, LAMP/EPFL
```

输入 scala，进入 Scala REPL：

```
[hadoop@master ~]$scala
scala>
```

退出 Scala Shell 的命令为：

```
scala>:q
```

执行上述命令即可退出 Scala Shell 交互编程界面。

11.4 安装 Spark

11.4.1 Spark 模式介绍

Spark 有以下四种模式。

（1）本地（local）模式：Spark 单机运行，一般用于开发测试。

（2）Standalone 模式：使用 Spark 自带的资源调度框架搭建一个由 Master+Slave 构成的 Spark 集群。

（3）Spark on YARN 模式：使用 YARN 集群调度资源，不需要额外构建 Spark 集群，分布式存储依赖 HDFS。

（4）Spark on Mesos 模式：使用 Mesos 调度资源，因为 Spark 这个框架在开发设计的

时候充分考虑了对 Mesos 的充分支持，因此，Spark 运行在 Mesos 上会更加灵活自然。Spark 官方推荐此模式。

四种模式各有利弊，需要根据实际情况决定采用哪种模式：若只测试 Spark Application，则可以选择 local 模式；小规模计算集群可以选择 Standalone 模式；当需要统一管理集群资源时，可以选择 Spark on YARN 模式或 Spark on Mesos 模式。本节主要介绍 Spark on YARN 模式。

YARN 是一种新的 Hadoop 资源管理器，它是一个通用资源管理系统，可为上层应用提供统一的资源管理和调度功能。YARN 分层结构的本质是 ResourceManager，这个实体控制整个集群并管理应用程序向基础计算资源的分配。ResourceManager 将各个资源部分（计算、内存、带宽等）精心安排给基础 NodeManager（YARN 的节点代理）。YARN 主要涉及以下几个角色。

① RM：ResourceManager（资源管理者），全局只有一个，统一管理集群资源。

② NM：NodeMananger（节点管理者），分布在每个节点上，向 RM 汇报节点的信息。

③ AM：ApplicationMaster（应用程序管理者），负责和 NM 交付申请 Container 的分配任务，并收集结果。

Spark on YARN 有以下两种接口模式。

1. Client 模式（见图 11.4）

Client 模式是指 Driver［初始 SC（SparkContext）与 SqlContext 程序］运行在 Client 上，应用程序运行结果在 Client 上显示，适合所有运行结果有输出的应用程序（spark-shell），其运行流程如下。

（1）Driver 向 YARN 的 RM 申请启动 AM，RM 接受申请后选择一个 NM 以分配 Container，并在 Container 中启动 AM。

（2）Driver 运行在 Client 中，初始化 SparkContext。

（3）SparkContext 初始化完成后会与 AM 通信，通过 AM 向 RM 申请 Container，AM 通知 NM 在获得的 Container 中启动 Executor。

（4）SparkContext 分配 Task 给 Executor，Executor 发送运行状态给 Driver。

（5）应用程序运行完成后，Client 的 SparkContext 向 RM 申请注销并关闭自己。

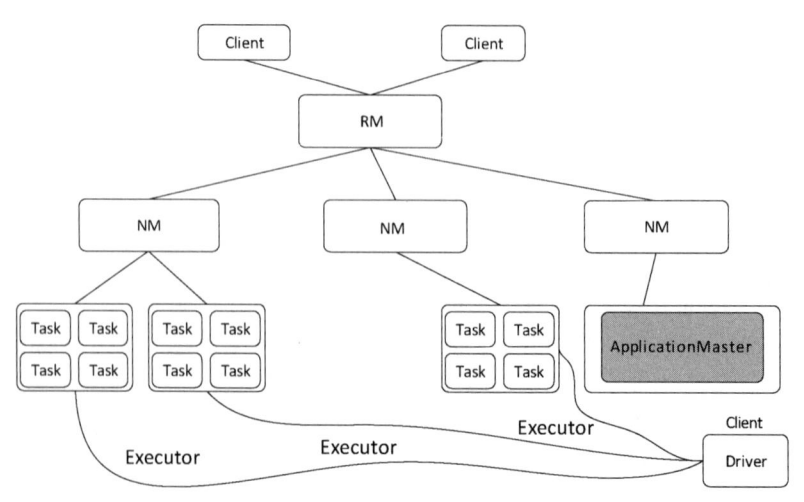

图 11.4　Client 模式

2. Cluster 模式（见图 11.5）

Cluster 模式是指 Driver 程序在 YARN 中运行（由 RM 随机分配 Driver），应用的运行结果不能在 Client 中显示。Cluster 模式的运行流程如下。

（1）Client 向 YARN 提交申请。

（2）RM 接受申请后在集群中选择一个 NM 以分配 Container，并在 Container 中启动 AM 进程。

（3）在 AM 中初始化 SparkContext。

（4）AM 向 RM 申请到 Container 后会通知 NM 在获得的 Container 中启动 Executor。

（5）SparkContext 分配 Task 给 Executor，Executor 发送运行状态给 Driver。

（6）应用程序运行完成后，AM 向 RM 申请注销并关闭自己。

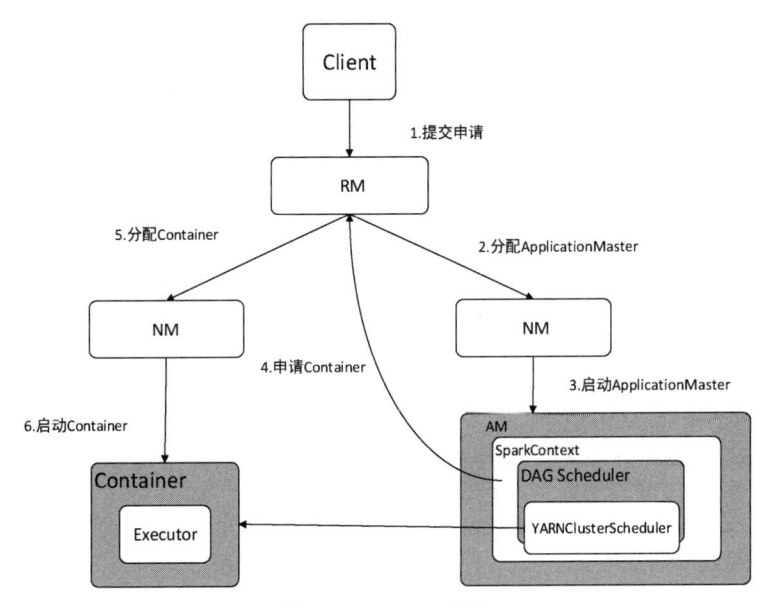

图 11.5 Cluster 模式

两种模式的区别如下。

（1）运行位置不同：Client 模式下的 Driver 运行在 Client 中；Cluster 模式下的 Driver 运行在 AM 中。

（2）Client 模式适合交互和调试，可以直接看到日志；Cluster 模式的日志需要登录到某个节点才可以看到，适合生产环境。

（3）Driver 会和 Executor 进行通信，因此，在 Client 模式下，Client 连接断开，任务就结束了；在 Cluster 模式下，Client 连接断开，任务不受影响，继续运行。因此，在 Cluster 模式下提交 Application 后，可以关闭 Client。

11.4.2 Spark 的安装部署

因为我们安装部署的是 Spark on YARN 模式，所以需要提前安装部署好 JDK 和 Hadoop HA 集群。在 Spark on YARN 模式下，三个节点都是平等的，没有 master 和 slave 之说，只是多了提交节点。

下面对 Spark 进行安装部署。

1. 在 master 主节点上解压 Spark 安装包

本实验使用的版本是 Spark 2.0.0，在官网下载。本实验的 Spark 包已经放到了 /opt/software 目录下，将 Spark 包解压到/usr/local/src 下的命令（该命令可以在任意路径执行）为：

```
[hadoop@master ~]$ tar -zxvf /opt/software/spark-2.0.0-bin-hadoop2.7.gz -C /usr/local/src
```

2. Spark 解压后的重命名操作

解压 Spark 安装包到/usr/local/src 目录下，解压后的目录名为spark-2.0.0-bin-hadoop2.7，将其重命名为 spark 的命令为：

```
[hadoop@master ~]$ mv /usr/local/src/spark-2.0.0-bin-hadoop2.7/ /usr/local/src/spark
```

3. 修改 spark 目录的用户权限

同样，如果在实验的一开始就已经对目录/urs/local/src 赋予了 hadoop 用户权限，则该步骤可略过，否则，需对重命名的 spark 目录进行用户权限修改，便于后续 hadoop 用户对该目录进行相关操作，在终端执行以下命令：

```
[hadoop@master ~]$ sudo chown -R hadoop:hadoop /usr/local/src/spark
```

4. 配置环境变量

每次启动 Spark Shell 都需要进入/usr/local/src/spark/bin 目录，否则，会提示无法识别 spark-shell 命令的信息。因此，在~/.bashrc 文件中配置 Spark 的环境变量，这样就可以在任意位置启动 Spark Shell 进行交互式编程了。打开~/.bashrc 文件的命令如下：

```
[hadoop@master ~]$ vi ~/.bashrc
```

通过键盘输入字母 i 或 o 进入编辑模式，在文件中加入如下内容：

```
export SPARK_HOME=/usr/local/src/spark
export PATH=$PATH:$SPARK_HOME/bin:$PATH
```

然后按 Esc 键退出编辑模式，并通过键盘输入":wq"以进行内容的保存并退出，最后使修改过的.bashrc 文件生效，命令为：

```
[hadoop@master ~]$ source ~/.bashrc
```

5. 修改 spark-env.sh 文件

由于要建立 Spark 与 Hadoop 之间的连接，因此需要修改 Spark 参数：进入 Spark 的配置文件目录 conf，将已有的文件 spark-env.sh.template 复制出来并命名为 spark-evn.sh。具体命令如下：

```
[hadoop@master ~]$ cp /usr/local/src/spark/conf/spark-env.sh.template /usr/local/src/spark/conf/spark-env.sh
```

进入 Spark 的配置文件 spark-env.sh，命令为：

```
[hadoop@master conf]$ vi /usr/local/src/spark/conf/spark-env.sh
```

将下面的内容加入 spark-env.sh 文件中：

```
export JAVA_HOME=/usr/local/src/jdk
export HADOOP_HOME=/usr/local/src/hadoop
export SCALA_HOME=/usr/local/src/scala
```

```
export SPARK_MASTER_IP=master
export SPARK_MASTER_PORT=7077
export HADOOP_CONF_DIR=
/usr/local/src/hadoop/etc/hadoop
export SPARK_YARN_USER_ENV="CLASSPATH=
/usr/local/src/hadoop/etc/hadoop"
export YARN_CONF_DIR=/usr/local/src/hadoop/etc/hadoop
```

其中，HADOOP_CONF_DIR 说明了 Hadoop 相关配置信息的目录。HADOOP_CONF_DIR 和 JAVA_HOME 都是必需的。

6．配置 slaves 文件

在 master 节点上安装好 Spark 后，需建立 master 节点与 slave1 节点和 slave2 节点的连接关系，因此需将 Spark 中的 conf 目录下的 slaves.template 文件重命名为 slaves，执行命令为：

```
[hadoop@master conf]$ cp
/usr/local/src/spark/conf/slaves.template
/usr/local/src/spark/conf/slaves
```

然后通过 vi 编辑器进入 slaves 文件，并将文件中的内容修改为以下内容：

```
master
slave1
slave2
```

其中，master、slave1、slave2 分别为主节点名和两个从节点的名称。

然后按 Esc 键退出编辑模式，并通过键盘输入":wq"以进行保存并退出。

7．复制环境变量

将 master 主节点上的 Spark 安装目录和.bashrc 环境变量复制到两个从节点上，命令如下：

```
[hadoop@master spark]$ scp -r
/usr/local/src/spark/ hadoop@slave1:/usr/local/src/
[hadoop@master spark]$ scp -r
/usr/local/src/spark/ hadoop@slave2:/usr/local/src/
[hadoop@master spark]$ scp ~/.bashrc hadoop@slave1:~/.bashrc
[hadoop@master spark]$ scp ~/.bashrc hadoop@slave2:~/.bashrc
```

其中，scp 是节点之间复制文件的命令；hadoop@slave1 是指 slave1 节点上的 hadoop 用户。

8．在 slave1 节点和 slave2 节点上分别安装 Spark

将两个从节点上目录为/usr/local/src/spark 的用户权限修改为 hadoop，分别在 slave1 节点和 slave2 节点上执行以下命令：

```
[hadoop@slave1 spark]$ chown -R
hadoop:hadoop /usr/local/src/spark/
[hadoop@slave2 spark]$ chown -R
hadoop:hadoop /usr/local/src/spark/
```

9．启动 Hadoop 集群

在三个节点上启动 ZooKeeper 服务，命令如下：

```
[hadoop@master spark]$ cd /usr/local/src/zookeeper/bin/
[hadoop@master bin]$ ./zkServer.sh start
[hadoop@slave1 spark]$ cd /usr/local/src/zookeeper/bin/
[hadoop@slave1 bin]$ ./zkServer.sh start
```

```
[hadoop@slave2 spark]$ cd /usr/local/src/zookeeper/bin/
[hadoop@slave2 bin]$ ./zkServer.sh start
```

在 master 节点上启动 Hadoop 集群，命令如下：

```
[hadoop@master spark]$ cd /usr/local/src/hadoop/sbin/
[hadoop@master sbin]$ ./start-all.sh
```

10. 以集群模式运行 SparkPi 实例程序

在 master 节点上运行 SparkPi 实例程序，命令如下：

```
[hadoop@master spark]$ cd /usr/local/src/spark/
[hadoop@master spark]$ ./bin/spark-submit
--class org.apache.spark.examples.SparkPi
--master yarn
--deploy-mode client
examples/jars/spark-examples_2.11-2.0.0.jar 40
```

在运行结果中找到 Pi 值：

```
20/07/04 05:48:48 INFO scheduler.DAGScheduler: Job 0 finished:
reduce at SparkPi.scala:38, took 3.866892 s
Pi is roughly 3.141053785263446
```

使用 YARN 集群管理资源，在 master 节点上打开浏览器，访问 http://master:8088 以显示 YARN 的信息，可以看到我们运行的 SparkPi 实例程序，如图 11-6 所示。

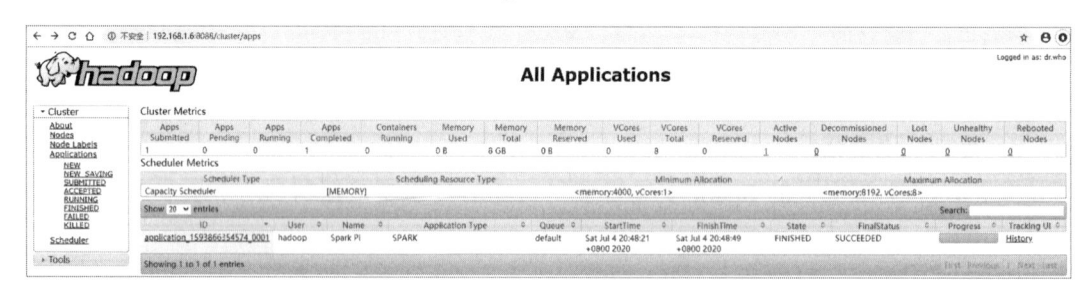

图 11.6　在 master 节点上用浏览器查看 YARN 的信息

11.5 修改 Spark 参数

11.5.1 Spark 属性

Spark 应用程序的运行是通过外部参数来控制的，参数的设置正确与否会直接影响应用程序的性能，进而影响整个集群的性能。参数控制有以下几种方式。

（1）参数可以直接在 SparkConf 上设置，通过 set()方法传入键值对，然后传递给 SparkContext。例如：

```
val conf =
new SparkConf().setMaster("local[2]").setAppName("test")
.set("spark.cores.max", "10")
val sc = new SparkContext(conf)
```

（2）动态加载 Spark 属性。不对应用程序的名称和集群方式等属性进行硬编码。需要通过 spark-submit 命令添加必要的参数：通过--conf 标志，并在后面以键值对的形式传入属性参数。例如：

```
./bin/spark-submit
```

```
--name "My app"
--master local[4]
--conf spark.eventLog.enabled=false
-conf "spark.executor.extraJavaOptions=
-XX:+PrintGCDetails -XX:+PrintGCTimeStamps" myApp.jar
```

（3）在${SPARK_HOME}conf/spark-defaults.conf 中定义必要的属性参数，当启动 Spark 时，SparkContext 会自动加载此配置文件的属性。例如：

```
spark.master            spark://192.168.1.6:8080
spark.executor.memory   4g
spark.eventLog.enabled  true
spark.serializer        org.apache.spark.serializer.KryoSerializer
```

一切外部传给 Spark 应用程序的属性参数最终都会与 SparkConf 里定义的值结合。Spark 加载属性参数的优先顺序如下。

（1）直接在 SparkConf 中设置的属性参数。

（2）通过 spark-submit 或 spark-shell 方式传递的属性参数。

（3）spark-defaults.conf 配置文件中的属性参数。

既然有顺序之分，就说明优先级高的参数会覆盖优先级低的参数。

绝大多数属性都有合理的默认值。Spark 常用的属性及其作用如表 11.1 所示。

表 11.1　Spark 常用的属性及其作用

属 性 名	属 性 作 用
spark.driver.cores	在 Cluster 模式下，用几个 core 运行 Driver 进程
spark.driver.cores	Drive 进程可以用的内存总量
spark.executor.memory	单个 Executor 使用的内存总量
spark.local.dir	Spark 的本地临时目录，包括 map 输出的临时文件，或者 RDD 存在磁盘上的数据。这个目录最好保存在本地文件系统中，这样读/写速度快

11.5.2　环境变量

有些 Spark 设置需要通过环境变量来设定，这些环境变量可以在 ${SPARK_HOME}/conf/spark-env.sh 脚本中设置。如果是独立部署或 Mesos 模式，那么这个文件可以指定机器的相关信息（如 hostname），在运行本地 Spark 应用时，会引用这个文件。Spark 常用环境变量如表 11.2 所示。

表 11.2　Spark 常用环境变量

环 境 变 量	含 义
JAVA_HOME	Java 的安装目录
SCALA_HOME	Scala 的安装目录
HADOOP_HOME	Hadoop 的安装目录
HADOOP_CONF_DIR	Hadoop 集群的配置文件的目录
SPARK_LOCAL_IP	本地绑定的 IP
PYSPARK_PYTHON	Driver 和 Worker 上使用的是 Python 二进制可执行文件
PYSPARK_DRIVER_PYTHON	仅在 Driver 上使用的 Python 二进制可执行文件（默认是 PYSPARK_PYTHON）
SPARKR_DRIVER_R	SparkR shell 使用的 R 二进制可执行文件（默认是 R）

11.5.3 Spark 日志

Spark 使用 Log4j 方式记录日志。可以在 conf 目录下用 log4j.properties 来配置。只需复制该目录下已有的 log4j.properties.template 并改名为 log4j.properties 即可。

11.5.4 覆盖配置目录

默认 Spark 配置目录是${SPARK_HOME}/conf，也可以通过 ${SPARK_CONF_DIR}指定其他目录。Spark 会从这个目录中读取配置文件，如 spark-defaults.conf、spark-env.sh、log4j.properties 等。

11.6 Spark Shell 编程

11.6.1 Spark Shell 概述

执行 Spark 任务有两种方式：一种方式是 spark-submit；另一种方式是 spark-shell。当生产部署与发布时通常使用 spark-submit 脚本进行提交（./bin 目录下）。

Spark Shell 的本质是在后台调用 spark-submit 脚本启动应用程序，当启动一个 Spark Shell 时，Spark Shell 已经预先创建好了一个 SparkContext 对象，其变量名为 sc。如果再新建一个 SparkContext 对象，那么它将不会运行下去。我们可以使用--master 标记指定以何种方式连接集群，也可以使用--jars 标记添加 jar 包到 CLASSPATH 中，多个 jar 包之间以逗号分隔。

Spark Shell 的常用参数如下。

--master：指定 master 节点，如 YARN。

--deploy-mode：Cluster 或 Client。

--executor-memory：每个执行节点所需的内存。

--total-executor-cores：集群用到的 CPU 核数。

对于 spark-shell 的其他标记，通过执行 spark-shell --help 获取。

11.6.2 Spark Shell 操作

在介绍 Spark Shell 操作之前，需要先了解一下 RDD，它是 Spark 的核心类成员，贯穿 Spark 编程的始终。RDD 有两种类型的操作，分别为 Transformation（返回一个新的 RDD）和 Action（返回 values）。Transformation 根据已有 RDD 创建新的 RDD 数据集，其操作如表 11.3 所示；Action 在 RDD 数据集运行计算后返回一个值或将结果写入外部存储中，其操作如表 11.4 所示。

表 11.3　Transformation 操作

操作	说明
map(func)	对调用 map 的 RDD 数据集中的每个数据都使用 func，返回一个新的 RDD，这个返回的数据集是分布式的数据集
filter(func)	对调用 filter 的 RDD 数据集中的每个数据都使用 func，返回一个包含使 func 为 true 的元素构成的 RDD

续表

操 作	说 明
flatMap(func)	与 map 相似，但是 flatMap 生成的是多个结果
sample(withReplacement,faction,seed)	抽样
union(otherDataset)	返回一个新的数据集，其中包含源数据集中的元素和参数的并集
distinct([numTasks])	返回一个新的数据集，其中包含源数据集的不同元素
groupByKey(numTasks)	在(K,V)对的数据集上调用时返回(K,Iterable <V>)对的数据集
reduceByKey(func,[numTasks])	用一个给定的 reduce func 作用在 groupByKey 产生的(K,Seq[V])，如求和、求平均数
sortByKey([ascending],[numTasks])	按照 key 进行排序，ascending 是 boolean 类型，决定升序和降序

表 11.4　Action 操作

操 作	说 明
reduce(func)	使用函数 func（该函数接收两个参数并返回一个）聚合数据集的元素。该函数应该是可交换的和可关联的，以便可以并行正确地计算它
collect()	一般在 filter 或结果足够小的时候用 collect 封装返回一个数组
count()	返回的是数据集的元素数
first()	返回的是数据集中的第一个元素
take(n)	返回前 n 个元素
takeSample(withReplacement,num,seed)	抽样返回一个数据集中的 num 个元素，随机种子为 seed
saveAsTextFile（path）	把数据集写到一个 text-file 或 HDFS 中，或者 HDFS 支持的文件系统中，Spark 把每条记录都转换为一行记录，然后写到 text-file 中
saveAsSequenceFile(path)	只能用在键值对上，然后生成 SequenceFile 并写到本地或 Hadoop 文件系统中
countByKey()	返回的是 key 对应的个数的一个 map，作用于一个 RDD
foreach(func)	对数据集中的每个元素都使用 func

了解了以上操作之后，我们可以进行以下的简单操作。

1．在 YARN 集群管理器上运行 spark-shell

在三个节点上启动 ZooKeeper，命令如下：

```
[hadoop@master spark]$ cd /usr/local/src/zookeeper/bin/
[hadoop@master bin]$ ./zkServer.sh start
[hadoop@slave1 spark]$ cd /usr/local/src/zookeeper/bin/
[hadoop@slave1 bin]$ ./zkServer.sh start
[hadoop@slave2 spark]$ cd /usr/local/src/zookeeper/bin/
[hadoop@slave2 bin]$ ./zkServer.sh start
```

在 master 节点上启动 Hadoop 集群，命令如下：

```
[hadoop@master spark]$ cd /usr/local/src/hadoop/sbin/
[hadoop@master sbin]$ ./start-all.sh
```

在 YARN 集群管理器上启动 spark-shell，命令如下：

```
[hadoop@master sbin]$ spark-shell --master yarn --deploy-mode client
```

2．通过加载文件新建一个 RDD

Spark Shell 默认读取 HDFS 中的文件，因此需要先上传该文件到 HDFS 中，否则会有以下报错信息：

```
[hadoop@master spark]$ hadoop fs -put README.md /
```

通过加载 README.md 文件新建一个 RDD（textFile 从 HDFS 中读取数据）：
```
scala> val textFile=sc.textFile("/README.md")
```

3. 对 RDD 进行 Action 操作和 Transformation 操作

使用 Action 操作中的 first()和 count()两种方法：
```
scala> textFile.first()          #查看 textFile 中的第一条数据
scala> textFile.count()          #统计 textFile 中的单词总数
```

使用 Transformation 转换操作，运行代码如下：
```
scala> val wordcount=
textFile.flatMap(line=>line.split(" "))
.map(word=>(word,1)).reduceByKey(_+_)
```

将数据集 map 之后的内容进行扁平化操作，将分割开的单词和 1 构成元组。其中，reduceByKey(_+_)是 reduceByKey((x,y)=>x+y)的简化写法，寻找相同 key 的数据，当找到这样的两条记录时，对其 value 求和，不指定将两个 value 存入 x 和 y 中，只保留求和之后的数据并将其作为 value。反复执行，直至每个 key 只留下一条记录。以上四种方式等价。

然后通过 collect()方法将远程数据通过网络传输到本地并进行词频统计：
```
scala> wordcount.collect()
```

collect()方法得到的结果是一个 list，然后可以通过 foreach()方法遍历 list 中的每个元组数据并返回其结果：
```
scala> wordcount.foreach(println)
```

注意： 在 Spark Shell 交互式编程环境下，如果代码一行放不下，则可以在圆点后换行，在下一行继续输入。

4. 结束之后退出 Spark Shell

执行以下命令退出 Spark Shell：
```
scala> :q
```

11.7 Spark 的基本管理

Spark 和 Hadoop 一样，利用 Web UI 界面进行 Spark 的基本管理和调优。在进行单机调试管理时，可以直接查看 master:4040，但需要有 Spark 运行程序。在集群模式下，可以通过 Spark 日志服务器 master:18080 查看 Spark 的运行情况。因此，在集群模式下，需要配置日志服务器，步骤如下：

（1）在/usr/local/src/spark 下创建一个文件夹：
```
[hadoop@master spark]$ cd /usr/local/src/spark
[hadoop@master spark]$ mkdir historydic
```

（2）配置 spark-default.conf：
```
spark.eventLog.enabled              true
spark.eventLog.dir                  /usr/local/src/spark/histortdic
spark.history.fs.logDirectory       /usr/local/src/spark/histortdic
spark.yarn.historyServer.address    master:18080
```

将 spark.eventLog.enabled 设置为 true，表示开启日志记录。

spark.eventLog.dir 表示存储日志的地址，Application 在运行过程中，所有的日志均存于该目录下，一般设置为 hdfs 路径，也可以设置为本地路径。

spark.history.fs.logDirectory 的配置和 spark.eventLog.dir 的配置保持一致，Spark 历史服务器只展示该路径下的信息。

spark.yarn.historyServer.address 用来设置历史服务器的 IP 端口。

（3）修改 spark-env.sh。

在原来的 spark-env.sh 文件的基础上添加如下配置：

```
export
SPARK_HISTORY_OPTS="-Dspark.history.retainedApplications=15"
```

spark.history.retainedApplications 用来设置历史服务器显示的 Application 历史记录个数，如果超过这个值，则旧的应用程序信息将被删除。

（4）启动日志服务器：

```
[hadoop@master spark]$ cd /usr./local/src/spark/sbin
[hadoop@master sbin]$ ./ start-history-server.sh
```

Spark 日志服务器主页如图 11.7 所示。

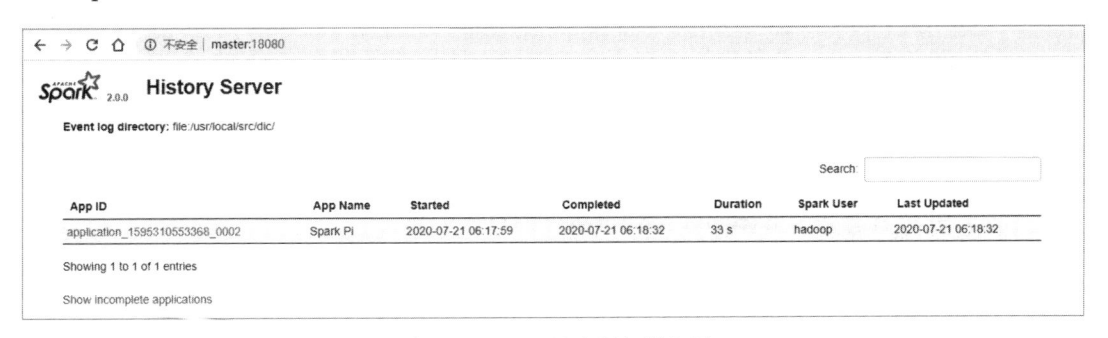

图 11.7　Spark 日志服务器主页

进入其中的历史应用程序查看任务的详细信息，如图 11.8 所示。

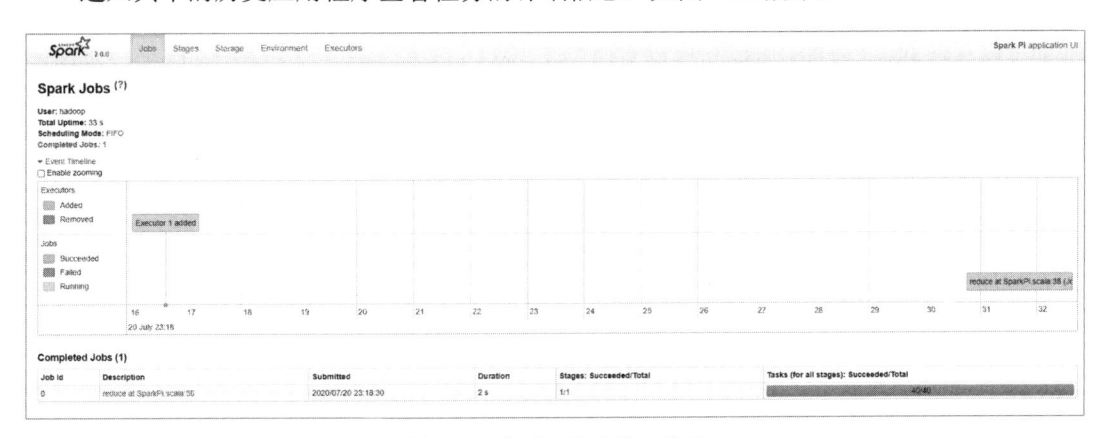

图 11.8　查看任务的详细信息

在图 11.8 中，Jobs 代表 Job 页面，在里面可以看到当前应用分析出来的所有任务，以及所有 Executor 中 Action 的执行时间。

① User：Spark 任务提交的用户，进行权限控制与资源分配。

② Total Uptime：Spark Application 总的运行时间。

③ Scheduling Mode：Application 中任务的调度策略，由参数 spark.scheduler.mode 设置，可选的参数有 FAIR 和 FIFO，默认是 FIFO。

④Completed Jobs：已完成 Job 的基本信息。

⑤Event Timeline：在 Application 应用运行期间，对 Job 和 Executor 的增加与删除事件进行图形化的展现。

阶段（Stage）是按照宽依赖区分的，因此，其在粒度上要比 Job 更细一些，在 Job Detail 页面单击某个 Stage 后，可以查看某一 Stage 的详细信息，包括以下几项。

  a．Total time across all tasks：当前 Stage 中所有 Task 花费的时间总和。

  b．Locality Level Summary：不同本地化级别下的任务数，本地化级别是指数据与计算间的关系。

  c．Input Size/Records：输入数据的字节数/记录条数。

  d．Shuffle Write：为下一个依赖的 Stage 提供输入数据，在 Shuffle 过程中通过网络传输的数据字节数/记录条数。

  e．DAG Visualization：当前 Stage 中包含的详细的 Transformation 操作流程图。

  f．Metrics：当前 Stage 中所有 Task 的一些指标统计信息。

  g．Event Timeline：清楚地展示在每个 Executor 上，包括各个 Task 的各个阶段的时间统计信息，可以清楚地看到 Task 的时间是否有明显倾斜，以及倾斜的时间主要是属于哪个阶段，从而有针对性地进行优化。

  h．Aggregated Metrics by Executor：将 Task 运行的指标信息按 Executor 进行聚合后的统计信息，并可查看某个 Executor 上任务运行的日志信息。

  i．Tasks：当前 Stage 中所有任务运行的明细信息，是与 Event Timeline 中的信息对应的文字展示。

Storage 代表 Storage 页面，在此可以看出应用目前使用了多少缓存、有哪些 RDD 被缓存了。Environment 展示了当前 Spark 依赖的环境，如 JDK、Lib 等。Executors 提供了关于内存、CPU 和其他被 Executors 使用的资源的信息，这些信息在 Executor 级别和汇总级别都可以获取到。一方面，通过它可以看出每个 Executor 是否发生了数据倾斜；另一方面，通过它可以具体分析目前的应用是否产生了大量的 Shuffle，是否可以通过数据的本地性或减小数据的传输来减少 Shuffle 的数据量。另外，Executors 中涉及两个概念：Summary 表示该 Application 运行过程中使用 Executor 的统计信息；Executors 表示每个 Executor 的详细信息（包含 Driver）。

我们可以根据在 Spark UI 中看到的内容，对提交的任务的参数进行修改。例如，减少 Executor 数和 Executor Core 数，这样可以提高 Spark 的工作效率，从而对 Spark 进行良好的管理和优化。

11.8　本章小结

本章内容包括 Spark 的概述与架构、Spark 的工作原理、Scala 的安装部署、安装 Spark、修改 Spark 参数、Spark Shell 编程及 Spark 的基本管理。

第四部分　大数据平台优化

第 12 章 Linux 系统优化

学习目标

- 掌握 Linux 系统常用优化工具的使用方法。
- 掌握 Swap 分区及内存分配策略的修改方法。
- 掌握对 Linux 系统网络性能进行优化的方法。
- 掌握 Linux 系统磁盘的基本优化方法。
- 掌握 Linux 文件系统的基本优化方法。
- 掌握 Linux 系统预读缓冲区的优化方法。

系统的性能是指操作系统完成任务的有效性、稳定性和响应速度。影响 Linux 系统性能的因素有系统硬件资源、操作系统相关资源和应用程序软件资源。本章会介绍操作系统方面的性能调优,涉及优化工具、系统内存、系统网络、系统磁盘、文件系统及系统缓冲区等内容。

12.1 Linux 系统优化工具

在 Linux 系统中,有很多命令可以查看服务器的负载和资源占用情况。常用的命令有 free、top、iostat、vmstat、uptime 等,本书重点介绍 free 命令和 top 命令。

12.1.1 free 命令

free 命令用于显示内存的使用情况,包括物理内存、交换内存和内核缓冲区中的内存。使用 free -h 命令,系统会返回以下结果:

```
[hadoop@master ~]$ free -h
              total        used        free      shared  buff/cache   available
Mem:           3.7G        692M        2.4G          9M        658M        2.9G
Swap:          3.9G          0B        3.9G
```

free 参数说明如表 12.1 所示。

表 12.1 free 参数说明

参　　数	Mem	Swap
total	系统总的可用物理内存大小	系统总的交换空间大小
used	已经被使用的物理内存总量	已经被使用的交换空间总量
free	物理内存可用总量	交换空间可用总量
shared	被共享使用的物理内存大小	—
buff/cache	被 buffer 和 cache 使用的物理内存大小	—
availavle	还可以被应用程序使用的物理内存大小	—

12.1.2 top 命令

top 命令是 Linux 系统常用的性能分析工具,它能够实时显示系统中各个进程的资源占用状况,类似于 Windows 的任务管理器。

top 命令显示系统当前的进程和其他状况,是一个动态显示过程。如果在前台执行该命令,那么它将独占前台,直到用户终止该程序。比较准确地说,top 命令提供实时对系统处理器的状态进行监视的功能。它将显示系统中 CPU 最 "敏感" 的任务列表。该命令可以按 CPU 使用情况、内存使用情况和任务执行时间对任务进行排序,而且该命令的很多特性都可以通过交互式命令或在个人定制文件中进行设定。下面简单介绍 top 命令的使用方法。

在终端中输入 top,可以看到如下返回结果:

```
top - 01:06:48 up  1:22,  1 user,  load average: 0.06, 0.60, 0.48
Tasks:  29 total,   1 running,  28 sleeping,   0 stopped,   0 zombie
Cpu(s):  0.3% us,  1.0% sy,  0.0% ni, 98.7% id,  0.0% wa,  0.0% hi,  0.0% si,0.0%st
  Mem:    191272k total,    173656k used,     17616k free,     22052k buffers
  Swap:   192772k total,         0k used,    192772k free,    123988k cached
```

统计信息区前五行是系统整体的统计信息,第一行是任务队列信息,其参数详解如表 12.2 所示。

表 12.2 top 队列信息参数说明

参　　数	说　　明
01:06:48	当前时间
up 1:22	系统运行时间,格式为 "时:分"
1 user	当前登录用户数
load average: 0.06, 0.60, 0.48	分别代表系统在过去 1min、过去 5min、过去 15min 的 CPU 负载

第二行为进程信息,其参数详解如表 12.3 所示。

表 12.3 top 进程信息参数说明

参　　数	说　　明
total	进程总数
running	正在运行的进程数
sleeping	睡眠的进程数
stopped	停止的进程数
zombie	僵尸进程数

第三行为 CPU 信息,当有多个 CPU 时,这些内容可能会超过两行,其参数详解如表 12.4 所示。

表 12.4　top 的 CPU 信息参数说明

参数	说明
us	用户空间占用 CPU 的百分比
sy	内核空间占用 CPU 的百分比
ni	用户进程空间内改变过优先级的进程占用 CPU 的百分比
id	空闲 CPU 百分比
wa	等待输入/输出的 CPU 时间百分比
hi	硬中断占用 CPU 的百分比
si	软中断占用 CPU 的百分比
st	虚拟机占用 CPU 的百分比

最后两行为内存信息，在 12.1.1 节中已经介绍了 free 命令，因此这里不再对内存参数进行介绍，其参数含义与 free 命令中的参数含义相同。

12.2　优化 Linux 系统的内存

12.2.1　将 hadoop 用户添加到 sudo 组中

hadoop 用户本身不具有 root 权限，因此，要使用 hadoop 用户对 Linux 系统进行优化。首先要把 hadoop 用户加入 sudo 组中，在 CentOS 下将用户加入 sudo 组中，这里需要使用 root 用户修改 sudoers 文件中的内容。

sudoers 文件默认对所有用户都是只读状态，因此，我们要首先给 root 用户添加修改 sudoers 文件的权限，具体步骤如下：

```
[hadoop@master /]$ su root #切换到 root 用户
[root@master hadoop]#chmod u+w /etc/sudoers #为文件添加可写权限
[root@master hadoop]#vi /etc/sudoers #修改 sudoers 文件
```

然后找到 ALL=(ALL)　ALL 这一行，并在其后添加如下内容：

```
hadoop ALL=(ALL) ALL #为 hadoop 用户添加 sudo 权限
```

最后去除 sudoers 文件的可写权限：

```
[root@master hadoop]sudo chmod u-w /etc/sudoers #去除 sudoers 文件的可写权限
```

12.2.2　避免使用 Swap 分区

Swap 是磁盘上的一个区域，它既可以是一个分区也可以是一个文件，或者是二者的组合。简单点说，当系统物理内存不够时，Linux 系统会将内存中不常访问的数据保存到 Swap 分区上，这样系统就有更多的物理内存为各个进程服务了；当系统需要访问 Swap 分区上存储的内容时，Linux 系统会将 Swap 分区上的数据加载到内存中，这就是我们常说的 swap out 和 swap in（见图 12.1），但是这种行为会大大降低进程的执行效率。在 MapReduce 分布式计算环境中，用户完全可以通过控制每个作业处理的数据量和每个任务运行过程中用到的缓冲区大小来避免使用 Swap 分区。因此，在理想的状态下，集群上的应用都不应该使用 Swap 分区，尤其是 DataNodes。

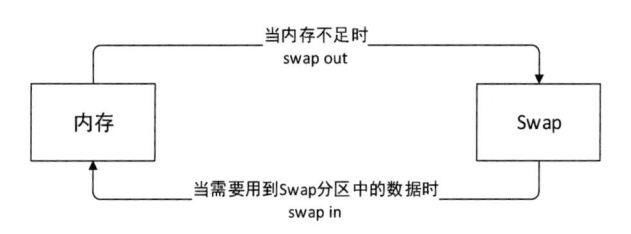

图 12.1　Swap 分区示意图

在默认情况下，大多数 Linux 系统的 vm.swappiness 参数值会被设置为 60，即当内存使用量达到系统内存的一半左右时，操作系统会相当频繁地使用磁盘上的交换文件。如果将 vm.swappiness 参数值设置为 0，则表示除非内存不足，Linux 系统将避免使用 Swap 分区；若将其设置为 100，则表示操作系统会立即将程序切换到磁盘中。

因为磁盘的读/写速度远远低于内存的读/写速度，所以我们要避免使用 Swap 分区。具体方法是调整/etc/sysctl.conf 文件中的 vm.swappiness 参数。vm.swappiness 参数的有效范围是 0～100，参数值越高，表示内核将会更加频繁地将应用程序中的数据交换到磁盘中；参数值越低，表示内核将会延迟这种行为。

Linux 系统的管理员可以将以下设置添加到/etc/sysctl.conf 文件中以更改系统的 vm.swappiness 参数值：

```
vm.swappiness = 1
```

管理员必须重新启动服务器或执行 sysctl -p 指令才能使新的 vm.swappiness 参数设置生效。至于将 vm.swappiness 参数值设置多低，没有特别明确的强制规定，Cloudera 专家建议将其设置为 1。如果你的服务器的内存大小是 256GB，并且你确定你的程序永远不会内存不足（OOM，Out Of Memory），则可以将该值设置为 0。

12.2.3　脏页配置优化

脏页是 Linux 系统内核中的概念，因为硬盘的读/写速度远赶不上内存的读/写速度，所以系统就把读/写比较频繁的数据事先放到内存中，以提高读/写速度，这称为高速缓存。Linux 系统以页作为高速缓存的单位，当进程修改高速缓存里的数据时，该页就会被内核标记为脏页，内核将会在合适的时间把脏页中的数据写到磁盘中，以保持高速缓存中的数据和磁盘中的数据是一致的，如图 12.2 所示。

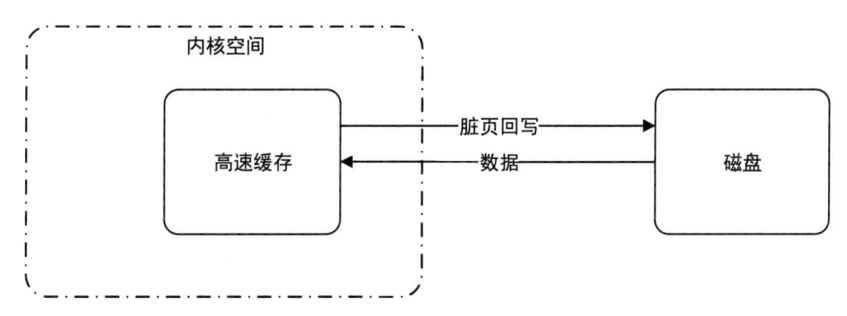

图 12.2　脏页示意图

可以通过 sysctl -a | grep dirty 命令查看脏页的相关配置信息，具体步骤如下：

```
[hadoop@master ~]$ sysctl -a | grep dirty
vm.dirty_background_bytes = 0
vm.dirty_background_ratio = 10 #内存可以填充"脏数据"的百分比
```

```
vm.dirty_bytes = 0
vm.dirty_expire_centisecs = 3000 #指定脏数据能存活的时间
vm.dirty_ratio = 30 #脏数据百分比的绝对限制值
vm.dirty_writeback_centisecs = 500 #指定pdflush/flush/kdmflush进程的执行间隔
```

以下是对返回参数含义的简单说明。

（1）vm.dirty_background_ratio：内存可以填充脏数据的百分比。例如，操作系统的内存大小为 10GB，vm.dirty_background_ratio 的参数值为 10，则会有 1GB 的脏数据可以被写入内存中，超过 1GB 的部分就会交由 pdflush/flush/kdmflush 等后台系统进行清理。

（2）vm.dirty_ratio：内存中脏数据百分比的绝对限制值，即系统内存中脏数据的百分比不能超过这个值。如果脏数据的百分比超过了该参数的限制，那么新的 I/O 请求将会被阻挡，直到脏数据被写进磁盘。这是造成 I/O 卡顿的重要原因，但这也是保证内存中不会存在过量脏数据的保护机制。

（3）vm.dirty_background_bytes 和 vm.dirty_bytes：指定 vm.dirty_background_ratio 和 vm.dirty_ratio 的另一种方法。如果设置 _bytes 版本，则 _ratio 版本将变为 0，反之亦然。

（4）vm.dirty_expire_centisecs：指定内存中脏数据能存活的时间（以 s 为单位）。当 pdflush/flush/kdmflush 等进程执行时，系统会检查是否有脏数据超过 vm.dirty_expire_centisecs 参数指定的时限，如果有，则会把这些数据异步地写入磁盘中，毕竟数据在内存里存放太久也会有丢失的风险。

（5）vm.dirty_writeback_centisecs：指定 pdflush/flush/kdmflush 等进程的执行周期（以 s 为单位）。

脏页会被冲刷到磁盘上，调整内核对脏页的处理方式可以让我们从中获益。日志片段一般应保存在快速磁盘上，不管是单个快速磁盘（如 SSD），还是具有 NVRAM 缓存的磁盘子系统（如 RAID）。因为这样一来，在后台刷新进程将脏页写入磁盘之前，可以减少脏页的数量。要实现这种效果，可以通过设置 vm.dirty_backgroud_ratio 的参数值小于 10 来实现，通常情况下设置为 5 即可。但是 vm.dirty_backgroud_ratio 的参数值不应该被设置为 0，因为那样会促使内核频繁地刷新页面，从而降低内核为底层设备的磁盘写入提供缓冲的能力。通过设置 vm.dirty_ratio 参数可以增加被内核进程刷新到磁盘之前的脏页数量，可以将该参数设置为大于 20 的值，该值可设置的范围很广，60~80 是一个比较合理的区间。不过调整该参数会带来一些风险，包括增加未刷新磁盘操作的数量和同步刷新引起的长时间的 I/O 等待。有时系统需要应对突如其来的高峰数据，脏页可能会拖慢磁盘。因此，在这种情况下需要容许更多的脏数据写入内存中，让后台进程慢慢地通过异步方式将数据写回磁盘，具体步骤如下：

首先使用 vi 打开 sysctl.conf 文件，然后在文件的末尾添加以下两个参数：

```
vm.dirty_background_ratio = 5
vm.dirty_ratio = 80
```

保存退出后使用 sysctl -p 命令使参数生效，如果返回值为我们所添加的两个参数，则说明修改成功。

完成相关修改后，后台进程在脏数据达到内存占比的 5% 时就会开始进行异步清理操作，但在脏数据未达到内存占比的 80% 之前，系统不会强制同步回写磁盘，这样可以使 I/O 变得更加平滑。

12.3 优化 Linux 系统网络

12.3.1 关闭 Linux 防火墙

在 CentOS 系统中，防火墙是默认开启的。一般来说，大数据平台都搭建在内网上，并且多台服务器之间的通信可能会被防火墙拦截而造成不必要的错误，因此需要将其关闭并设置为开机不自启动状态。

（1）使用命令 sudo systemctl status firewalld 查看防火墙的状态，可以看到防火墙处于运行状态 active(running)：

```
● firewalld.service - firewalld - dynamic firewall daemon
   Loaded: loaded (/usr/lib/systemd/system/firewalld.service; disabled;
vendor preset: enabled)
   Active: active (running) since Tue 2020-07-07 00:36:11 PDT; 5s ago
     Docs: man:firewalld(1)
 Main PID: 12618 (firewalld)
   CGroup: /system.slice/firewalld.service
           └─12618 /usr/bin/python -Es /usr/sbin/firewalld --nofork --nopid
```

（2）使用命令 sudo systemctl stop firewalld 关闭防火墙，并使用命令 sudo systemctl status firewalld 查看防火墙是否关闭，如下内容显示防火墙为 loaded 状态，说明防火墙已经成功关闭：

```
● firewalld.service - firewalld - dynamic firewall daemon
   Loaded: loaded (/usr/lib/systemd/system/firewalld.service; disabled;
vendor preset: enabled)
   Active: inactive (dead)
     Docs: man:firewalld(1)
```

（3）使用命令 sudo systemctl disable firewalld 可以禁止开机启动防火墙。

12.3.2 禁用 IPv6

IPv6 被认为是 IPv4 的替代产品，用以解决现有 IPv4 地址空间即将耗尽的问题。但由于大数据集群一般运行在内网中，所以几乎用不到 IPv6，且 Hadoop 目前仅支持 IPv4 的网络环境。因此，开启 IPv6 功能会造成系统资源的浪费，由此我们可以考虑将其禁用，具体步骤如下。

可以通过编辑/etc/sysctl.conf 文件并在文件末尾添加以下参数实现：

```
net.ipv6.conf.all.disable_ipv6=1
```

然后使用 sysctl -p 命令使配置生效，以此来禁用 IPv6。

12.3.3 修改 somaxconn 参数

somaxconn 参数规定系统中每个端口的最大的监听队列的长度，它是全局参数，默认值为 128，限制每个端口接收新 TCP 连接侦听队列的大小。对于一个经常处理新连接的高负载 Web 服务环境来说，默认的参数值（128）太小，因此在大多数环境中，建议将该值增大至 1024 或更大。修改 somaxconn 参数的具体步骤如下。

（1）在终端中输入 sudo vi /etc/sysctl.conf，如果在该文件中已经存在以下参数，则修改该参数为 32768，否则手动添加该参数：

```
net.core.somaxconn
```

（2）在终端中输入命令 sudo sysctl -p，如果返回值如下所示，则表明配置生效：

```
net.core.somaxconn=32768
```

12.3.4 Socket 读/写缓冲区的调优

每个 Socket 被创建后，系统都会为其分配两个缓冲区，即输入缓冲区和输出缓冲区，如图 12.3 所示。write()/send()函数并不会立即向网络中传输数据，而是先将数据写入缓冲区中，再由 TCP 协议将数据从缓冲区发送到目标机器。一旦将数据写入了缓冲区，函数就可以返回成功，不管数据是否到达了目标机器，也不管数据何时被发送到网络中，这些都是 TCP 协议负责的事情。TCP 协议独立于 write()/send()函数，因此数据有可能刚被写入缓冲区就被发送到网络中，也有可能在缓冲区中不断积压，从而造成多次写入的数据被一次性发送到网络中，这取决于设备当前的网络情况、当前线程是否空闲等诸多因素，不由程序员控制。read()/recv()函数也是如此，它们从输入缓冲区中读取数据，而不是直接从网络中读取数据。因此，修改 Socket 读/写缓冲区的大小可以显著提升网络的传输性能。

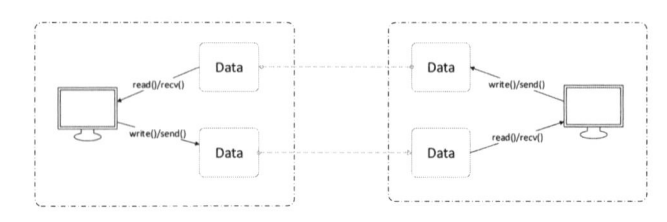

图 12.3　TCP 套接字的 I/O 缓冲区示意图

具体修改 Socket 读/写缓冲区内存大小的步骤如下。

（1）设置 TCP 数据发送窗口的大小为 256KB：

```
[hadoop@master ~]$sudo sysctl -q net.core.wmem_default
[hadoop@master ~]$echo " net.core.wmem_default =256960" >> /etc/sysctl.conf
[hadoop@master ~]$sudo sysctl -p #使配置生效
```

如果返回值如下所示，则表明配置生效：

```
net.core.wmem_default =256960
```

（2）设置 TCP 数据接收窗口的大小为 256KB：

```
[hadoop@master ~]$sudo sysctl -q net.core.rmem_default
[hadoop@master ~]$echo "net.core.rmem_default =256960" >> /etc/sysctl.conf
[hadoop@master ~]$sudo sysctl -p #使配置生效
```

如果返回值如下所示，则表明配置生效：

```
net.core.rmem_default =256960
```

（3）设置最大的 TCP 数据发送缓冲区的大小为 2MB：

```
[hadoop@master ~]$sysctl -q net.core.wmem_max
[hadoop@master ~]$echo "net.core.wmem_max=2097152" >> /etc/sysctl.conf
[hadoop@master ~]$sudo sysctl -p #使配置生效
```

如果返回值如下所示，则表明配置生效：

```
net.core.wmem_max =2097152
```

（4）设置最大的 TCP 数据接收缓冲区的大小为 2MB：

```
[hadoop@master ~]$sysctl -q net.core.rmem_max
[hadoop@master ~]$echo "net.core.rmem_max=2097152" >> /etc/sysctl.conf
[hadoop@master ~]$sudo sysctl -p #使配置生效
```

如果返回值如下所示，则表明配置生效：

```
net.core.rmem_max =2097152
```

注意：最大值并不意味着每个 Socket 一定要有这么大的缓冲空间，只是说在必要的情况下才会达到这个值。

12.3.5　iperf 网络测试工具

iperf 是一个网络性能测试工具。它可以测试最大 TCP 和 UDP 带宽性能，具有多种参数和 UDP 特性，可以根据需要调整。

安装及使用 iperf 网络测试工具的具体步骤如下。

（1）使用命令 sudo tar -zxvf iperf-3.1.1-source.tar.gz 解压安装包，然后进入解压出来的文件夹。

（2）因为解压出来的是源代码，所以需要先进行编译再安装，依次执行命令 sudo ./configure、sudo make、sudo make install 即可成功安装 iperf。

（3）要测试两台服务器之间的网络传输速度，首先要保证在两台服务器上均成功安装了 iperf 测试工具；然后在一台服务器上使用命令 iperf3 -s 以开启测试端口，如果看到返回结果为 Server listening on 5201，则说明开启成功。

（4）在另外一台服务器上使用命令 iperf3 -c（需要发送数据的服务器的 IP 地址）进行测试。

具体返回结果如下：

```
Connecting to host 192.168.1.6, port 5201
[  4] local 192.168.1.7 port 53084 connected to 192.168.1.6 port 5201
[ ID] Interval           Transfer     Bandwidth       Retr  Cwnd
[  4]   0.00-1.00   sec   499 MBytes  4.19 Gbits/sec    0   1.13 MBytes
[  4]   1.00-2.00   sec   526 MBytes  4.41 Gbits/sec    0   1.20 MBytes
[  4]   2.00-3.00   sec   604 MBytes  5.06 Gbits/sec    0   1.33 MBytes
[  4]   3.00-4.00   sec   596 MBytes  5.00 Gbits/sec    0   1.41 MBytes
[  4]   4.00-5.00   sec   591 MBytes  4.96 Gbits/sec    0   1.46 MBytes
[  4]   5.00-6.00   sec   608 MBytes  5.10 Gbits/sec    0   1.50 MBytes
[  4]   6.00-7.00   sec   601 MBytes  5.04 Gbits/sec    0   1.53 MBytes
[  4]   7.00-8.00   sec   588 MBytes  4.93 Gbits/sec    0   1.56 MBytes
[  4]   8.00-9.00   sec   600 MBytes  5.04 Gbits/sec    0   1.57 MBytes
[  4]   9.00-10.00  sec   590 MBytes  4.95 Gbits/sec    0   1.59 MBytes
- - - - - - - - - - - - - - - - - - - - - - - - - - -
[ ID] Interval           Transfer     Bandwidth       Retr
[  4]   0.00-10.00  sec  5.67 GBytes  4.87 Gbits/sec    0           sender
[  4]   0.00-10.00  sec  5.66 GBytes  4.86 Gbits/sec                receiver

iperf Done.
```

这里，我们测试了 IP 地址为 192.168.1.7 的服务器和 IP 地址为 192.168.1.6 的服务器之间的网络传输速度，在返回结果中，Bandwidth 参数的值就是两台服务器之间的网络传输速度。

12.4　优化 Linux 系统磁盘

12.4.1　I/O 调度器的选择

主流的 Linux 系统发行版本自带很多可供选择的 I/O 调度器。在数据密集型应用中，不同的 I/O 调度器的性能表现差异较大，管理员可根据自己应用的特点选用合适的 I/O 调度器。目前，主流 Linux 系统发行版本使用三种 I/O 调度器：DeadLine、CFQ、Noop。

1. DeadLine I/O 调度器

DeadLine 翻译成中文是截止时间，通常来说，DeadLine I/O 调度器适用于大多数环境，特别是写入数据较多的文件服务器。从原理上来看，DeadLine I/O 调度器是一种以提高机械硬盘吞吐量为出发点的调度算法，尽量保证在有 I/O 请求达到最终期限的时候进行调度，非常适合业务比较单一且 I/O 压力比较重的业务，如 Web 服务器、数据库应用等。DeadLine I/O 调度器工作示意图如图 12.4 所示。

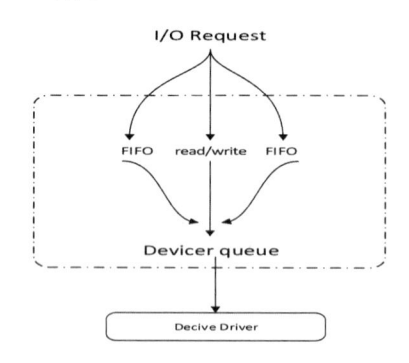

图 12.4　DeadLine I/O 调度器工作示意图

2. CFQ I/O 调度器

CFQ 为所有进程分配等量的带宽，其适用于有大量进程的多用户系统。CFQ 是一种以进程为出发点考虑的调度算法，保证进程之间的 I/O 调度尽量公平，为所有进程分配等量的带宽，适合桌面多任务及多媒体应用。CFQ I/O 调度器工作示意图如图 12.5 所示。

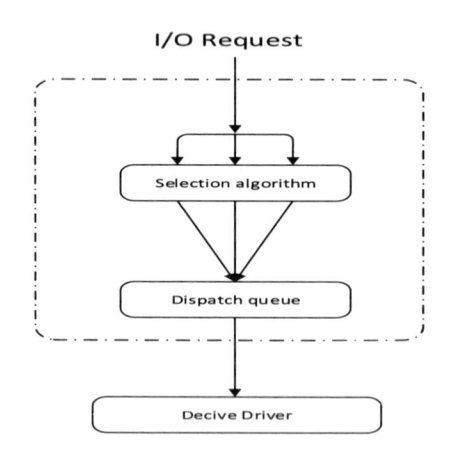

图 12.5　CFQ I/O 调度器工作示意图

3. Noop I/O 调度器

Noop 对闪存设备和嵌入式系统来说是最好的选择。因此，如果服务器为固态硬盘，则最好选用 Noop I/O 调度器，DeadLine I/O 调度器次之，CFQ I/O 调度器的效率最低。

查看 Linux 系统的 I/O 调度器一般分为两部分：一部分是查看 Linux 系统整体使用的 I/O 调度器；另一部分是查看某磁盘使用的 I/O 调度器。

查看当前系统支持的 I/O 调度器可使用如下命令：

```
[hadoop@master ~]$sudo dmesg | grep -i scheduler
[    0.799759] io scheduler noop registered
```

```
[    0.799761] io scheduler deadline registered (default)
[    0.799772] io scheduler cfq registered
```
查看某块硬盘的 I/O 调度器可使用如下命令：
```
[hadoop@master ~]$cat /sys/block/sda/queue/scheduler
noop [deadline] cfg
```
可以看到当前硬盘中的 I/O 调度器为 DeadLine。

下面仅介绍如何修改 I/O 调度器为 Noop 的方法，要修改为其他调度器的方法一样，可以根据自己的需求选择最适合的 I/O 调度器。

（1）临时修改当前 I/O 调度器：
```
[hadoop@master ~]$sudo chmod o+wr /sys/block/sda/queue/scheduler
#给用户添加权限
[hadoop@master ~]$echo noop > /sys/block/sda/queue/scheduler
[hadoop@master ~]$cat /sys/block/sda/queue/scheduler #查看当前I/O调度器
[noop] deadline cfq
```
可以看到，I/O 调度器已经被修改了，但是这种修改方式只能临时生效，如果服务器重启，那么修改会失效。最后在终端中输入以下命令来回收用户权限：
```
[hadoop@master ~]$sudo chmod o-wr /sys/block/sda/queue/scheduler #回收用户权限
```
（2）永久修改当前 I/O 调度器：
```
[hadoop@master ~]$sudo grubby --update-kernel=ALL --args="elevator=noop"
[hadoop@master ~]$cat /sys/block/sda/queue/scheduler #查看当前I/O调度器
[noop] deadline cfq
```

12.4.2 禁止记录访问时间戳

在默认情况下，Linux 文件系统在文件被访问、创建、修改时会记录下文件的一些时间戳，如文件创建时间、最近一次修改时间和最近一次访问时间，这在绝大部分场合中都是没有必要的。因为系统在运行时要访问大量文件，所以如果能减少一些动作（如减少时间戳的记录次数等），则会显著提高磁盘的 I/O 效率、提升文件系统的性能。如果遇到机器的 I/O 负载高或 CPU Wait 高的情况，则可以尝试使用 noatime 和 nodiratime 来禁止记录最近一次访问时间戳。可以使用以下方式来禁止记录访问时间戳。

首先，打开文件：
```
[hadoop@master ~]$sudo vi /etc/fstab
```
在 defaults 后面添加 ",noatime,nodiratime"，表示不记录文件访问时间。例如：
```
#
# /etc/fstab
# Created by anaconda on Wed May 20 01:10:47 2020
#
# Accessible filesystems, by reference, are maintained under '/dev/disk'
# See man pages fstab(5), findfs(8), mount(8) and/or blkid(8) for more info
#
UUID=9744bd7c-41db-47e8-b218-60f3a3d842f4 /                       xfs
defaults,noatime,nodiratime         0 0
UUID=c1d20982-23c1-4974-9643-27cccd72eaae /boot                   xfs
defaults        0 0
UUID=a1f33604-7437-4da0-b4ee-e08ef73bc514 swap                    swap
defaults        0 0
```
然后在终端中输入 mount -o remount /，这样就成功地禁止记录访问时间戳了。

12.5 优化 Linux 文件系统

12.5.1 增大可打开文件描述符的数目

Hadoop 集群中涉及的作业和任务数非常多，对于某个节点，由于操作系统内核在文件描述符和网络连接数目等方面的限制，大量的文件读/写操作可能导致作业运行失败，因此，管理员在启动 Hadoop 集群时，应使用 ulimit 命令将允许同时打开的文件描述符的上限增大至一个合适的值。此外，Hadoop RPC 采用 epoll 作为高并发库，如果你使用的 Linux 内核版本在 2.6.28 以上，那么需要适当调整 epoll 的文件描述符上限，具体修改步骤如下。

（1）在终端中输入以下内容：

```
[hadoop@master ~]$sudo vi /etc/security/limits.conf
```

（2）在文件中的#@student 和#End of file 中间添加以下内容：

```
#@student       -        maxlogins      4
* hard nofile 1048576
* soft nproc 1048576
* hard nproc 1048576
* soft memlock unlimited
* hard memlock unlimited
#End of file
```

（3）保存并退出。

下面对修改参数进行解读。

第一列表示用户和组。如果是"*"，则表示对所有用户或组进行限制。

第二列表示限制方式（软限制或硬限制）。当进程使用的资源超过软限制时，系统日志会有警告产生；当进程使用的资源达到硬限制时，无法继续使用更多的限制，甚至有的程序会直接抛出异常，如 MySQL 程序。

第三列表示限制的资源类型。例如，nofile 表示打开文件描述符的最大数目，memlock 表示最大锁定内存地址空间（单位为 KB），nporc 表示最大数量的进程，as 表示地址空间的限制（单位为 KB），cpu 表示最大 CPU 时间（单位为 min）等。这些在 limits.conf 配置文件中都有相应的说明。

第四列表示限制的最大值，即针对某个参数配置的具体数值。例如，"* soft nofile 1048576"，表示任何用户能打开的最大文件数量为 1048576。

需要注意的是，limits.conf 文件中配置的最大用户进程数受 20-nproc.conf 文件的影响。20-nproc.conf 文件的配置步骤如下。

① 在终端中输入 sudo vi /etc/security/limits.d/20-nproc.conf。
② 将第一列为"*"的用户的限制（4096）修改为 1048576。
③ 重启系统。
④ 在终端中输入 ulimit -u。

如果看到返回值为 1048576，则说明参数修改成功。

12.5.2 关闭 THP

Linux 系统下的大页分为两种类型：标准大页（Huge Pages，HP）和透明大页（Transparent Huge Pages，THP）。HP 是从 Linux Kernel 2.6 之后被引入的，目的是使用更大的内存页面，以适应越来越大的系统内存，让操作系统可以支持现代硬件架构的大页面容量功能。THP 是从 RHEL6 开始引入的一个功能。HP 和 THP 的区别在于大页的分配机制，HP 管理是预分配的方式；THP 管理是动态分配的方式。目前，THP 与 HP 混合使用可能会导致性能问题和系统重启问题。THP 是一个使用 HP 自动化的抽象层。它会引起 CPU 占用率增大，因此需要将其关闭。在默认情况下，Linux 系统默认开启 THP 功能，其状态为 always，因此需要将其调整为 never。具体步骤如下：

```
[hadoop@master ~]$cat /sys/kernel/mm/transparent_hugepage/enabled
[hadoop@master ~]$sudo vi /etc/default/grub
```

找到 GRUB_CMDLINE_LINUX 参数并修改为以下内容：

```
GRUB_CMDLINE_LINUX="crashkernel=auto rhgb transparent_hugepage=never"
```

使参数生效：

```
[hadoop@master ~]$sudo grub2-mkconfig -o /boot/grub2/grub.cfg #使参数生效
```

重启后，在终端中输入 cat /sys/kernel/mm/transparent_hugepage/enabled，查询 THP 的状态，如果看到返回值为以下内容，则说明修改成功：

```
always madvise [never]
```

12.5.3 关闭 SELinux

SELinux 是一种安全系统，其主要作用就是最大限度地减小系统中服务进程可访问的资源（最小权限原则）。SELinux 的具体工作流程如图 12.6 所示。

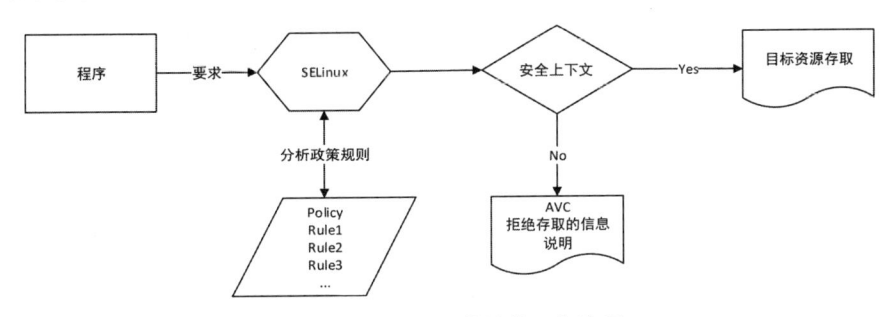

图 12.6　SELinux 的具体工作流程

但是对于大数据平台来说，SELinux 的存在是没有任何帮助的，而且它会占用相当一部分的系统资源，会拖慢系统的运行速度，因此应将其关闭，具体步骤如下。

（1）在终端中输入 getenforce，若显示 Enforcing，则说明 SELinux 服务已经启动；若显示 permissive，则说明 SELinux 服务已经关闭。

（2）在终端中输入 sudo vi /etc/selinux/config。

（3）将 SELINUX=enforcing 改为 SELINUX=disabled。

（4）重启后，在终端中输入/usr/sbin/sestatus -v，以查看 SELinux 的状态。

（5）如果显示 SELinus status:disable，则说明修改成功。

12.6　优化 Linux 系统预读缓冲区

由于磁盘 I/O 的速度相对较慢，所以如果一个进程的内存空间不足，那么它会将内存中的部分数据暂时写入磁盘中，当需要用到该部分数据时，再将这部分数据从磁盘写入内存中，这就是我们之前提到的 Swap。因此，要设置合理的预读缓冲区大小，以提高 Hadoop 里面大文件顺序读的性能，进而提高 I/O 性能。

磁盘 I/O 性能的发展远远滞后于 CPU 和内存的发展，因而成为现代计算机系统的一个主要瓶颈。预读可以有效地减少磁盘的寻道次数并缩短应用程序的 I/O 等待时间，增大 Linux 文件系统预读缓冲区的大小［默认为 256 个扇区（sectors），128KB］，可以明显提高顺序文件的读性能，建议将其调整到 1024sectors 或 2048sectors。管理员可使用 blockdev 工具设置预读缓冲区的大小，以此提高 Hadoop 中顺序文件的读性能。当然，也可以只为 Hadoop 系统本身增加预读缓冲区大小。

blockdev 工具允许从命令行调用区块设备控制程序，其常用参数如表 12.5 所示。

表 12.5 blockdev 工具的常用参数

参　数	说　明
--getra	读取设备的预读值
--getfra	读取文件系统预读值
--setfra FSREADAHEAD	设置文件系统预读值
--setra READAHEAD	设置设备预读值
--setbsz BLOCKSIZE	在使用文件描述符打开块设备时设置块的大小
--getioopt	获得最优 I/O 大小
--getiomin	读得最小 I/O 大小
--setro	设置设备为只读状态
--getro	读取设备是否为只读状态（成功为 1，0 为可读/写状态）
--setrw	设置设备为可读/写状态
--getss	打印设备的 Sectors 大小，也叫逻辑块大小，通常是 512B
--getpbsz	读取设备物理块大小，通常是 4096B
--getbsz	读取设备块大小，通常是 4096B
--getsize（-getsz）	打印设备的容量，按照一个 Sectors 为 512B 计算
--getsize64	打印设备的容量，以 B 为单位显示
--setra N	设置预读 Sectors（512B）为 N 个
--flushbufs	刷新缓存
--rereadpt	重读分区表

具体修改步骤如下：

```
[hadoop@master ~]$sudo blockdev --getra /dev/sda1 #查看当前预读值
8192
[hadoop@master ~]$sudo blockdev --setra 10240 /dev/sda1 #修改预读值为 10240
[hadoop@master ~]$sudo blockdev --getra /dev/sda1 #再次查看预读值
10240    #如果返回值为 10240，则说明修改成功
```

12.7　本章小结

本章主要介绍了 Linux 系统常用的系统优化工具的使用方法，讲解了如何从内存、网络、磁盘、文件系统及预读缓冲区方面对 Linux 系统进行性能调优。

第 13 章
HDFS 配置优化

> **学习目标**

- 掌握 HDFS 的基本原理。
- 掌握存储优化的方法。
- 掌握磁盘的 I/O 优化。
- 掌握节点通信的优化。

HDFS 和 MapReduce 是 Hadoop 框架最核心的部分，HDFS 为海量的数据提供了数据存储功能；MapReduce 为海量的数据提供了计算功能。HDFS 具有十分丰富的配置选项，几乎每个 HDFS 配置选项都具有默认值，但是一些涉及集群性能的配置选项的默认值都设置得相对保守。因此，根据实际业务的需求和服务器配置合理地设置这些选项可以有效提高 HDFS 的性能。本章主要介绍 HDFS 的基本原理、存储优化、磁盘 I/O 优化、节点通信优化等内容。

13.1 HDFS 概述

在实际业务使用过程中，当存储的数据集大小超过了一台独立的物理计算机的存储能力时，就需要将数据存储到若干台不同的物理计算机上。此时需要对这些独立的物理计算机进行管理，在这个管理网络中，跨多台计算机存储的文件系统被称为分布式文件系统（Distributed File System，DFS）。Hadoop 实现了一个分布式文件系统 HDFS（Hadoop Distributed File System），它可以部署在廉价的硬件上，以集群方式提供服务，从而达到较高的处理性能。HDFS 具有高容错性，它以流式数据访问模式存储超大文件，将数据分块存储在一个商业硬件集群内的不同机器上。

HDFS 的节点主要分为两大角色：NameNode 和 DataNode。其中，NameNode 负责管理整个文件系统的元数据；DataNode 负责管理用户的文件数据块。文件会按照固定大小被切成若干块（block），然后分别存储在若干 DataNode 上，每个文件块都可以有多个副本，并存放在不同的 DataNode 上。DataNode 会定期向 NameNode 汇报自身保存的文件块的信息，而 NameNode 则负责保持文件块的副本数量。但是 HDFS 内部工作机制对客户端节点来说是透明的，客户端请求访问 HDFS 都是通过向 NameNode 申请来进行的。

13.1.1　HDFS 写数据流程

客户端节点（Client Node）向 HDFS 写数据：首先与 NameNode 进行通信以确认可以写文件并获得接收文件块的 DataNode；然后客户端按顺序将 block 逐个传递给相应的 DataNode，并由接收到 block 的 DataNode 负责向其他 DataNode 复制 block 的副本，如图 13.1 所示。

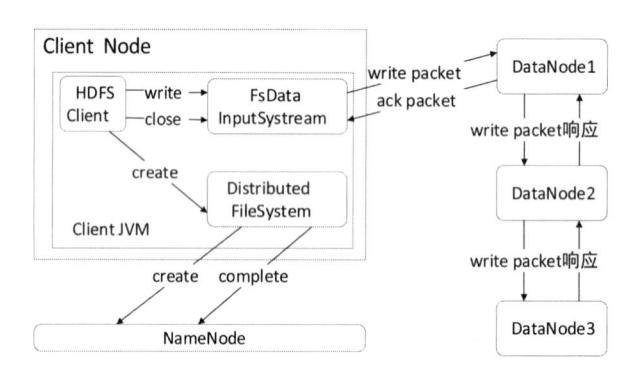

图 13.1　HDFS 写数据流程

13.1.2　HDFS 读数据流程

Client Node 将要读取的文件路径发送给 NameNode，NameNode 获取文件的元信息（主要是 block 的存放位置信息）返回给 ClientNode，ClientNode 根据返回的信息找到相应 DataNode，并逐个获取文件的 block，该文件所有的 block 在 ClientNode 本地进行数据的追加合并，从而获得整个文件，如图 13.2 所示。

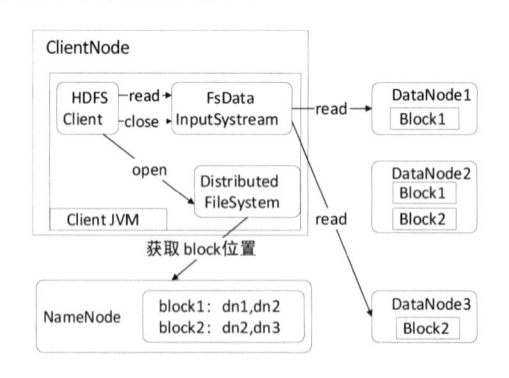

图 13.2　HDFS 读数据流程

13.2　存储优化

HDFS 为海量的数据提供存储功能，那么该如何实现数据的高效、可靠地存储呢？这需要通过结合实际业务需求，合理地设置 HDFS 的相关配置参数来实现。

13.2.1 合理的副本系数

（1）参数：dfs.replication（默认值为 3）。

（2）作用：副本系数存储得越多，数据安全性越高。集群存储的数据量也会受到相应的影响，它们成反比关系。

（3）意义：Hadoop 的副本系数是指每个 block 在 Hadoop 集群中有几份，系数越大，冗余性越好，占用存储也越多。

副本复制的策略：HDFS 采用一种被称为机架感知的策略改进数据的可靠性、可用性和网络带宽的利用率。这种策略在不损坏可靠性和读取性能的情况下，改善了写的性能。在大多数情况下，HDFS 的副本系数是 3，HDFS 的存放策略是：如果 ClientNode 发起请求的位置在 HDFS 集群中，那么 ClientNode 会执行就近原则，第一个副本会被存储在 ClientNode 所在的节点上；如果发送上传请求的 ClientNode 不在 HDFS 集群中，则它会随机选择一个节点存储数据的第一个副本，为了安全性考虑，第二个副本会被存放在不同机器的随机节点上，第三个副本存放在与第二个副本相同机器上的不同节点上。这种策略减少了机架间的数据传输，提高了写操作的效率。机架错误的概率远比节点错误的概率低，因此这种策略不会对数据的可靠性和可用性造成影响。与此同时，因为数据只存在于两个机架上，所以这种策略减小了读数据时需要的网络传输带宽，但是在这种策略下，副本并不是均匀地分布在机架上的。还有一种情况就是在没有配置机架信息时，Hadoop 的全部节点无论在物理上是否属于同一个机架，都会被认为是在同一个机架下。

如图 13.3 所示，当 Hadoop 的副本系数为 3 时，通过浏览器可以看到上传之后的文件会有 3 个副本，分别存放在 master、slave1、slave2 三个不同的 DataNode 上。

图 13.3　副本系数为 3 时 HDFS 中的文件信息

（4）优化方式。

可以通过编辑 HDFS 的配置文件 hdfs-site.xml 来修改副本系数的值（hdfs-site.xml 文件的全路径根据安装目录的不同可能会有所不同）：

```
$ vi /usr/local/src/hadoop/etc/hadoop/hdfs-site.xml
```

```
# 编辑 HDFS 的配置文件 hdfs-site.xml
```
如果文件中有 dfs.replication，则修改该属性的值（value），否则在文件的末尾添加下面的内容：
```
<property>
    <name>dfs.replication</name>
    <value>2</value>
</property>
```

（5）优化值。

一般来说，可以将副本系数设置为 2（毕竟两台服务器同时宕机的概率比较低），从而可以增加整个集群数据存储量。对于一些重要的数据，可适当增加备份数；但是如果集群只有 3 个 DataNode，却将副本系数设置为 4，那么这种设置是不会生效的，因为每个 DataNode 上只能存放一个副本。

13.2.2 合理的数据块大小

（1）参数：dfs.block.size（默认值为 128MB）。

（2）作用：Hadoop 集群中文件的存储都是以 block 的形式存储在 HDFS 中的，可通过该参数修改 block 的大小。

（3）意义：数据块是文件系统进行数据读/写的最小单位，每个磁盘都有默认的数据块大小。与普通的管理单个磁盘的文件系统一样，HDFS 也将文件分割成 block，每个 block 都作为一个独立的单元分别保存。不同的是，在 HDFS 中，小于 block 的文件不会占用一个 block 的空间，而只使用实际文件大小的底层磁盘空间。

HDFS 分块存储的好处如下。

① block 的默认大小在 Hadoop 2.x 版本中是 128MB，在之前的版本中是 64MB。它的默认值比普通的磁盘文件系统的默认值大很多，这样做的目的是尽可能地缩短寻址时间；寻址时间就是在 HDFS 中找到目标 block 花费的时间。block 越大，寻址时间越短，但磁盘传输时间越长；block 越小，寻址时间越长，但磁盘传输时间越短。

② 使用抽象的 block（而不是整个文件）作为存储单元，可以简化存储管理，使得文件的元数据可以单独管理。

③ block 可以利用集群中的任意一个磁盘进行存储，使得一个文件的大小可以大于网络中任意一个磁盘的容量。

④ block 非常适合用于数据备份，从而提高数据的容错能力和可用性。每个 block 的不同副本可以分别存放在相互独立的机器上，这样可以保证单点故障不会导致数据丢失。

（4）优化方式。

可以通过编辑 HDFS 的配置文件 hdfs-site.xml 修改 block 大小的默认值：
```
$ vi /usr/local/src/hadoop/etc/hadoop/hdfs-site.xml
# 编辑 HDFS 的配置文件 hdfs-site.xml
```
如果文件中有名称（name）为 dfs.blocksize 的属性，则修改该属性的值（value），否则在文件的末尾添加下面的内容：
```
<property>
    <name>dfs.blocksize</name>
    <value>134217728</value>
</property>
```

当上述配置在 HDFS 中生效后，通过浏览器查看上传的文件 631.txt，该文件的 Block0 的大小为 134217728，如图 13.4 所示。

图 13.4　blocksize 的值为 134217728 时 HDFS 中 block 的信息

（5）优化值。

HDFS 的 blocksize 的值需要根据实际业务数据的大小进行调整，过大或过小都不合适。

① HDFS 中的平均寻址时间大概为 10ms。

② 经过大量测试发现，当寻址时间为传输时间的 1%时为最佳状态，因此最佳传输时间为 10ms/0.01=1000ms=1s。

③ 目前，磁盘的传输速度普遍为 100MB/s，最佳的 block 大小为 100MB/s×1s=100MB，因此设置 block 的大小为 128MB。

13.3　磁盘 I/O 优化

13.3.1　多数据存储目录

（1）参数：dfs.datanode.data.dir(file://${hadoop.tmp.dir}/dfs/data)。

（2）作用：HDFS 数据存储目录。Hadoop 的 dfs.datanode.data.dir 是设置 DataNode 存储数据块文件的本地路径，可以设置多个，用逗号隔开。

（3）意义：HDFS 数据存储目录，设置为一个目录不能充分利用节点的 I/O 读/写性能。

（4）优化方式。

可以通过编辑 HDFS 的配置文件 hdfs-site.xml 设置参数值：

```
$ vi /usr/local/src/hadoop/etc/hadoop/hdfs-site.xml
# 编辑 HDFS 的配置文件 hdfs-site.xml
```

在文件的末尾添加下面的内容：

```
<property>
    <name>dfs.datanode.data.dir</name>
    <value>/usr/local/src/hadoop/data/dfs/data,/home/hadoop/data/dfs/data</value>
</property>
```

这里设置以下两个目录。

Hadoop 安装目录：/usr/local/src/hadoop/data/dfs/data。

home 目录：/home/hadoop/data/dfs/data。

由于 home 目录下不存在上面所示的文件夹，因此需要在 home 目录下创建文件夹：

```
$ mkdir -p /home/hadoop/data/dfs/data
```

上传大小为 631.39MB 的测试文件到 HDFS 中，然后在浏览器中查看，结果如图 13.5 所示。

```
$ hadoop fs -put /opt/software/631.txt /input1    # 上传测试文件
```

图 13.5　HDFS 中的大小为 631.39MB 的测试文件的分块信息

从图 13.5 可以看出，631.39MB 的文件产生了 5 个 block，对于每个 block 的详细信息，可以执行下面的命令查看：

```
$ hdfs fsck /input1/631.txt -files -blocks -locations
Connecting                     to                     namenode                     via
http://master:50070/fsck?ugi=root&files=1&blocks=1&locations=1&path=%2Finpu
t1%2F631.txt
    FSCK started by root (auth:SIMPLE) from /192.168.1.6 for path /input1/631.txt
at Thu Jul 30 07:41:27 CST 2020
    /input1/631.txt 662064288 bytes, 5 block(s):  OK
    0. BP-352475817-192.168.1.6-1596065266512:blk_1073741825_1001 len=134217728
repl=3                                                                        [
    DatanodeInfoWithStorage[192.168.1.6:50010,DS-37b5cf33-3f23-4ef5-8896-c0
c528304ea1,DISK],
DatanodeInfoWithStorage[192.168.1.7:50010,DS-f947798a-82d5-450f-8aa2-1229cb
01c9b1,DISK],
DatanodeInfoWithStorage[192.168.1.8:50010,DS-3fd4f62b-feb0-44e9-b97c-15db81
bfc0b6,DISK]]
    1. BP-352475817-192.168.1.6-1596065266512:blk_1073741826_1002 len=134217728
repl=3
[DatanodeInfoWithStorage[192.168.1.6:50010,DS-a14b6e1f-a950-49dd-a184-3f970
03ebd2a,DISK],
DatanodeInfoWithStorage[192.168.1.8:50010,DS-f652b309-5d8c-4d74-86d7-128f45
f8e86c,DISK],
DatanodeInfoWithStorage[192.168.1.7:50010,DS-25e307fe-9f62-4b40-a502-1c025c
c48242,DISK]]
```

```
    2. BP-352475817-192.168.1.6-1596065266512:blk_1073741827_1003 len=134217728
repl=3
[DatanodeInfoWithStorage[192.168.1.6:50010,DS-37b5cf33-3f23-4ef5-8896-c0c52
8304ea1,DISK],
DatanodeInfoWithStorage[192.168.1.7:50010,DS-f947798a-82d5-450f-8aa2-1229cb
01c9b1,DISK],
DatanodeInfoWithStorage[192.168.1.8:50010,DS-3fd4f62b-feb0-44e9-b97c-15db81
bfc0b6,DISK]]
    3. BP-352475817-192.168.1.6-1596065266512:blk_1073741828_1004 len=134217728
repl=3
[DatanodeInfoWithStorage[192.168.1.6:50010,DS-a14b6e1f-a950-49dd-a184-3f970
03ebd2a,DISK],
DatanodeInfoWithStorage[192.168.1.7:50010,DS-25e307fe-9f62-4b40-a502-1c025c
c48242,DISK],
DatanodeInfoWithStorage[192.168.1.8:50010,DS-f652b309-5d8c-4d74-86d7-128f45
f8e86c,DISK]]
    4. BP-352475817-192.168.1.6-1596065266512:blk_1073741829_1005 len=125193376
repl=3
[DatanodeInfoWithStorage[192.168.1.6:50010,DS-37b5cf33-3f23-4ef5-8896-c0c52
8304ea1,DISK],
DatanodeInfoWithStorage[192.168.1.8:50010,DS-3fd4f62b-feb0-44e9-b97c-15db81
bfc0b6,DISK],
DatanodeInfoWithStorage[192.168.1.7:50010,DS-f947798a-82d5-450f-8aa2-1229cb
01c9b1,DISK]]
```

在 Hadoop 安装目录下查看数据块的存储情况：

```
[root@master ~]# cd /usr/local/src/hadoop/data/dfs/data
[root@master data]# ll
总用量 4
drwxr-xr-x. 3 root root 67 7月  30 07:28 current
-rw-r--r--. 1 root root 11 7月  30 07:28 in_use.lock
[root@master data]# cd current/
[root@master current]# ll
总用量 4
drwx------. 4 root root  54 7月   30 07:28 BP-352475817-192.168.1.6-
1596065266512
-rw-r--r--. 1 root root 229 7月  30 07:28 VERSION
```

可以看出，Hadoop 安装目录下的 data 文件夹中存放了 Block Pool ID: BP-352475817-192.168.1.6-1596065266512 的数据块：

```
    [root@master current]# cd /usr/local/src/hadoop/data/dfs/data/current/
BP-352475817-192.168.1.6-1596065266512/current/finalized/subdir0/subdir0/
    [root@master subdir0]# ll
    总用量 387416
    -rw-r--r--. 1 root root 134217728 7月  30 07:38 blk_1073741825
    -rw-r--r--. 1 root root   1048583 7月  30 07:38 blk_1073741825_1001.meta
    -rw-r--r--. 1 root root 134217728 7月  30 07:39 blk_1073741827
    -rw-r--r--. 1 root root   1048583 7月  30 07:39 blk_1073741827_1003.meta
    -rw-r--r--. 1 root root 125193376 7月  30 07:39 blk_1073741829
    -rw-r--r--. 1 root root    978083 7月  30 07:39 blk_1073741829_1005.meta
```

可以看到，该目录下存储的 block 有 blk_1073741825、blk_1073741827、blk_1073741829 这三个数据块。

在 home 目录下查看数据块的存储情况：

```
[root@master ~]# cd /home/hadoop/data/dfs/data/
[root@master data]# ll
```

```
总用量 4
drwxr-xr-x. 3 root root  67 7月  30 07:28 current
-rw-r--r--. 1 root root  11 7月  30 07:28 in_use.lock
[root@master data]# cd current/
[root@master current]# ll
总用量 4
drwx------. 4 root root  54 7月  30 07:28 BP-352475817-192.168.1.6-
1596065266512
-rw-r--r--. 1 root root 229 7月  30 07:28 VERSION
```

可以看出，home 目录下的 data 文件夹中存放了 Block Pool ID: BP-352475817-192.168.1.6-1596065266512 的数据块：

```
[root@master current]#                                                    cd
/home/hadoop/data/dfs/data/current/BP-352475817-192.168.1.6-1596065266512/c
urrent/finalized/subdir0/subdir0
[root@master subdir0]# ll
总用量 264200
-rw-r--r--. 1 root root 134217728 7月  30 07:38 blk_1073741826
-rw-r--r--. 1 root root   1048583 7月  30 07:38 blk_1073741826_1002.meta
-rw-r--r--. 1 root root 134217728 7月  30 07:39 blk_1073741828
-rw-r--r--. 1 root root   1048583 7月  30 07:39 blk_1073741828_1004.meta
```

可以看到，该目录下存储的 block 有 blk_1073741826、blk_1073741828 这两个数据块。

（5）优化值：将数据存储分布在各个磁盘上可充分利用节点的 I/O 读/写性能。因此，在实际生产环境中，这也是磁盘不选择 RAID 和 LVM，而选择 JBOD 的原因。推荐设置多个磁盘目录，以增加磁盘 I/O 的性能，提高并发存取的速度，多个目录用逗号进行分隔。但是在设置多个路径时，随着数据量的增多，有可能会导致磁盘空间不均衡，因为 Hadoop 默认是以轮询方式写入的。综上所述，如果产生的 block 数一直为奇数，则目录（磁盘）1 的空间占用率会比目录（磁盘）2 的空间占用率大得多。因此，也可以配置 Hadoop 的另一种写入策略，即根据可用空间的大小判断写入：

```
<property>
  <name>dfs.datanode.fsdataset.volume.choosing.policy</name>
  <value>org.apache.hadoop.hdfs.server.datanode.fsdataset.AvailableSpaceVo
lumeChoosingPolicy</value>
</property>
```

此项配置是根据磁盘的可用空间进行优先写入的策略，一般需要配合以下两个参数使用。

① dfs.datanode.available-space-volume-choosing-policy.balanced-space-threshold：默认值为 10737418240，表示首先计算出两个值，一个值是所有磁盘中的最大可用空间，另外一个值是所有磁盘中的最小可用空间，如果这两个值的差小于该配置项指定的阈值，就用轮询方式的磁盘选择策略选择磁盘存储数据副本。

② dfs.datanode.available-space-volume-choosing-policy.balanced-space-preference-fraction：默认值为 0.75f，表示多少比例的数据副本应该存储到剩余空间足够多的磁盘上。该配置项的取值为 0.0～1.0，一般取 0.5～1.0，如果配置太小，则会导致剩余空间足够的磁盘实际上没分配足够的数据副本，而剩余空间不足的磁盘则需要存储更多的数据副本，导致磁盘数据存储不均衡。

另外，在不同的 DataNode 中，block 的目录可以设置为不相同的属性，不影响集群的正常运行。如果当前目录（磁盘）被占满，则可以再次挂载新的目录（磁盘），继续添加 dfs.datanode.data.dir 的值。

13.3.2 开启 HDFS 的短路本地读配置

（1）参数：dfs.client.read.shortcircuit（默认值为 false）。

（2）作用：是否开启 HDFS 的短路本地读，默认为 false。

（3）意义：移动计算的开销要比移动数据的开销小，这是 Hadoop 的一项基本原则。因此，Hadoop 通常是尽量移动计算到拥有数据的节点上，这样会导致 Hadoop 中读取数据的 ClientNode 和提供数据的 DataNode 经常在一个节点上，也就造成了很多本地读（Local Reads）。但是 Hadoop 对本地读和远程读的处理方式都是一样的，这样的处理方式虽然比较简单，但是需要 DataNode 在中间做一次中转，性能会受到影响。因此，像 CDH 等 Hadoop 发行版本会默认将该参数打开（参数值为 true），这样就会直接通过文件描述符去读取文件，而不用通过 TCP 套接字的方式，从而可以提高性能。此外，在 Hadoop 上安装 Impala 时，也需要打开该参数。

（4）优化方式。

可以通过编辑 HDFS 的配置文件 hdfs-site.xml 设置参数值：

```
$ vi /usr/local/src/hadoop/etc/hadoop/hdfs-site.xml
# 编辑 HDFS 的配置文件 hdfs-site.xml
```

在文件的末尾添加下面的内容：

```
<property>
    <name>dfs.client.read.shortcircuit</name>
    <value>true</value>
</property>
<property>
    <name>dfs.domain.socket.path</name>
    <value>/home/hadoop/hadoop-hdfs/dn_socket</value>
</property>
```

（5）优化值：将参数值修改为 true，同时设置 dfs.domain.socket.path 参数，以指定一个 UNIX Socket 文件的路径。

13.4 节点通信优化

13.4.1 延迟 blockreport 次数

（1）参数：dfs.blockreport.incremental.intervalMsec（默认值为 0）。

（2）作用：官方的默认值是 0，单位是 ms，表示当 DataNode 新写一个 block 时，DateNode 会立即汇报给 NameNode。

（3）意义：DataNode 会定期将当前该结点上增加的 block 信息报告给 NameNode，该参数用于控制 DataNode 增量的报告间隔。因为当 DataNode 上新写完一个 block 时，系统默认会立即汇报给 NameNode。在一个大规模的 Hadoop 集群上，每时每刻都在写数据，DataNode 上随时都会有写完数据块然后汇报给 NameNode 的情况。这样会导致 NameNode 频繁地处理 DataNode 这种 blockreport 请求，会频繁地持有锁，从而影响其他 RPC 的处理和响应时间。

（4）优化方式。

可以通过编辑 HDFS 的配置文件 hdfs-site.xml 设置参数值：

```
$ vi /usr/local/src/hadoop/etc/hadoop/hdfs-site.xml
# 编辑 HDFS 的配置文件 hdfs-site.xml
```
在文件的末尾添加下面的内容：
```
<property>
    <name>dfs.blockreport.incremental.intervalMsec</name>
    <value>300</value>
</property>
```
（5）优化值：将此参数配置为 300，就是当 DataNode 新写一个 block 时，不是立即汇报给 NameNode，而是要等待 300ms，在此时间段内，新写的 block 会一次性汇报给 NameNode。通过延迟 blockreport 配置可以减少 DataNode 写完 block 后的 blockreport 次数，从而提高 NameNode 处理 RPC 的处理速度并缩短响应时间。

13.4.2 增大 DataNode 文件并发传输的大小

（1）参数：dfs.datanode.max.transfer.threads。

（2）作用：指定在 DataNode 内外传输数据使用的最大线程数。

（3）意义：与 Linux 系统上的文件句柄的限制相似，当 DataNode 上面的连接数操作配置中的设置时，DataNode 就会拒绝连接，此时需要修改该参数的值以增大 DataNode 文件并发传输的大小。

（4）优化方式。

可以通过编辑 HDFS 的配置文件 hdfs-site.xml 设置参数值：
```
$ vi /usr/local/src/hadoop/etc/hadoop/hdfs-site.xml
# 编辑 HDFS 的配置文件 hdfs-site.xml
```
在文件的末尾添加下面的内容：
```
<property>
    <name>dfs.datanode.max.transfer.threads</name>
    <value>8192</value>
</property>
```
（5）优化值：默认值为 4096，一般将其提高为默认值的两倍，即 8192。但是如果集群中有某个 DataNode 的该值比其他节点的大，那么出现的问题是，在这个节点上存储的数据会比其他节点上存储的数据多，从而导致数据分布不均匀的问题，即使使用平衡器平衡仍然不均匀，因此，在使用此参数的时候一定要注意设置的一致性。

13.4.3 增大 NameNode 工作线程池的大小

（1）参数：dfs.namenode.handler.count（默认值为 10）。

（2）作用：NameNode 有一个工作线程池，用来处理客户端的远程过程调用及集群守护进程的调用。处理程序数量越多，意味着需要更大的池来处理来自不同 DataNode 的并发心跳及客户端并发的元数据操作。对于大的集群来说，通常需要增大 dfs.namenode.handler.count 的值。

（3）意义：对于大的集群来说，如果该值设置得太小，那么最明显的状况就是 DataNode 在连接 NameNode 时总是超时或连接被拒绝，DataNode 在传输数据时，日志中会报告 "connecton refused" 的信息，但当 NameNode 的远程过程调用队列很大时，远程过程调用延时会加大。

（4）优化方式。

可以通过编辑 HDFS 的配置文件 hdfs-site.xml 设置参数值：

```
$ vi /usr/local/src/hadoop/etc/hadoop/hdfs-site.xml
# 编辑 HDFS 的配置文件 hdfs-site.xml
```

在文件的末尾添加下面的内容：

```
<property>
    <name>dfs.namenode.handler.count</name>
    <value>10</value>
</property>
```

（5）优化值：设置该值的一般原则是将其设置为 20 倍的集群大小的自然对数，即 $20\log N$，N 为集群大小。

13.4.4 增加 DataNode 连接 NameNode 的 RPC 请求的线程数量

（1）参数：dfs.datanode.handler.count（默认值为 10）。

（2）作用：设置 DataNode 上处理 block requests 的 handler 的数量。

（3）意义：设置得太小会导致性能下降，甚至报错。

（4）优化方式。

可以通过编辑 HDFS 的配置文件 hdfs-site.xml 设置参数值：

```
$ vi /usr/local/src/hadoop/etc/hadoop/hdfs-site.xml
# 编辑 HDFS 的配置文件 hdfs-site.xml
```

在文件的末尾添加下面的内容：

```
<property>
    <name>dfs.datanode.handler.count</name>
    <value>10</value>
</property>
```

（5）优化值：该参数在 DataNode 上设定，可适当增大参数的值来提升 DataNode RPC 服务的并发度。该值设置得太小会导致性能下降，甚至报错，但是随着线程数的增加，将增加 DataNode 的内存需求，因此也不宜将该值设置得过大。

13.4.5 调整 DataNode 用于平衡操作的带宽

（1）参数：dfs.datanode.balance.bandwidthPerSec。

（2）作用：指定 DataNode 用于平衡操作的带宽，默认值为 1048576，默认单位是 B，即 1MB/s。

（3）意义：Hadoop 集群使用的时间长了会出现 HDFS 数据存储不均衡的现象。例如，有一个 DataNode 使用了 65%，而有一个 DataNode 只使用了 20%。对于这种数据不均衡的问题，Hadoop 使用平衡操作来解决，但是如果不对平衡操作进行带宽限制，那么它会很快抢占所有的网络资源，因此需要合理地设置该参数，以提高平衡操作的速度，而又不至于影响其他进程。

（4）优化方式。

可以通过编辑 HDFS 的配置文件 hdfs-site.xml 设置参数值：

```
$ vi /usr/local/src/hadoop/etc/hadoop/hdfs-site.xml
# 编辑 HDFS 的配置文件 hdfs-site.xml
```

在文件的末尾添加下面的内容：

```xml
<property>
    <name>dfs.datanode.balance.bandwidthPerSec</name>
    <value>1048576</value>
</property>
```

（5）优化值：建议将其配置为网卡带宽的一半，如果交换机的性能较好，则完全可以将其设定为 50MB；如果机器的网卡和交换机的带宽有限，则可以适当降低该值。

13.5 其他常见的优化项

13.5.1 避免读取"过时"的 DataNode

（1）参数：dfs.namenode.avoid.read.stale.datanode（默认值为 false）。

（2）作用：表示是否避免读取"过时"的 DataNode。

（3）意义：当 DataNode 的心跳消息在指定的时间间隔内未被 NameNode 接收时，这些 DataNode 将移动到供读取的节点列表的末尾，它们被称为过时的 DataNode。当某一 DataNode 超时失效时，NameNode 可能会在其他节点上复制存储在该节点上的数据，因此，读取时应该避免读取失效的 DataNode，从而提高读取效率。

（4）优化方式。

可以通过编辑 HDFS 的配置文件 hdfs-site.xml 设置参数值：

```
$ vi /usr/local/src/hadoop/etc/hadoop/hdfs-site.xml
# 编辑 HDFS 的配置文件 hdfs-site.xml
```

在文件的末尾添加下面的内容：

```xml
<property>
    <name>dfs.namenode.avoid.read.stale.datanode</name>
    <value>true</value>
</property>
```

（5）优化值：默认值是 false，推荐设置为 true。

13.5.2 避免写入失效的 DataNode

（1）参数：dfs.namenode.avoid.write.stale.datanode（默认值为 false）。

（2）作用：表示是否避免写入失效的 DataNode。

（3）意义：当 DataNode 的心跳消息在指定的时间间隔内未被 NameNode 接收时，该 DataNode 失效，写入时应避免使用失效的 DataNode，除非多个已配置比率（dfs.namenode.write.stale.datanode.ratio）的 DataNode 被标记为失效。

（4）优化方式。

可以通过编辑 HDFS 的配置文件 hdfs-site.xml 设置参数值：

```
$ vi /usr/local/src/hadoop/etc/hadoop/hdfs-site.xml
```

在文件的末尾添加下面的内容：

```xml
<property>
    <name>dfs.namenode.avoid.write.stale.datanode</name>
    <value>true</value>
</property>
```

（5）优化值：默认值是 false，推荐设置为 true。

13.5.3 为 MapReduce 任务保留一些硬盘资源

（1）参数：dfs.datanode.du.reserved。

（2）作用：表示 DataNode 在对磁盘写数据时应保留多少空间给非 HDFS 使用。这个参数主要是为了防止磁盘空间被写满导致的 HDFS 异常，该参数值以 B 为单位。

（3）意义：当 DataNode 向 NameNode 汇报可用的硬盘大小时，它会把所有 dfs.data.dir 列出的可用的硬盘大小总和发给 NameNode。由于 mapred.local.dir 经常会跟 DataNode 共享可用的硬盘资源，因此需要为 MapReduce 任务保留一些硬盘资源。在默认情况下，该值为 0，即 HDFS 可以使用每个数据硬盘的所有空间，直到节点硬盘资源耗尽时进入读模式。

（4）优化方式。

可以通过编辑 HDFS 的配置文件 hdfs-site.xml 设置参数值：

```
$ vi /usr/local/src/hadoop/etc/hadoop/hdfs-site.xml
```

在文件的末尾添加的下面内容：

```xml
<property>
    <name>dfs.datanode.du.reserved</name>
    <value>10737418240</value>
</property>
```

（5）优化值：建议每个硬盘都为 MapReduce 任务保留最少 10GB（10737418240）的空间，如果每个 MapReduce 任务都会产生大量的中间结果，或者每个硬盘空间都比较大（超过 2TB），则建议相应的增大保留的硬盘空间。在生产环境中，建议将该值的大小设置为 50GB。

13.6 本章小结

本章主要介绍了 HDFS 配置优化中涉及的存储优化、磁盘 I/O 优化、节点通信优化等参数的作用、意义、调优的方法，以及部分参数调优的动手实操实验的详细配置内容。

第 14 章 MapReduce 配置优化

学习目标

- 掌握 MapReduce 的基本原理。
- 掌握 Map 阶段的优化。
- 掌握 Reduce 阶段的优化。

MapReduce 配置优化是为了充分地利用机器的性能，更快地完成 MapReduce 程序的计算任务，从而达到在有限的机器条件下运行足够多的 MapReduce 程序的目的。本章会介绍 MapReduce 的运行原理、Map 阶段的优化、Reduce 阶段的优化等内容。

14.1 MapReduce 概述

MapReduce 是一个分布式计算框架，是 Hadoop 的核心组件之一，用于大规模数据集的并行运算，整个逻辑基本上可以分成 Map 阶段和 Reduce 阶段。Map 阶段进行 filtering 和 sorting 并且传出一个键值对作为结果；Reduce 阶段完成整合。MapReduce 的整个过程可以概括如下：输入> Map > Shuffle > Reduce >输出。

输入文件会被切分成多个块，每块都有一个 Map Task，Map 阶段的输出结果会先写到内存缓冲区中，然后由缓冲区写到磁盘上。默认的缓冲区大小是 100MB，默认的溢出百分比是 80%，即当缓冲区中的数据达到 80MB 时就会将 Map 阶段的输出结果写入磁盘中。即使 Map 计算完成后的中间结果没有达到 80MB，最终也是要写到磁盘上的，因为它最终还是要形成文件的。此时，在将数据写入磁盘时，会进行分区和排序。一个 Map 的输出可能有多个这类文件，这些文件最终会合并成一个，并最终形成一个 Map 的输出文件。

MapReduce 的运行过程主要分为 Map 阶段（见图 14.1）和 Reduce 阶段（见图 14.2），下面对其进行详细的说明。

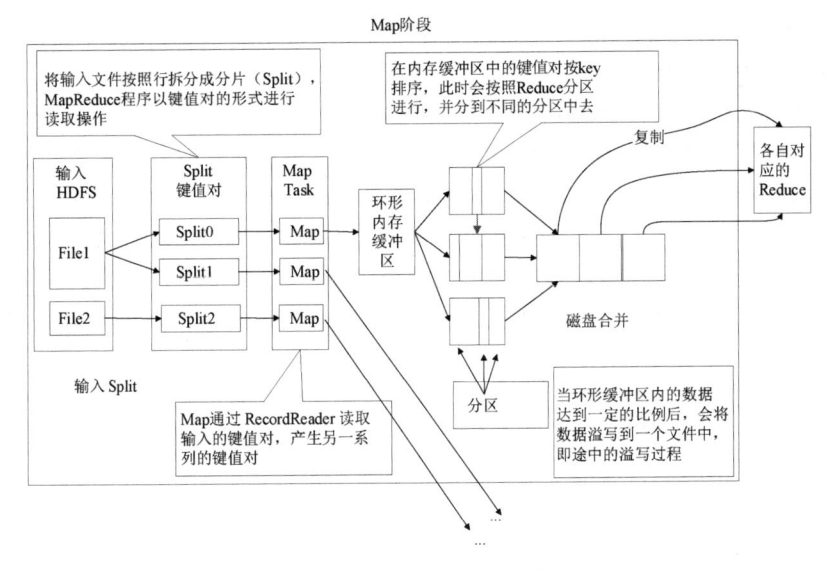

图 14.1　Map 阶段的运行过程

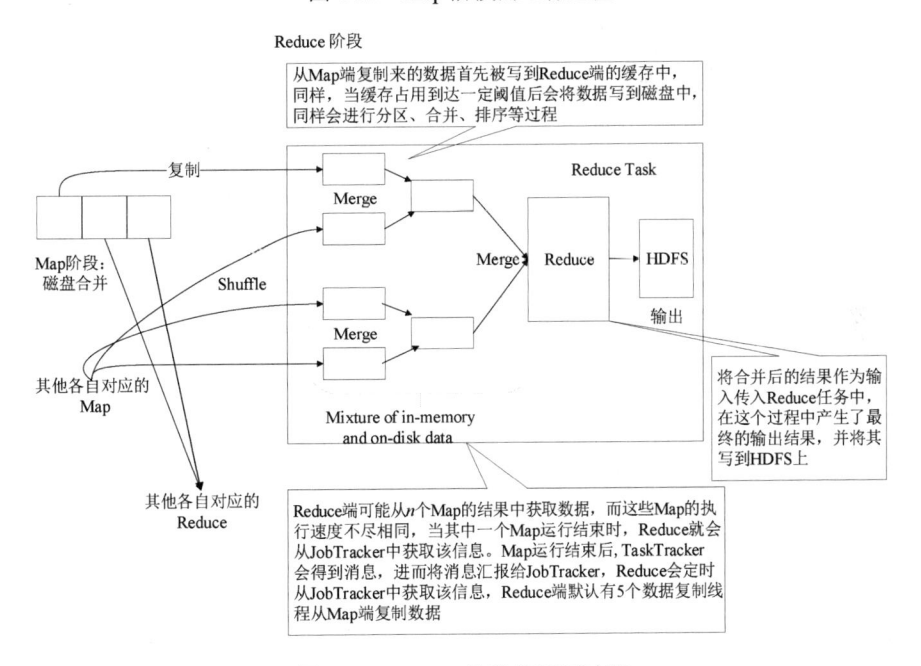

图 14.2　Reduce 阶段的运行过程

（1）Map 端。

① 输入文件 Split（分片），每个 Split 都由一个 Map Task 来处理，在默认情况下，以 HDFS 的一个块的大小（默认为 128MB）为一个 Split，也可以根据需求设置块的大小。Map 端输出的结果会暂且放在一个环形内存缓冲区中（该缓冲区的大小默认为 100MB，由 mapreduce.task.io.sort.mb 属性控制），当该缓冲区即将溢出时（默认为缓冲区大小的 80%，由 mapreduce.map.sort.spill.percent 属性控制），Map 会为输出操作启动一个守护线程，这个守护线程会在本地文件系统中创建一个溢出文件，并将该缓冲区中的数据写入这个文件中。

② Map 端输出的中间结果会先放在内存缓冲区中，当缓冲区中的内容达到 80%（80MB）时，守护线程会将缓冲区的内容写到磁盘上。因此，一个 Map 可能会输出一个或多个这样

的文件，即使一个 Map 输出的全部内容没有超过限制，最终也会将 Map 输出的内存写入磁盘，只是写磁盘的次数不同。

③ 在将数据从缓冲区写到磁盘时，会进行分区并排序，分区指的是某个 key 对应的存储区域，同一分区中的 key 会进行排序，如果定义了 combiner 的话，也会进行合并操作，当 Map 任务输出最后一个记录时，可能会有很多的溢出文件，这时需要将这些文件合并。在合并的过程中，会不断地进行排序和合并操作，目的是尽量减少每次写入磁盘的数据量及下一阶段网络传输的数据量，最终会形成一个已分区且排序完成的文件。为了减少网络传输的数据量，这里可以将数据压缩，只要将 mapreduce.map.output.compress 设置为 true 就可以了。

④ 如果一个 Map 产生的中间结果存放到了多个文件中，那么这些文件最终会合并成一个文件，但这个合并过程不会改变分区数量，只会减少文件的数量。例如，分了 3 个区和 4 个文件，那么最终会合并成 1 个文件，但还是 3 个区。

（2）Reducer。

① 每个 Reducer 对应一个 Reduce Task，在真正开始 Reduce 之前，先要从分区中获取数据，Reducer 会接收到不同 Map 传来的数据，并且每个 Map 传来的数据都是有序的。如果 Reducer 接收的数据量相当小，则会直接存储在内存中；如果数据量超过了该缓冲区大小的一定比例，则会对数据进行合并操作后溢写入磁盘中。

② 相同分区的数据会进入同一个 Reduce 中。这一步中会从所有 Map 输出中抓取某一分区的数据，在抓取的过程中伴随着排序、合并，此时溢写文件的数量也会不断地增多，为了给后面的合并操作节省时间，后台线程会将它们合并成一个更大的有序文件。其实，本质上不管是在 Map 端还是在 Reduce 端，MapReduce 都反复地执行排序、合并操作。

③ 在合并的过程中会产生许多的中间文件，但 MapReduce 会让写入磁盘的数据尽可能得少，并且最后一次合并的结果并没有写入磁盘，而是直接输入到了 Reduce 函数中。

14.2 Map 阶段的优化

14.2.1 降低溢出（spill）的次数

（1）参数：mapreduce.task.io.sort.mb（默认值为 100）。

（2）作用：在 Map 做 spill 操作或 Reduce 做 Shuffle 操作时，需要将要输出到文件中的数据进行全排序处理，进而生成排好序的文件。这个过程是先将需要输出的内容输出到一块内存的缓冲区中，当内存达到设定的阈值时，进行一次快速排序，然后将排好的结果输出到文件中。

（3）意义：当 Map Task 开始运算时，其产生的中间结果并非直接简单地被写入磁盘，而是利用内存 buffer 进行已经产生的部分结果的缓存，并在内存 buffer 中进行一些预排序以优化 Map 的性能。每个 Map 都会对应存在一个内存 buffer，Map 会将已经产生的部分结果先写入该 buffer 中，该 buffer 的大小的默认值是 100MB。

（4）优化方式。

可以通过编辑 MapReduce 的配置文件 mapred-site.xml 修改内存的缓冲区的大小以减少

spill 的次数（参数的值的修改只需在 YARN 启动之前，在 ResourceManager 节点上进行配置即可，后面所有优化参数的配置都一样）：

```
[root@master hadoop]# vi /usr/local/src/hadoop/etc/hadoop/mapred-site.xml
```

如果文件中存在名称（name）为 mapreduce.task.io.sort.mb 的属性，则修改其值（value），否则在文件的末尾添加下面的内容：

```
<property>
   <name>mapreduce.task.io.sort.mb</name>
   <value>100</value>
</property>
```

（5）优化值：当 Map 的产生数据非常大时，把 mapreduce.task.io.sort.mb 的值调大，Map 在整个计算过程中 spill 的次数就势必会减少，Map Task 对磁盘的操作次数就会变少，如果 Map Task 的瓶颈在磁盘上，那么这样调整会大大提高 Map 的计算性能。但是该值也不是越大越好。例如，当 mapreduce.task.io.sort.mb 的值分别为 1024（表示 1GB）和 300（表示 300MB）时，因为前者是数据量达到 1GB 排序一次，后者是数据量达到 300MB 就排序一次，所以如果两者都是 1GB 数据的话，那么前者排序一次，后者会排序三次。由于使用的是归并排序，所以一定是后者更快。

14.2.2　在 Map Task 结束前对 spill 文件进行合并

（1）参数：mapreduce.map.sort.spill.percent（默认值是 0.80，即 80%）。

（2）作用：这个值就是前一个优化参数中提到的 buffer 的阈值，默认值是 0.80，当 buffer 中的数据达到这个阈值时，后台线程会对 buffer 中已有的数据进行排序，然后写入磁盘，此时，Map 输出的数据继续向剩余的 20% buffer 中写入数据，如果 buffer 的剩余 20% 被写满后，排序还没结束，那么 Map Task 会被阻塞而等待。

（3）意义：Map 在运行过程中会不停地向该 buffer 中写入已有的计算结果，但是该 buffer 并不一定能将全部的 Map 输出缓存下来，当 Map 输出超出一定的阈值时，Map 就必须将该 buffer 中的数据写入磁盘中，这个过程在 MapReduce 中叫作 spill。Map 并不是要等到将该 buffer 全部写满时才进行 spill，因为如果全部写满了再去 spill，则会发生 Map 的计算部分等待 buffer 释放空间的情况。所以，当 buffer 被写满到一定程度时，Map 就开始进行 spill 操作。这个阈值也是由一个 Job 的配置参数控制的，这个参数同样影响 spill 的频繁程度，进而影响 Map Task 运行周期对磁盘的读/写频率。但是通常不对该参数做调整，因为调整 mapreduce.map.sort.spill.percent 参数对用户来说更加方便。

（4）优化方式。

可以通过编辑 MapReduce 的配置文件 mapred-site.xml 修改内存的缓冲区阈值的百分比：

```
[root@master hadoop]# vi /usr/local/src/hadoop/etc/hadoop/mapred-site.xml
```

如果文件中存在名称（name）为 mapreduce.map.sort.spill.percent 的属性，则修改其值（value），否则在文件的末尾添加下面的内容：

```
<property>
   <name> mapreduce.map.sort.spill.percent</name>
   <value>0.80</value>
</property>
```

（5）优化值：如果确认 Map 输出的数据基本有序，排序时间很短，则可以将这个阈值适当调大，这样效果更加理想；如果 Map 输出的是有序的数据，则可以把 buffer 设得更大，并将阈值设置为 1。

14.2.3　减少合并写入磁盘文件的数据量

（1）参数：min.num.spill.for.combine（默认值为 3）。

（2）作用：当 Job 指定了 combiner 时，会在 Map 端根据 combiner 定义的函数将 Map 结果进行合并。运行 combiner 函数的时机有可能会是 Merge 完成之前或之后，这个时机可以由 min.num.spill.for.combine 参数控制。

（3）意义：当 Job 中设定了 combiner 且溢出数最少有 3 个时，combiner 函数会在 Merge 产生结果文件之前运行；如果此时 spill 数少于 3 个，那么 combiner 函数会在 Merge 产生结果文件之后运行。当溢出非常多需要合并时，如果有很多数据需要进行合并操作，则可以通过设置该参数以减少写入磁盘文件的数据量，同样能够达到降低对磁盘的读/写频率，从而达到优化作业的目的。

（4）优化方式。

可以通过编辑 MapReduce 的配置文件 mapred-site.xml 修改参数的值：

```
[root@master hadoop]# vi /usr/local/src/hadoop/etc/hadoop/mapred-site.xml
```

如果文件中存在名称（name）为 min.num.spill.for.combine 属性，则修改其值（value），否则在文件的末尾添加下面的内容：

```
<property>
    <name>min.num.spill.for.combine</name>
    <value>3</value>
</property>
```

（5）优化值：当 Map 端产生的 spill 文件最少有 min.num.spill.for.combine 个时，combiner 函数会在 Merge 操作合并最终的本机结果文件之前执行，否则在 Merge 之后执行。

14.2.4　控制 Map 中间结果是否使用压缩

（1）参数：mapreduce.map.output.compress（默认值为 false）。

（2）作用：压缩是在内存中进行的，因此写入 Map 本地磁盘的数据会变小，从而大大减少了本地 I/O 的次数。Reduce 从每个 Map 节点复制数据，压缩也会明显缩短网络传输的时间。

（3）意义：减少中间结果写入/读出磁盘的方法不止这些，如压缩。Map 阶段的中间过程无论是在合并时，还是最后 Merge 产生的结果文件，都是可以压缩的。压缩的好处在于可以减少写入/读出磁盘的数据量。对于中间结果数据量非常大的情况，磁盘速度成为 Map 执行瓶颈的 Job，此方法尤其有效。

（4）优化方式。

可以通过编辑 MapReduce 的配置文件 mapred-site.xml 修改参数的值：

```
[root@master hadoop]# vi /usr/local/src/hadoop/etc/hadoop/mapred-site.xml
```

如果文件中存在名称（name）为 mapreduce.map.output.compress 属性，则修改其值（value），否则在文件的末尾添加下面的内容：

```
<property>
    <name>mapreduce.map.output.compress</name>
    <value>true</value>
```

```
</property>
```

（5）优化值：当将这个参数设置为 true 时，Map 在写中间结果时就会将数据压缩后写入磁盘，读结果时也会采用先解压后读取数据的方式。这样做的后果就是：写入磁盘的中间结果数据量会变少，但是会消耗 CPU 资源以进行压缩和解压。因此这种方式通常适合 Job 中间结果非常大，瓶颈不在 CPU 上而在磁盘的读/写上的情况。如果将该参数的值设置为 true，那么本质上就是用 CPU 换 I/O。根据观察，通常大部分 Job 的 CPU 都不是瓶颈，除非运算逻辑异常复杂。因此，对中间结果采用压缩的方式一般来说是有效果的。

14.2.5 选择 Map 中间结果的压缩算法

（1）参数：mapreduce.map.output.compress.codec（默认值为 org.apache.hadoop.io.compress.DefaultCodec）。

（2）作用：对数据文件进行压缩，可以有效减小存储文件所需的空间，并加快数据在网络上或磁盘上的传输速度。在 Hadoop 中，压缩应用于文件存储、Map 阶段到 Reduce 阶段的数据交换（需要与前一参数项同时使用）等情况。

（3）意义：在采用 Map 中间结果压缩的情况下，用户还可以在压缩时选择采用哪种压缩格式进行压缩。现在 Hadoop 支持的压缩格式有 GzipCodec、LzoCodec、BZip2Codec、LZMACodec 等。

（4）优化方式。

可以通过编辑 MapReduce 的配置文件 mapred-site.xml 修改参数的值：

```
[root@master hadoop]# vi /usr/local/src/hadoop/etc/hadoop/mapred-site.xml
# 编辑配置文件 mapred-site.xml
```

如果文件中存在名称（name）为 mapreduce.map.output.compress.codec 的属性，则修改其值（value），否则在文件的末尾添加下面的内容：

```
<property>
    <name>mapreduce.map.output.compress.codec</name>
    <value>org.apache.hadoop.io.compress.DefaultCodec</value>
</property>
```

（5）优化值：通常来说，想要达到比较平衡的 CPU 和磁盘压缩比，LzoCodec 比较合适，但也要看 Job 的具体情况。如果用户想要自行选择中间结果的压缩算法，则可以设置参数 mapred.map.output.compression.codec 的值为 org.apache.hadoop.io.compress.DefaultCodec，或者用户自行选择其他的压缩方式。

14.3 Reduce 阶段的优化

14.3.1 Reduce Task 的数量

（1）参数：mapreduce.job.reduces（默认值为 1）。

（2）作用：默认启动的 Reduce Task 的数量，修改该参数可以手动改变 Reduce Task 的数量。

（3）意义：Reduce 是一个数据聚合的过程，Reduce Task 的数量默认为 1。Reduce Task 的数量太少会导致 Task 等待延长处理时间；Reduce Task 的数量太多会导致 Map 任务和 Reduce 任务竞争资源，造成处理超时等错误，使用过多的 Reduce 任务意味着复杂的

Shuffle，而且会使输出文件的数量激增。Reduce 任务的数量也控制着输出目录下输出文件的数量，但是通常情况下这并不重要，因为下一阶段的 Map/Reduce 任务会把它们分割成更小的片段。

（4）优化方式。

可以通过编辑 MapReduce 的配置文件 mapred-site.xml 修改 ReduceTask 数量：

```
[root@master hadoop]# vi /usr/local/src/hadoop/etc/hadoop/mapred-site.xml
```

如果文件中存在名称（name）为 mapreduce.job.reduces 的属性，则修改其值（value），否则在文件的末尾添加下面的内容：

```
<property>
    <name>mapreduce.job.reduces</name>
    <value>2</value>
</property>
```

（5）优化值：可以采用以下探试法决定 Reduce Task 的数量。

① 每个 Reduce Task 都可以在 Map Task 完成后立即执行：

0.95 *（节点数量 * mapreduce.tasktracker.reduce.tasks.maximum）

② 较快的节点在完成第一个 Reduce Task 后马上执行第二个：

1.75 *（节点数量 * mapreduce.tasktracker.reduce.tasks.maximum）

其中，mapreduce.tasktracker.reduce.tasks.reduce.maximum 的数量一般设置为各节点 CPU Core 的数量。如果 Reduce Task 的数量是节点个数的 0.95 倍，那么所有的 Reduce Task 都能够在 Map Task 的输出传输结束后同时开始运行；如果 Reduce Task 的数量是节点个数的 1.75 倍，那么高速的节点会在完成它们第一批 Reduce Task 计算之后开始计算第二批 Reduce 任务，这种情况更有利于负载均衡。

（6）实验测试。

通过编辑 MapReduce 的配置文件 mapred-site.xml 修改 Reduce Task 数量分别为 1、2、6：

```
[root@master hadoop]# vi /usr/local/src/hadoop/etc/hadoop/mapred-site.xml
# 编辑配置文件 mapred-site.xml
<property>
    <name>mapreduce.job.reduces</name>
    <value>2</value>    <!-- 分三次修改这个值，并对同一数据集进行测试 -->
</property>
```

分三次修改参数之后，对同一数据集进行测试，修改参数后分别运行官方 MapReduce 实例，会有类似于如下内容的输出提示：

```
[root@master hadoop]# hadoop jar /usr/local/src/hadoop/share/hadoop/mapreduce/hadoop-mapreduce-examples-2.7.1.jar wordcount /input1 /output3
    …
    Job Counters
        Killed map tasks=4
        Launched map tasks=9
        Launched reduce tasks=6
        Data-local map tasks=9
        Total time spent by all maps in occupied slots (ms)=4136256
        Total time spent by all reduces in occupied slots (ms)=3148261
        Total time spent by all map tasks (ms)=4136256
        Total time spent by all reduce tasks (ms)=3148261
        Total vcore-seconds taken by all map tasks=4136256
        Total vcore-seconds taken by all reduce tasks=3148261
        Total megabyte-seconds taken by all map tasks=4235526144
```

```
        Total megabyte-seconds taken by all reduce tasks=3223819264
    …
    File Input Format Counters
        Bytes Read=562759225
    File Output Format Counters
        Bytes Written=9240222
```

在三台虚拟机构建的分布式集群上运行，将输出的结果情况进行分析对比（可能不同的虚拟机或实体机构建的集群结果会不一样），当发现该参数的值分别设置为 1、2、6 时，通过将其设置为三种不同参数值，观察 Total time spent by all reduce tasks/ reduce tasks 的值（也可以通过 jobhistory Web 页面进行查看，如图 14.3 所示），可以发现，当 mapreduce.job.reduces 的参数值为 2 时效率最佳。

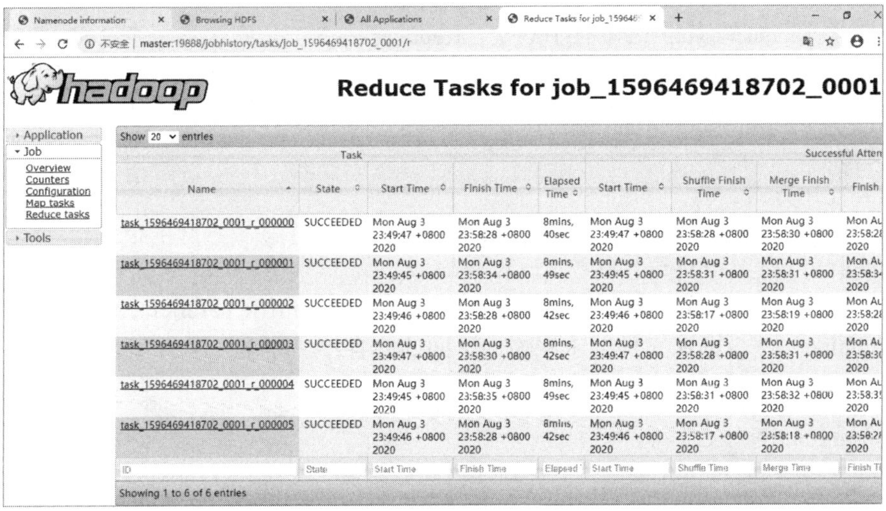

图 14.3　在 jobhistory Web 页面中查看 Reduce Tasks 的耗时情况

14.3.2　Reduce I/O 的相关参数

（1）参数：mapreduce.task.io.sort.factor（默认值为 10）。

（2）作用：使 Reduce 合并处理的速度更快，并减少磁盘的访问次数。

（3）意义：Reduce 每轮合并并不一定合并平均数量的文件数，指导原则是使整个合并过程中写入磁盘的数据量最小，为了达到这个目的，需要在最终的一轮合并中合并尽可能多的数据，因为最后一轮的数据直接作为 Reduce 的输入，无须写入磁盘再读出。因此我们让最终的一轮合并的文件数达到最大，即合并因子的值最大，通过 mapreduce.task.io.sort.factor 参数来配置。

（4）优化方式。

可以通过编辑 MapReduce 的配置文件 mapred-site.xml 修改参数的值：

```
[root@master hadoop]# vi /usr/local/src/hadoop/etc/hadoop/mapred-site.xml
```

如果文件中存在名称（name）为 mapreduce.task.io.sort.factor 的属性，则修改其值（value），否则在文件的末尾添加下面的内容：

```
<property>
    <name>mapreduce.task.io.sort.factor</name>
    <value>10</value>
```

```
</property>
```
在 Reduce Task 中合并小文件时，若将该参数的值设置为 10，则表示一次合并的文件数为 10，而且每次合并的时候选择最小的前 10 个进行合并。

（5）优化值：该参数代表在进行 Merge 的时候最多能同时 Merge 多少 spill 文件，如果有 100 个 spill 文件，则此时无法一次完成整个 Merge 过程，这个时候需要调大该参数以减少 Merge 的次数，从而减少磁盘的操作。

14.3.3　Reduce Shuffle 阶段并行传输数据的数量

（1）参数：mapreduce.reduce.shuffle.parallelcopies（默认值为 5）。

（2）作用：实现优化 Reduce shuffle 阶段并行传输数据的数量。

（3）意义：如果 Map Task 有 100 个，Reducer 有 5 个，则平均每个 Reducer 需要拉取 20 个 Map Task 的输出结果，但在默认情况下，Reducer 会初始化 5 个拉取数据的线程，逐次从 Map 端复制。适当地增加 Reducer 拉取 Map 数据的线程数，可以提高 Shuffle 过程的执行速度。

（4）优化方式。

可以通过编辑 MapReduce 的配置文件 mapred-site.xml 修改参数的值：

```
[root@master hadoop]# vi /usr/local/src/hadoop/etc/hadoop/mapred-site.xml
```

如果文件中存在名称（name）为 mapreduce.reduce.shuffle.parallelcopies 的属性，则修改其值（value），否则在文件的末尾添加下面的内容：

```
<property>
    <name>mapreduce.reduce.shuffle.parallelcopies</name>
    <value>5</value>
</property>
```

（5）优化值：需要根据 Map Task 和 Reduce Task 的具体值来判断并设置，当 Map Task 与 Reduce Task 的比例过小时，设置并发复制线程数过大反而会影响运行效率；如果 24 个 Map Task 对应 1 个 Reduce Task，当设置参数值为 12 时，则程序的效率会提高。

14.3.4　tasktracker 并发执行的 Reduce 数

（1）参数：mapreduce.tasktracker.tasks.reduce.maximum（默认值为 2）。

（2）作用：设置一个 tasktracker 并发执行的 Reduce 数。

（3）优化方式。

可以通过编辑 MapReduce 的配置文件 mapred-site.xml 修改 Reduce 数：

```
[root@master hadoop]# vi /usr/local/src/hadoop/etc/hadoop/mapred-site.xml
```

如果文件中存在名称（name）为 mapred.tasktracker.map.tasks.maximum 的属性，则修改其值（value），否则在文件的末尾添加下面的内容：

```
<property>
    <name>mapred.tasktracker.map.tasks.maximum</name>
    <value>2</value>
</property>
```

（4）优化值：(CPU 数量 > 2)？(CPU 数量 * 0.50)：1，CPU 数量 = 服务器 CPU 总核数/每个 CPU 的核数。

14.3.5 可并发处理来自 tasktracker 的 RPC 请求数

（1）参数：mapreduce.jobtracker.handler.count（默认值为 10）。

（2）作用：设置可并发处理来自 tasktracker 的 RPC 请求数，如果 tasktracker 的数量很大，则可以增大这个参数的值来提高 jobtracker 的响应。

（3）意义：在集群大的时候，jobtracker 处理 RPC 的能力就有些不足了。jobtracker 为每个 tasktracker 服务的时间差不多是 100ms，当默认有 10 个 handler 时，jobtracker 每秒钟可处理差不多 100 个 tasktracker 请求，如果 tasktracker 的数量很大，则很有必要增大这个参数的值来提高 jobtracker 的响应。

（4）优化方式。

可以通过编辑 MapReduce 的配置文件 mapred-site.xml 修改 RPC 请求数：

```
[root@master hadoop]# vi /usr/local/src/hadoop/etc/hadoop/mapred-site.xml
```

如果文件中存在名称（name）为 mapreduce.jobtracker.handler.count 的属性，则修改其值（value），否则在文件的末尾添加下面的内容：

```
<property>
    <name> mapreduce.jobtracker.handler.count </name>
    <value>10</value>
</property>
```

（5）优化值：一般为 tasktracker 节点的 4%。

14.4 本章小结

本章主要介绍了 MapReduce 的运行原理，以及 Map 阶段、Reduce 阶段的优化配置和部分相关的实验内容。

第 15 章 Spark 配置优化

学习目标

- 理解 Spark Streaming 的参数配置。
- 理解 Spark 读取 Kafka 的参数优化。
- 掌握 Spark 读取 Flume 配置的优化。
- 了解 Spark 优化写入 HDFS。
- 了解 Scala 变量共享。

第 11 章介绍了 Spark 的基本原理、架构、安装部署及其简单使用。Spark 启用了内存分布数据集,能够提供更快的数据处理速度,同时,它支持 Java、Scala、Python 等语言接口,其丰富的 API 也为各行各业使用 Spark 进行数据处理提供了便利。本章基于业务需求,结合其他组件环境对 Spark 进行相关配置优化,主要包含优化 Spark Streaming 配置,优化 Spark 读取 Kafka、Flume,优化 Spark 写入 HDFS,优化 Scala 代码。

15.1 优化 Spark Streaming 配置

15.1.1 Spark Streaming 简介

Spark Streaming 是 Spark 核心 API 的一个扩展,可以实现高吞吐量的且具备容错机制的实时流数据的处理。它支持多种数据输入方式与数据输出路径,使构建可伸缩的容错流应用程序变得容易,如图 15.1 所示。

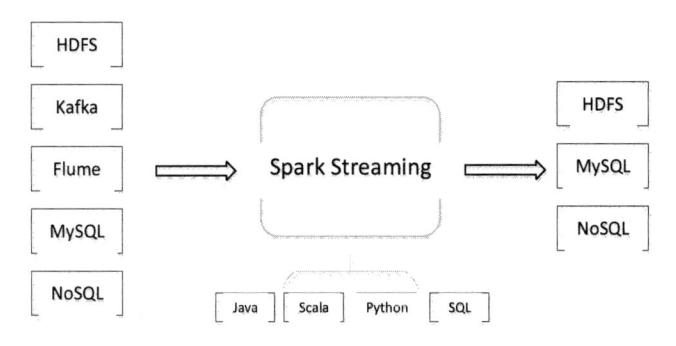

图 15.1　Spark Streaming 数据流

Spark Streaming 通过将 Apache Spark 的语言集成 API 引入流处理，使开发人员可以像编写批处理作业一样编写流作业。它支持 Java、Scala 和 Python 等语言接口，其业务逻辑在 Spark 上运行。Spark Streaming 允许使用者重用相同的代码进行批处理、根据历史数据加入流，或者对流状态运行进行特别查询操作，从而构建强大的交互式应用程序。

Spark Streaming 支持一个高层的抽象，叫作离散流（Discretized Stream）或称 DStream，它代表连续的数据序列。Stream 既可以通过与其他组件（如 Kafka、Flume 等）获取的输入数据流来创建，也可以在其他 DStream 的基础上通过高阶函数 API 获得。在内部，DStream 是由一系列 RDD 组成的。RDD 称为弹性分布式数据集，是 Spark 统一的抽象弹性分布式数据形式。Spark 运行数据在内核中对应一个 RDD 实例。因此，可以将对应流数据的 DStream 看作一组 RDD，即 RDD 的一个序列。也就是说，在流数据被分成一批一批后，会通过一个先进先出的队列。Spark Engine 从该队列中依次取出一个个批数据，并把批数据封装成 RDD，再进行处理。

15.1.2　Spark 参数的配置方式

根据生产环境的不同，每个集群规模和业务需求都不一样，因此参数设置并不固定。只有理解参数的意义，基于使用场景配置出符合自己业务的集群环境，并且能自由地扩张业务、考虑各种极端环境才算是正确的参数调优。Spark 调优需要对各个参数都充分理解，同时需要了解如何配置参数提交任务，主要有以下三种方式。

（1）SparkConf 提交参数。进入 ./bin 目录，使用 spark-shell 命令启动：

```
[hadoop@master bin]$ ./spark shell
….
Welcome to
      ____              __
     / __/__  ___ _____/ /__
    _\ \/ _ \/ _ `/ __/  '_/
   /___/ .__/\_,_/_/ /_/\_\   version 2.0.0
      /_/

Using Scala version 2.11.8 (Java HotSpot(TM) 64-Bit Server VM, Java 1.8.0_144)
Type in expressions to have them evaluated.
Type :help for more information.
scala>
```

任何 Spark 程序都是从读取 SparkContext 参数开始的。SparkContext 的初始化需要创建一个 SparkConf 对象，SparkConf 包含了 Spark 集群配置的各种参数。Spark 程序通过代码设置，即在 Scala 编程中按照规则进行设置，如设置运行程序 App 的名称。

首先导入 SparkConf 包，初始化参数后进行相应的设置，此步骤在命令框中执行：

```
scala> import org.apache.spark.SparkConf
import org.apache.spark.SparkConf
scala> val conf = new SparkConf().setMaster("master").setAppName("appName")
conf: org.apache.spark.SparkConf = org.apache.spark.SparkConf@6d1c15cb
```

SparkConf()函数创建了 SparkConf 对象，该对象将从应用程序中读取系统属性加载值。在这种情况下，直接在 SparkConf 对象上设置的参数优先于系统属性，当需要设置的参数过多时，可以连续输入：

```
scala> import org.apache.spark.SparkConf
scala> var SparkConf = new SparkConf()
.set("spark.driver.cores","4")
.set("spark.driver.maxResultSize","2g")
.set("spark.driver.memory","4g")
.set("spark.executor.memory","8g")
.set("spark.streaming.kafka.maxRatePerPartition" , "5000")
.set("spark.streaming.backpressure.enabled" , "true")
.set("spark.streaming.backpressure.pid.minRate","10")
….
…
.
```

（2）spark-submit 参数的设置。spark-submit 通过 shell 命令框提交已经打包好的 jar 文件，并按照语法设置参数。本实验调用 Spark 自带的样例计算圆周率，将程序命名为 SparkPi，"--"后跟随相关参数名及参数值：

```
[hadoop@master ~]$cd /usr/local/src/spark/bin
[hadoop@master bin]$
./spark-submit  --class  org.apache.spark.examples.SparkPi  --master spark://master:7077 --executor-memory 2g --executor-cores 1 /usr/local/src/spark/examples/jars/spark-examples_2.11-2.0.0.jar 50
```

--class：导入引入包的类入口。

--master：设置 Master 服务入口。

--executor-memory：设置程序可使用的内存。

--executor-cores：设置程序可使用的 CPU 核心数。

命令最后的 50 表示程序的运行结果精确到小数点后 50 位。

根据 spark-submit 的提交方式，可以基于集群的硬件配置选择合理的参数。以内存优化为例，优化前为：

```
[hadoop@master bin]$ ./spark-submit --class org.apache.spark.examples.SparkPi --master  spark://master:7077  --executor-memory  2g  --executor-cores  1 /usr/local/src/spark/examples/jars/spark-examples_2.11-2.0.0.jar 50
```

假设需要加快运算，当设置程序可使用内存为 2GB 时，程序反馈如图 15.2 所示：

```
INFO scheduler.TaskSchedulerImpl: Adding task set 0.0 with 50 tasks
WARN scheduler.TaskSchedulerImpl: Initial job has not accepted any resources; check your cluster UI to ensure that workers are registered and have sufficient resources
```

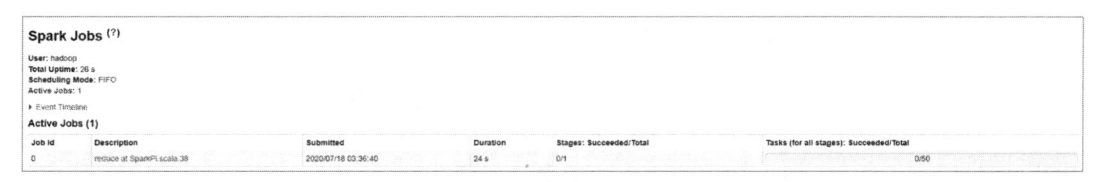

图 15.2　spark-submit 内存优化前

优化后，将内存修改为 1GB：

```
[hadoop@master bin]$ ./spark-submit --class org.apache.spark.examples.SparkPi
--master     spark://master:7077     --executor-memory     1g     --executor-cores     1
/usr/local/src/spark/examples/jars/spark-examples_2.11-2.0.0.jar 50
```

也就是说，要根据项目的需要和机器的配置来确定运行的参数，并不是一味地增大参数的值就能加快运行速度的。由于虚拟机的最大内存为 2GB，所以当参数设置超过本机内存时会提示无可用资源分配，且运行时间较长。优化后，使用内存 1GB，最后运行结果只需 2s，如图 15.3 所示。

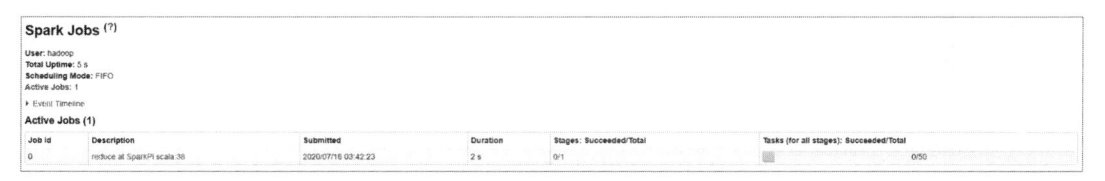

图 15.3　spark-submit 内存优化后

（3）spark-defaults.conf 参数的设置。

在程序运行时，也可以从 $SPARK_HOME/conf/spark-defaults.conf 中读取配置选项，在这个配置文件中，每行都包含一对以空格或等号分开的键和值。例如：

```
spark.master spark://master:7077
spark.executor.memory 512m
spark.eventLog.enabled true
spark.serializer org.apache.spark.serializer.KryoSerializer
```

任何标签指定的值或配置文件中的值都将传递给应用程序，并且会通过 SparkConf 合并这些值。当提交应用程序时，若参数设置不一致，即配置参数重复出现时，则以高优先级的为准。优先级顺序为：SparkConf>spark-submit>spark-defaults.conf。

可以通过 4040 端口查看 Spark 的属性，如图 15.4 所示。需要注意的是，只有当程序运行时才能查看。要根据项目的需要进行修改，需要注意的是，spark-defaults.conf 修改后为默认参数，当项目不指定参数时，都会自动按照 spark-defaults.conf 的设置执行。

图 15.4　查看 Spark 的属性

15.1.3 Spark 常用的优化参数

Spark Streaming 是 Spark 的一个核心组件，它可以通过分布集群处理实时数据流，当下 Spark 的主要应用场景以使用 Spark Streaming 进行实时计算为主。也就是说，本章的 Spark 优化通常指使用 Spark Streaming 的流处理框架进行优化。

在程序运行不指定参数或不修改 spark-defaults.conf 参数的情况下，Spark Streaming 会调用默认参数执行，Spark Streaming 的背压机制是实时处理时较为重要的参数之一。在默认设置下，Spark Streaming 通过 receivers（或 Direct 方式）以生产者生产数据的速率接收数据。为了 Spark Streaming 应用能在生产中稳定、有效地执行，每批次数据的处理时间都必须非常接近批次调度的时间间隔。如果批处理时间一直大于批调度间隔，则调度延迟会一直增长，并且不会恢复。最终，Spark Streaming 应用会变得不再稳定。如果批处理时间长时间远小于批调度间隔，则会浪费集群资源。此时可以配置背压机制控制数据的最大输入速率：

```
[hadoop@master ~] cd /usr/local/src/spark/conf/
[hadoop@master ~] vi spark-defaults.conf
spark.streaming.backpressure.enabled              true
spark.streaming.backpressure.initialRate          1000
```

通过设置，在启动应用程序时，可以有效地防止内存突然间占用过大，从而限制首次处理的数量。其他常用参数设置可参考背压机制的方法，如表 15.1 所示。

表 15.1 Spark Streaming 常用的优化参数

属 性 名	默 认 值	描 述
spark.streaming.backpressure.enabled	false	背压机制，根据前一批次数据的处理情况，动态、自动地调整后续数据的摄入量
spark.streaming.backpressure.initialRate	not set	在启用背压机制时，每台服务器接收第一批数据的初始最大速率
spark.streaming.blockInterval	200ms	接收数据到 Spark 之前被分块到数据块中的时间间隔
spark.streaming.receiver.maxRate	not set	每台服务器接收数据的最大速率
spark.streaming.receiver.writeAheadLog.enable	false	启用预写日志，通过服务器接收的所有输入数据都将保存在预写日志中，以便在驱动程序发生故障时恢复这些数据
spark.streaming.unpersist	True	是否手动控制缓存
spark.streaming.kafka.maxRatePerPartition	not set	传输 Kafka 数据的最大速率
spark.streaming.kafka.maxRetries	1	控制读取 Kafka 最大数据摄入量
spark.streaming.ui.retainedBatches	1000	内存回收时保留的 batch 批次个数

除此之外的更多参数，可以根据业务需求查阅官方网站 Configuration。

15.2 优化 Spark 读取 Kafka

15.2.1 Spark 参数设置

在实际生产环境中，我们采用 Spark Streaming 进行流式计算，数据源可以连接 Kafka，输出方式有很多种，有直接存储数据的，也有发送给 Kafka 消息队列供下游继续处理的。Spark 读取 Kafka 要做到最优处理，需要对两者同时进行参数配置。首先介绍 Spark 配置环境中涉及联动 Kafka 的相关参数。

（1）优化批处理时间。Spark Streaming 流处理在读取 Kafka 时，由于本身服务器配置及流量不可控，所以当数据量较小时，默认配置和使用便能够满足情况；但是当数据较量大时，就需要进行一定的调整和优化了：

```
[hadoop@master ~] cd /usr/local/src/spark/conf/
[hadoop@master ~] vi spark-defaults.conf
spark.streaming.kafka.maxRatePerPartition                10000
```

参数会限制读取所有限制每秒钟每个消费线程读取每个 Kafka 分区最大的数据量，防止通道拥挤，造成内存占用过高。也可以修改 spark.streaming.receiver.maxRate 参数，从整体上对数据流进行限制。

（2）优化数据存储。强制将 Spark Streaming 生成并保留的 RDD 自动从 Spark 的内存中取消，Spark Streaming 接收到的原始输入数据也将自动清除。修改默认参数为 true，当将其设置为 false 时，允许原始数据和持久的 RDD 在应用程序外部被访问，此时数据不会被自动清除，需要在业务逻辑编程时指定数据销毁时间点。优化数据存储适合高速、轻量级的流数据应用，数据运行完后被删除，防止数据堆积：

```
[hadoop@master ~] cd /usr/local/src/spark/conf/
[hadoop@master ~] vi spark-defaults.conf
spark.streaming.unpersist                                true
```

（3）防止数据丢失。确保在执行 kill 任务时能够处理完最后一批数据再关闭程序，不会发生强制 kill 导致数据处理中断，没处理完的数据丢失的情况：

```
[hadoop@master ~] cd /usr/local/src/spark/conf/
[hadoop@master ~] vi spark-defaults.conf
spark.streaming.stopGracefullyOnShutdown                 true
```

其他重要参数可参考表 15.2，只要涉及数据在内存上使用时，就会非常影响 Spark Streaming 任务的运行，为确保任务的稳定性，需要针对参数进行详细的优化配置。

表 15.2 Spark Streaming 运行优化参数

属 性 名	默 认 值	描 述
spark.executor.memory	1G	Executor 内存大小
spark.executor.extraJavaOptions	—	当使用 Java 编写程序时，可以打印 gc 日志以辅助定位
spark.storage.memoryFraction	0.6	任务缓存所占内存的比例
spark.cleaner.ttl	infinite	缓存数据的周期

15.2.2 Kafka 参数设置

（1）server.properties。对于 Kafka 的配置优化，首先要修改 server.properties 文件中参数的值，如 network 和 io 操作线程的配置优化：

```
num.network.threads=xxx
num.io.threads=xxx
```

用于接收并处理网络请求的线程数的默认值为 3，其内部实现采用的是 Selector 模型。启动一个线程作为 Acceptor 来负责建立连接，再配合启动 num.network.threads 个线程，用来轮流负责从 Sockets 里读取请求，一般无须改动，除非上下游并发请求量过大。

日志保留策略配置，当 Kafka Server 被写入海量消息后，会生成很多数据文件，且会占用大量磁盘空间，如果不及时清理，则会使磁盘空间不够用，Kafka 默认保留 7 天：

```
log.retention.hours=72
log.segment.bytes=1073741824
```

另外，还有配置 JMX 服务、Replica 相关配置等操作，需要根据业务环境进行相关的配置，正常情况下使用默认配置就能够满足大多数的场景需求。

（2）producer.properties 生产端。producer.properties 优化涉及压缩数据、序列化、消息反馈等。当使用 Kafka 自带的 kafka-console-producer.sh 程序生产数据时，需要配置 producer.properties 文件。下面从 producer.properties 生产端配置文件实现数据优化，从而实现高效数据转运：

```
[hadoop@master /]$ cd /usr/local/src/kafka/config/
[hadoop@master config]$ vi producer.properties
#指定节点列表
metadata.broker.list=master:9092,slave1:9092, slave2:9092
#指定分区处理类。默认为 kafka.producer.DefaultPartitioner
#partitioner.class=kafka.producer.DefaultPartitioner
#是否压缩，0 代表不压缩，1 代表用 gzip 压缩，2 代表用 snappy 压缩
compression.codec=0
#指定序列化处理类
serializer.class=kafka.serializer.DefaultEncoder
#如果要压缩消息，则在这里指定哪些 topic 要压缩消息，其默认值是 empty，表示不压缩
#compressed.topics=设置发送数据是否需要服务端的反馈，有三个值：0, 1, -1
#0 表示 producer 不会等待 Broker 发送 ack
#1 表示当 leader 接收到消息后发送 ack
#-1 表示当所有的 Follower 都同步消息成功后发送 ack
request.required.acks=0
#在向 producer 发送 ack 之前，Broker 均需等待的最长时间
request.timeout.ms=10000
#sync 同步（默认），async 异步可以提高发送吞吐量
producer.type=async
 #在 async 模式下，当 message 缓存超时后，将会批量发送给 Broker，默认为 5000ms
#queue.buffering.max.ms=5000
#在 async 模式下，producer 端允许 buffer 的最大消息量
queue.buffering.max.messages=20000
 #在 async 模式下，指定每次批量发送的数据量，默认为 200 个
batch.num.messages=500
#当消息在 producer 端沉积的条数达到 queue.buffering.max.messages 后
#阻塞一段时间后，队列仍然没有 enqueue（producer 仍然没有发送任何消息）
#此时 producer 可以继续阻塞，或者将消息抛弃
#-1 表示无阻塞超时限制，消息不会被抛弃
#0 表示立即清空队列，消息被抛弃
queue.enqueue.timeout.ms=-1
```

（3）consumer.properties 消费端。使用 Kafka 就是为了缓冲消息，消费端才是处理消息的中心，数据处理的业务逻辑都在消费端。当数据在通道内被使用后，数据的处理方式可以根据项目的需要进行。

当使用 Kafka 自带的 kafka-console-consumer.sh 消费数据时，需要配置文件：

```
[hadoop@master /]$ cd /usr/local/src/kafka/config/
[hadoop@master config]$ vi consumer.properties
#ZooKeeper 连接服务器地址
zookeeper.connect=master:2181,slave1:2181, slave2:2181
#ZooKeeper 的 session 的过期时间
```

```
zookeeper.session.timeout.ms=5000
#连接到 ZooKeeper 的超时时间，单位为 ms
zookeeper.connectiontimeout.ms=10000
#指定多久后消费者更新 offset 到 ZooKeeper 中
zookeeper.sync.time.ms=2000
#消费端 id 号
group.id=test-group
#自动向 ZooKeeper 提交 offset 信息
auto.commit.enable=true
#自动更新时间
auto.commit.interval.ms=1000
#最大取多少块缓存到消费者中（默认 10）
queued.max.message.chunks=50
#当有新的 consumer 加入 group 时，将会 rebalance
rebalance.max.retries=5
#获取消息的最大尺寸，Broker 不会向 consumer 输出大于此值的 chunk
fetch.min.bytes=655360
#当消息尺寸不足时，server 阻塞的时间如果超时，则立即发送给 consumer
fetch.wait.max.ms=5000
socket.receive.buffer.bytes=655360
auto.offset.reset=smallest
```

15.3 优化读取 Flume

15.3.1 Flume 参数设置

Flume 是日志采集、聚合和传输的组件，可以作为数据传输工具。当 Flume 与 Spark 联动时，Flume 可以是数据发送方，用于收集数据；同时，Flume 可以对数据进行简单的处理，并具有将数据写到各种数据接收方（可定制）的能力。

本节让 Flume 作为数据发送方，从 3333 端口获取数据来源。数据经过内存转运到 master 主节点的 4444 端口释放，使用 Spark 充当 Flume 的 Sink。

新建配置文件 flume-spark.conf：

```
[hadoop@master ~] vi flume-spark.conf
a1.sources = r1
a1.sinks = k1
a1.channels = c1
#source
a1.sources.r1.type = netcat
a1.sources.r1.bind = master
a1.sources.r1.port = 3333
#channel
a1.channels.c1.type = memory
a1.channels.c1.capacity = 10000
a1.channels.c1.transactionCapacity = 1000
#sink
a1.sinks.k1.type = avro
a1.sinks.k1.hostname = master
a1.sinks.k1.port = 4444
#Link
a1.sources.r1.channels = c1
```

```
a1.sinks.k1.channel = c1
```

15.3.2 接收端参数设置

Spark 获取到 Flume 数据输入后，业务逻辑即数据的处理部分在 Spark 上进行，此时，参数设置需要首先考虑数据的输入速度，以确保数据不丢失；其次需要考虑数据的处理速度，以使所有数据在获取到的同时以最小的间隔得到反馈。

（1）执行行为参数，同 Spark 读取 Kafka。

spark.cleaner.ttl：Flume 数据输入为长时间运行，不间隔时间。为防止造成内存泄漏，适当地对其进行调整，最好先将其设置为 3600。

spark.executor.cores：每个 Executor 的 CPU 核数。这个默认值基于选择的资源调度器。如果使用 YARN 或 Standalone 集群模式，则应该调整这个值。

（2）压缩及序列化参数，Spark 程序在运行时，在 Shuffle 和 RDD Cache 等过程中，会有大量的数据需要序列化，这对优化极为重要，将 RDD 以序列化格式进行保存以减少内存占用。通过配置，让 KryoSerializer 作为数据序列化器以提升序列化性能。

spark.kryo.registrator：默认值为 none。如果使用 Kryo 进行序列化，则向 Kryo 注册自定义的类型。如果需要以自定义方式注册类，如指定自定义字段序列化程序，则此属性非常有用；否则使用 spark.kryo.classesToRegister 更简单。

spark.rdd.compress：设置是否应当压缩序列化的 RDD，默认值为 false。由于在生产环境下无法确定 Flume 数据传输的速度与峰值，因此，如果硬件充足，则应该启用这个功能。

spark.serializer：默认值为 org.apache.spark.serializer.JavaSerializer。该参数对通过网络发送或需要以序列化形式缓存的对象进行序列化操作。Java 序列化的默认值适用于任何可序列化的 Java 对象，但速度较慢，建议使用 org.apache.spark.serializer.KryoSerializer 提升性能。

spark.kryo.unsafe：如果想更好地提升性能，则可以使用 Kryo unsafe 方式。

其他参数可以通过调整 Shuffle 行为参数、运行环境参数等来保证程序的正常运行。

15.3.3 Spark 读取 Flume

（1）导入依赖，Flume 主动推送消息给 Spark。Spark Streaming 与 Flume 的连接需要驱动，下载地址为 https://repo1.maven.org/maven2/org/apache/spark/。

根据本实验要求，版本号可以选择：spark-streaming-flume-sink_2.11-2.0.0.jar、scala-library-2.11.8.jar、spark-streaming-flume_2.11-2.0.0.jar。

首先删除 Flume 自带的 lib 目录下的 scala-library-2.10.1.jar 旧版文件：

```
[hadoop@master /]$ cd /usr/local/src/flume/lib/
[hadoop@master lib]$ rm -rf scala-library-2.10.1.jar
[hadoop@master /]cd /opt/software/
[hadoop@master ]$cp scala-library-2.11.8.jar /usr/local/src/flume/lib/
[hadoop@master /]$cp /opt/software/spark-streaming-flume-sink_2.11-2.0.0.jar /usr/local/src/flume/lib/
[hadoop@master /]$cp /opt/software/ spark-streaming-flume_2.11-2.0.0.jar /usr/local/src/flume/lib/
```

（2）启动 Spark Shell，设置 Flume 后，由于需要发送给 Spark，所以此时需要先启动 Spark，设置接收处理消息。

需要注意的是，由于 Spark 需要接收消息并处理消息，因此 Spark cores 需要的 CPU 核心数应大于 2，即服务器的 CPU 核心数应大于 2。系统会按照 5s 的速度进行刷新，等待 Flume 推送消息至 Spark：

```
[hadoop@master bin]$ ./spark-shell
scala> import org.apache.spark.SparkConf
scala>import org.apache.spark.streaming.dstream.ReceiverInputDStream
scala>import org.apache.spark.streaming.flume.{FlumeUtils, SparkFlumeEvent}
scala>import org.apache.spark.streaming.{Seconds, StreamingContext}
scala>val ssc = new StreamingContext(sc , Seconds(5))
scala>val inputDstream:ReceiverInputDStream[SparkFlumeEvent] = FlumeUtils.createStream(ssc, "master", 4444)
scala>val tupDstream = inputDstream.map(event=>{
    val event1 = event.event
    val byteBuff = event1.getBody
    val body = new String(byteBuff.array())//ByteBuff.array()
    (body,1)
  }).reduceByKey(_+_)
scala>tupDstream.print()
scala>ssc.start()
scala> -------------------------------------------
Time: 1595069280000 ms
-------------------------------------------
```

（3）启动 Flume。需要注意的是，Flume 监听 3333 端口，然后通过 4444 端口发送给 Spark（需要提前安装 Netcat）：

```
[hadoop@master /]$ flume-ng agent --conf conf --conf-file ./usr/local/src/flume/conf/spark-flume.properties --name a1 -Dflume.root.logger=INFO,console
  Info: Including Hadoop libraries found via (/usr/local/src/hadoop/bin/hadoop) for HDFS access
......
...
.
20/07/18 06:50:11 WARN api.NettyAvroRpcClient: Using default maxIOWorkers
20/07/18 06:50:11 INFO sink.AbstractRpcSink: Rpc sink k1 started.
```

（4）nc 写消息，打开新的命令框执行以下命令：

```
[hadoop@master~]$ nc master 3333
hello
OK
Wang ^H
OK
Zhangsan
OK
12345678
OK
```

此时可以从 Spark 界面处看到接收的数据，并对数据进行相关的处理。本实验进行了简单的计数操作，即业务逻辑：

```
Time: 1595069585000 ms
-------------------------------------------
Time: 1595069590000 ms
-------------------------------------------
  20/07/18 06:07:51 WARN storage.BlockManager:Block input-0-159506929000 replicated to only 0 peer(s) instead of 1 peers
  Time: 159506995000 ms
```

```
------------------------------------------
(Zhangsan,1)
(123456,1)
(Wang,1)
```

15.4 优化 Spark 写入 HDFS

15.4.1 Spark Shell 读取并写入 HDFS

Spark 主动从 HDFS 中拉取数据，此时 HDFS 作为数据源，根据分布式文件存储系统的特点，可以得出业务数据源的特点：可能为大文件，分布式，且业务具有一定的延迟性。业务运算逻辑依托 Spark 进行运算，此时对数据传输的要求降低。约束计算速度的阈值取决于 CPU 的核心数和任务调度数。相关参数优化可以从以下几方面出发。

（1）计算资源。

spark.cores.max：决定了在 Standalone 和 Mesos 模式下，一个 Spark 应用程序能申请的 CPU 核心数。在 YARN 模式下，资源由 YARN 进行统一调度管理，一个应用在启动时申请的 CPU 资源的数量由另外两个直接配置 Executor 的数量和每个 Executor 中核心数的参数决定。

spark.task.cpus：分配给每个任务的 CPU 的数量，默认为 1，其主要功能为在作业调度时，每分配一个任务，就对已使用的 CPU 资源进行计数，并统计资源的使用情况，便于安排调度。

（2）任务调度。

spark.scheduler.mode：决定了单个 Spark 应用内部调度时使用的是 FIFO 模式还是 FAIR（公平）模式。管理一个 Spark 应用内部的多个没有依赖关系的 Job 的调度策略，默认使用 FIFO 模式，即谁先申请和获得资源，谁就占用资源，直到完成。在 YARN 模式下，多个 Spark 应用间的调度策略由 YARN 自己的策略配置文件决定。

（3）推测执行。

spark.speculation：推测执行是指在分布式集群环境下，由于程序漏洞、负载不均衡或资源分布不均等造成的同一个 Job 的多个 Task 的运行速度不一致。推测执行优化机制采用了典型的以空间换时间的优化策略，同时启动多个相同的 Task（备份任务）处理相同的数据块，优先使用最早完成的任务结果，可防止延迟 Task 出现，进而提高作业计算速度，但是，这样会占用更多的资源，在集群资源紧缺的情况下，设计合理的推测执行机制可在占用少量资源的情况下缩短大型作业的计算时间。

15.4.2 显示调用 Hadoop API 写入 HDFS

saveAsNewAPIHadoopFile 为新版数据输出 HDFS 工具，默认使用 TextOutputFormat 实现类。首先需要导入包：

```
scala> import org.apache.hadoop.io.{IntWritable, Text}
scala> import org.apache.hadoop.mapreduce.lib.output.TextOutputFormat
scala> import org.apache.spark.{SparkConf, SparkContext}
scala> val rddData = sc.parallelize(List(("WangWu ", 12), ("LiuSi dog", 34), ("Sun ", 78), ("Alex", 10)), 1)
```

```
scala> val path = "hdfs://master:9000/test_write.txt "
scala>          rddData.saveAsNewAPIHadoopFile(path,          classOf[Text],
classOf[IntWritable], classOf[TextOutputFormat[Text, IntWritable]])
```

然后可通过 Hadoop Web UI 查看文件是否存在，如图 15.5 所示。

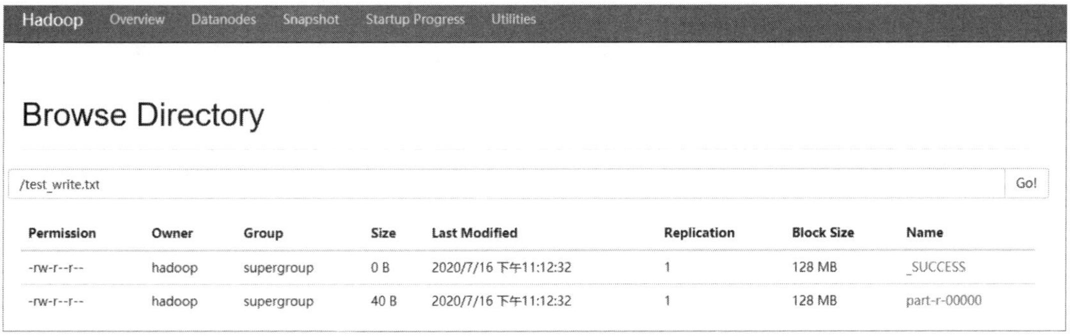

图 15.5 查看文件是否存在

15.4.3 Spark Streaming 实时监控 HDFS

（1）在 HDFS 上新建文件夹 spark_HDFS，用于 Spark 监控 HDFS 使用：

```
[hadoop@master ~]$ hadoop fs -mkdir /spark_HDFS
[hadoop@master ~]$ hadoop fs -ls /
Found 5 items
drwxr-xr-x   - hadoop supergroup          0 2020-05-30 04:53 /data
drwxr-xr-x   - hadoop supergroup          0 2020-07-16 09:12 /spark_HDFS
drwx-w----   - hadoop supergroup          0 2020-06-21 05:57 /tmp
drwxr-xr-x   - hadoop supergroup          0 2020-06-21 05:08 /user
drwxr-xr-x   - hadoop supergroup          0 2020-05-29 21:19 /usr
```

（2）编写代码实时监控 spark_HDFS 文件夹，进入 Spark Shell 界面：

```
[hadoop@master bin] cd /usr/local/src/spark/bin/
[hadoop@master bin]$ ./spark-shell --master local[2]
Setting default log level to "WARN".
To adjust logging level use sc.setLogLevel(newLevel).
…
Spark context available as 'sc' (master = local[2], app id = local-1594907243082).
Spark session available as 'spark'.
Welcome to
      ____              __
     / __/__  ___ _____/ /__
    _\ \/ _ \/ _ `/ __/  '_/
   /___/ .__/\_,_/_/ /_/\_\   version 2.0.0
      /_/

Using Scala version 2.11.8 (Java HotSpot(TM) 64-Bit Server VM, Java 1.8.0_144)
Type in expressions to have them evaluated.
Type :help for more information.
scala> import org.apache.spark.streaming.{Seconds, StreamingContext}
import org.apache.spark.streaming.{Seconds, StreamingContext}
scala> import org.apache.spark.{SparkConf, SparkContext}
import org.apache.spark.{SparkConf, SparkContext}
```

```
scala> val ssc = new StreamingContext(sc, Seconds(5))
ssc: org.apache.spark.streaming.StreamingContext = org.apache.spark.
streaming.StreamingContext@7bbc3b6e
scala> val lines = ssc.textFileStream("hdfs://master:9000/Spark_HDFS")
lines: org.apache.spark.streaming.dstream.DStream[String] = org.apache.
spark.streaming.dstream.MappedDStream@15d41953
scala> lines.print()
scala> ssc.start()
scala> -------------------------------------------
Time: 1594907440000 ms
-------------------------------------------
-------------------------------------------
Time: 1594907450000 ms
-------------------------------------------
```

此时，Spark Streaming 会一直监控 HDFS 下的 spark_HDFS 文件夹，屏幕每隔 10s 打印一条消息。

（3）上传文件至 HDFS，并打开新的命令框：

```
[hadoop@master ~] cd /opt/software/
[hadoop@master software]$ vi test.txt
WangWu 12
LiuSi 34
Sun 78
[hadoop@master software]$ hadoop fs -put /opt/software/test.txt /Spark_HDFS
```

此时，Spark Streaming 会自动读取 spark_HDFS 文件夹下的文件内容并输出到界面上。

15.5 优化 Spark Scala 代码

15.5.1 Scala 编程技巧

Scala 是一门多范式的编程语言，也是一种函数式面向对象语言，它融汇了许多前所未有的特性，运行于 JVM 之上。它可以通过编程技巧帮助开发人员简化代码量。

（1）模式匹配。Scala 内部自带一个强大的功能：模式匹配机制。一个模式匹配包含一系列备选项，且每个都开始于关键字 case。每个备选项都包含一个模式及一到多个表达式。箭头符号"=>"隔开了模式和表达式。

Scala 没有 switch case 用法，但是提供了 match case。match case 可以匹配各种状况及数据类型。

使用模式匹配可以降低代码适应程度：

```
scala> def fun_match(x: Any): Any = x match {
     |       case 0 => "num Int"
     |       case "num" => 2
     |       case y: Int => "scala.Int"
     |       case _ => "other type"
     |     }
fun_match: (x: Any)Any
scala> println(fun_match("one"))
other type
scala> println(fun_match("num"))
2
scala> println(fun_match(1))
```

```
scala.Int
scala> println(fun_match(6))
scala.Int
scala> println(fun_match(0))
num Int
```

（2）正则表达式。Scala 通过 scala.util.matching 包中的 Regex 类支持正则表达式。正则表达式是用来找出数据中指定模式（或缺少该模式）的字符串的。".r" 方法可使任意字符串变成一个正则表达式。本实例首先定义 String 字符串，通过.r 构建一个 Regex 类型数据，然后使用 findFirstIn 方法找到首个匹配项：

```
scala> val str = "H3C".r
str: scala.util.matching.Regex = H3C
scala> val lang = "H3C is a famous company"
lang: String = H3C is a famous company
scala> println(str findFirstIn lang)
Some(H3C)
```

如果不使用正则表达式，则会重复嵌套使用循环、判断语句。使用正则表达式会大大加快运行速度并节省代码空间。其他正则表达式可以参考官方文档。

另外，Scala 还提供了一套很好的集合实现，提供了一些集合类型的抽象，如通过 Iterator（迭代器）方法能够访问元素。Scala Trait（特征）相当于 Java 的接口，可以定义属性和方法的实现。其他运算、循环等操作可参照 Java。

15.5.2 Scala 数据优化

（1）RDD 缓存。Scala 代码优化部分偏向于数据处理，由于 Spark 在运行时，数据在内存中占据着大量的空间，所以通过对数据进行优化可以释放内存，并增加运行的任务数，进而加快运行速度。RDD 为 Spark 提供了丰富的数据处理操作，为了加快处理速度，可以将长时间处理的数据放在内存上，如图 15.6 所示：

```
scala> val lines = sc.textFile("hdfs://master:9000/test.txt")
lines: org.apache.spark.rdd.RDD[String] = hdfs://master:9000/test.txt MapPartitionsRDD[
scala> lines.cache
res0: lines.type = hdfs://master:9000/test.txt MapPartitionsRDD[1] at textFile at <cons
scala> lines.count()
res2: Long = 4
```

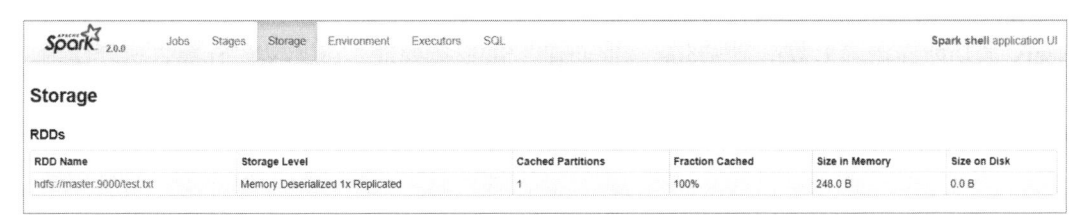

RDD Name	Storage Level	Cached Partitions	Fraction Cached	Size in Memory	Size on Disk
hdfs://master:9000/test.txt	Memory Deserialized 1x Replicated	1	100%	248.0 B	0.0 B

图 15.6　缓存数据

（2）Checkpoint 机制。当 RDD 缓存过多时，内存会被大量占用，此时可以使用 Checkpoint 机制设置检查点，将数据暂时放置在本地磁盘上，当需要引用数据时可以迅速调用：

```
scala> sc.setCheckpointDir("HDFS://master:9000/spark_checkpoint")
scala> val lines = sc.textFile("hdfs://master:9000/test.txt")
```

```
lines: org.apache.spark.rdd.RDD[String] = hdfs://master:9000/test.txt
MapPartitionsRDD[3] at textFile at <console>:24
scala> lines.checkpoint
scala> lines.unpersist(true)
```

通过实例化，lines 会存储在 HDFS://master:9000/spark_checkpoint 目录下，数据使用完毕要释放缓存，如图 15.7 所示。

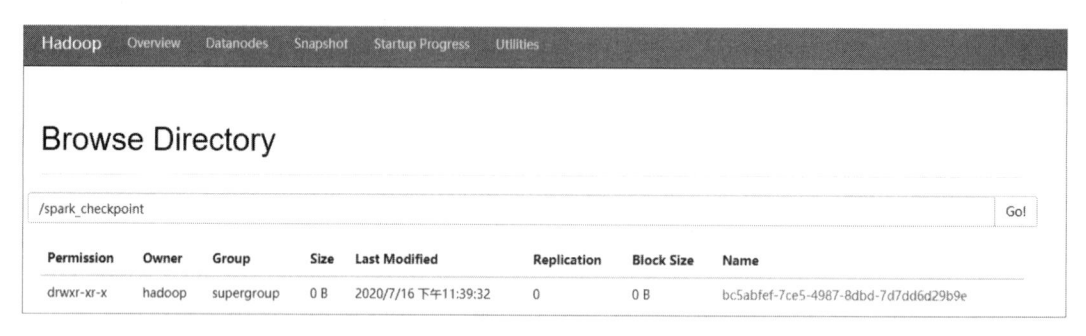

图 15.7 spark-checkpoint 目录

（3）数据的广播。由于内存有限，所以 Spark 在计算时有可能对同一份数据在不同的任务、不同的时间内计算。此时如果重复地读取数据，则会造成数据拥挤。例如，有一份数据，其大小为 200MB，Spark 有 50 个任务需要对同一份数据进行处理，那么有可能是排序、查找、定位、删除等操作，并返回不同的结果。如果每个任务都在读取数据后将其存储在内存中，则需要的空间为 200×50=10000MB，对内存的需要巨大。此时需要数据的广播，将共享数据转换成广播变量。

需要注意的是，一旦一个 broadcast 完成了初始化，那么今后对它的值进行访问就只能通过 broadcast 了：

```
scala> val broadcastVar = sc.broadcast(Array(1, 2, 3,4,5,6,7,8,9))
broadcastVar:    org.apache.spark.broadcast.Broadcast[Array[Int]]    =
Broadcast(0)
scala> broadcastVar.value
res0: Array[Int] = Array(1,2,3,4,5,6,7,8,9)
```

15.6 本章小结

在大数据实时计算领域，Spark 已经成为越来越流行、越来越受欢迎的计算平台之一。Spark 的功能涵盖了大数据领域的离线批处理、SQL 类处理、流式/实时计算、机器学习、图计算等各种不同类型的计算操作，其应用范围与前景非常广泛。基于业务逻辑调整参数，对 Spark 作业进行合理的调优，可以打破硬件的瓶颈，实现资源的有效配置。

第五部分　大数据平台的诊断与处理

第 16 章
Hadoop 及生态圈组件负载均衡的诊断与处理

学习目标

- 掌握 HDFS 负载均衡的检测与配置。
- 掌握 MapReduce 负载均衡的原理。
- 掌握 HBase 负载均衡的检测与配置。
- 了解 Spark 负载均衡的原理。

随着数据规模的迅速增大，为了满足数据存储和计算的需要，分布式存储与计算技术日益发展。其中，Hadoop 平台的应用较为广泛，YARN 是 Hadoop 2.0 之后的运算任务调度模块，YARN 的调度算法在设计时并没有考虑各节点服务器的硬件性能差异。但是，现实大数据集群的服务器由于购置时间、硬件与软件配置等原因，计算节点之间一般都存在性能上的差异，这种节点的硬件差异容易导致出现各节点运行速度不一的现象，从而影响作业执行的效率。因此，Hadoop 及生态圈组件的负载均衡的诊断与处理是实际工程应用中亟待解决的问题，本章针对此问题展开详细讲解。

16.1 HDFS 磁盘负载不均衡问题及解决方案

16.1.1 问题概述

Hadoop 的 HDFS 文件系统非常容易出现各 DataNode 之间磁盘利用率不均衡的情况。例如，在集群中添加新的 DataNode；节点与节点之间磁盘空间大小不一样等。当 HDFS 出现不均衡状况时，容易引发很多问题，如 MapReduce 程序无法很好地利用本地计算的优势、各服务器节点之间无法达到更好的网络带宽使用率、DataNode 的磁盘空间无法得到有效利用等。

16.1.2 磁盘负载不均衡的原因与影响

1. 引起磁盘负载不均衡的可能原因

HDFS 作为 Hadoop 的分布式文件系统，一般经常会有大量数据的写入和删除，每个服务器节点也会经常进行磁盘的增删和更换操作，因此每个节点的存储空间不一，这就导致了每个 DataNode 出现不同的存储规格和空间。一般导致 HDFS 磁盘负载不均衡的主要原因如下。

（1）集群节点扩容。在向大数据集群中添加新的数据节点时会导致新节点和旧节点的存储规格出现差异。

（2）数据节点之间的磁盘大小不一致。有时同一个大数据集群也会有不同规格的服务器硬件配置，从而导致同一集群内部也可能存在不同规格的服务器和磁盘。

2. 磁盘负载不均衡引起的性能问题

HDFS 磁盘负载不均衡不仅会影响服务器存储空间的利用率和读/写效率，也会引起磁盘 MapReduce 程序的计算问题和集群内部的带宽利用率等问题。HDFS 磁盘负载不均衡可能引起的性能问题主要有以下几个。

（1）MapReduce 程序无法很好地利用本地计算的优势。

（2）服务器之间无法达到更好的网络带宽使用率。

（3）服务器磁盘无法利用。

16.1.3 HDFS 磁盘负载不均衡的解决方案

HDFS 提供了一个用于数据均衡的工具——Diskbalancer（磁盘均衡器），Diskbalancer 可以把数据均衡地分发到每个 DataNode 下的多个磁盘上。需要注意的是，Diskbalancer 关心的是不同 DataNode 之间的数据均衡，对于 DataNode 内多个磁盘的数据均衡问题，它是不起作用的。

以下是 Diskbalancer 的用法参考。

（1）要启动 Diskbalancer，首先要将 HDFS 集群中的 dfs.disk.balancer.enabled 参数配置为 true。

（2）使用 df -h 显示 DataNode 的磁盘使用率，检查 DataNode 是否出现了负载不均衡的情况。

（3）从 HDFS 的/system/diskbalancer 目录下读取磁盘均衡计划生成的 JSON 文件。

16.2 MapReduce 负载不均衡问题

16.2.1 问题概述

MapReduce 作为一种大数据场景下的数据处理模型，被广泛应用于大规模和多维度数据集的处理中，并且在海量的数据处理中显示了较好的并行性及扩展性。MapReduce 采用简单 Hash 函数对数据进行划分，当数据分布不均匀时，经常会出现负载不均衡的问题。现有的解决数据不均衡的方法大多是增添一轮采样操作，以确定 key 值频率，然后重新执行数据分区操作。但是增加数据采样作业会延迟原 MapReduce 任务的运行。例如，基于 MapReduce 实现的并行聚类算法需要进行多次迭代运算，并且对于各轮计算，Reducer 的数据分布情况不尽相同，现有的方法一般是增加多轮采样作业。

16.2.2 MapReduce 的原理分析

MapReduce 是 Hadoop 集群的数据处理模块，是函数式编程的巅峰之作。Hadoop 对数据的处理都被抽象成了 Map 和 Reduce 这两个函数的操作。

通常地，Map 函数的工作是从 HDFS 中读取输入文件，读入的数据是一个个键值对(Key, Value)，通常 Map 作业处理后会输出一个个键值对（MapOutputKey/MapOutputValue），后台的输出线程会把输出的文件按照 MapOutputKey 把对应的 MapOutputValue 合并(MapOutputKey,<MapOutputValue0,MapOutputValue1>)，同时将输出的数据按照 MapOutputKey 排序。一般我们可以将不同 Map 输出的同一个 Key 的数据合起来看作一个小 Partition。

Shuffle 被称为 Hadoop 的核心，系统提供了一个 Partition 接口，使得用户可以决定 Map 的输出 Key 如何聚合。Shuffle 的主要工作是将各个 Map 的输出按照用户指定的方式将数据从 Map 的输出端复制到对应的 Reduce 执行端。

在一般的 MapReduce 开发中，Shuffle 的数据不均衡问题都没有被具体考虑，事实上，Shuffle 这个过程本身也存在着不均衡问题。Shuffle 不均衡的原因主要是各台服务器上运行的 Reduce 任务的处理数据量不均。各台服务器上运行的 Reduce 都要从 Map 端复制相应的数据，如果这些要复制的数据在本地的话，那么必然会复制得快些。如果一台服务器上有多个 Reduce 同时下载数据，那么这台服务器的网卡速度及磁盘读/写能力都将成为这台服务器上的 Shuffle 过程的瓶颈因素。

16.2.3 MapReduce 负载不均衡的解决方案

MapReduce 负载不均衡的本质是单个运算节点在执行对应数据处理任务时的数据量太大而拖慢整个任务的执行速度，当任务需求中的数据出现分布不均的情况时，按照 Hadoop MapReduce 任务的默认 Partition 方法，会出现某些 Reducer 节点运算负载过重的情况。这种情况对应的解决方案如下。

（1）从 Map 端入手，在 Map 阶段找出数据量比较集中的 Key，利用在 Key 后面加入随机数等方法将 Key 打散再进行运算，从而避免因为数据中某些 Key 值过于集中导致的 Reducer 运算数据量过大。

（2）从 Reduce 端入手，调整 Reduce 任务的个数，从而减少每个 Reduce 处理的数据量，加快整个任务的处理速度。

16.3 Spark 负载不均衡问题

16.3.1 问题概述

在 Spark 集群进行并行处理的数据集中，偶尔某一部分（如 Spark 或 Kafka 的一个

Partition）的数据会显著多于其他部分的数据，从而使得该部分的处理速度成为整个 Spark 任务处理的瓶颈。由于个别 Task 处理的数据量特别大，所以拖慢了整个 Job 的执行时间。

16.3.2 Spark 负载不均衡的危害

（1）任务长时间挂起，资源利用率下降。

Spark 的计算 Job 通常是分阶段进行的，阶段与阶段之间存在着数据上的依赖关系，后一阶段只有等前一阶段执行完才能开始，在这个过程中，每个阶段的数据处理效率低都可能导致这个 Job 执行缓慢。

（2）引发内存溢出，导致任务失败。

Spark 在数据发生不均衡问题时，可能导致大量的数据中在少数几个运算节点上，节点在执行计算任务的过程中由于要处理的数据超出了单个节点的能力范围，最终导致内存溢出，任务执行节点报 OOM 异常，甚至导致任务执行失败。

16.3.3 Spark 负载不均衡的原因

1. 读入的数据源本身是不均衡的

Spark 计算任务在开始时首先会读入数据，但是在这个阶段就可能出现负载不均衡问题。对于一些本身就可能不均衡的数据源，在读入阶段就可能出现个别 Partition 执行时长过长或直接失败的情况，如读取 id 分布跨度较大的 MySQL 数据、Partition 分配不均的 Kafka 数据或不可分割的压缩文件。在这些场景下，数据在读取阶段和读取后的第一个计算阶段都容易出现执行过慢或报错的情况。

2. Shuffle 阶段出现不均衡现象

在 Spark 的 Shuffle 阶段也可能会产生负载不均衡问题。例如，特定 Key 值数量过多，导致 Join 发生时大量数据涌向一个节点，致使数据严重不均衡，个别节点的读/写压力是其他节点读/写能力的好几倍，从而引发运算节点错误。

3. 过滤导致负载不均衡

在有些场景下，负载原本是均衡的，但是由于进行了一系列的数据剔除操作，因此可能在过滤掉大量数据后造成负载不均衡。

16.3.4 问题发现与定位

1. 通过 Spark Web UI

通过 Spark Web UI 查看当前运行的 Stage 各个 Task 分配的数据量（ShuffleReadSize/Records），从而进一步确定是不是 Task 分配的数据不均匀导致负载不均衡。知道负载不均衡发生在哪一个 Stage 之后，接着需要根据 Stage 划分原理推算出发生不均衡的那个 Stage 对应代码中的哪一部分，这部分代码中肯定会有一个 Shuffle 类算子。可以通过 countByKey 查看各个 Key 的分布。负载不均衡一般发生在 Shuffle 过程中，如图 16.1 所示。

图 16.1　Spark Web UI

2. 通过 Key 统计

通过抽样统计 Key 的出现次数验证数据是否出现负载不均衡问题。

由于数据量巨大，所以可以对数据进行抽样，统计出现的次数，然后根据出现次数的多少排序并取出前几个数据：

```
df.select("key").sample(false,0.1)          //数据采样
.(k=>(k,1)).reduceBykey(_+_)                //统计 Key 出现的次数
.map(k=>(k._2,k._1)).sortByKey(false)       //根据 Key 出现的次数进行排序
.take(10)                                   //取前 10 个
```

如果发现多数数据分布都较为平均，而个别数据比其他数据大若干数量级，则说明发生了负载不均衡问题。

16.3.5　Spark 负载不均衡的解决方案

1. 过滤异常数据

如果导致负载不均衡的 Key 是异常数据，那么简单地将其过滤掉就可以了。首先要对 Key 进行分析，判断是哪些 Key 造成了负载不均衡问题。具体方法上面已经介绍过了，这里不再赘述。然后对这些 Key 对应的记录进行分析，判断 Key 是否是空值或异常值之类的。

2. 提高 Shuffle 并行度

Spark 在做 Shuffle 时，默认使用 HashPartitioner 对数据进行分区。如果并行度不合适，就可能造成大量不相同的 Key 对应的数据被分配到同一个 Task 上，造成该 Task 处理的数据远大于其他 Task 处理的数据，从而造成负载不均衡。调整 Shuffle 并行度，使得原本被分配到同一个 Task 上的不同 Key 被分配到不同的 Task 上，可减小原 Task 所需处理的数据量，从而缓解负载不均衡问题造成的短板效应，提高任务执行的效率。

（1）操作流程：RDD 操作需要在 Shuffle 的操作算子上直接设置并行度，或者使用 spark.default.parallelism 设置。SparkSQL 可通过 SETspark.sql.shuffle.partitions=[num_tasks] 设置并行度。默认参数由不同的 ClusterManager 控制。DataFrame 和 SparkSQL 可以设置 spark.sql.shuffle.partitions=[num_tasks] 参数以控制 Shuffle 的并发度，其默认值为 200。

（2）适用场景：大量不同的 Key 被分配到相同的 Task 上，造成该 Task 处理的数据量过大。

（3）解决方案：调整并行度，一般是增大并行度，但有时减小并行度也可达到同样的效果。

（4）优势：实现简单，只需进行参数调优即可。可用最小的代价解决问题，一般如果出现负载不均衡现象，都可以通过这种方法先试验几次，如果问题未得到解决，则再尝试其他方法。

（5）劣势：适用场景少，只是让每个 Task 执行更少的不同的 Key，无法解决个别 Key 特别大的情况造成的不均衡问题。某些 Key 非常大，即使一个 Task 单独执行它，也会受到负载不均衡的困扰；而且该方法一般只能缓解负载不均衡现象，不能彻底消除。从实践经验来看，其效果一般。

16.3.6 自定义 Partitioner

（1）原理：使用自定义的 Partitioner 将原本被分配到同一个 Task 上的不同 Key 分配到不同的 Task 上。

（2）适用场景：大量不同的 Key 被分配到相同的 Task 上造成该 Task 处理的数据量过大。

（3）解决方案：使用自定义的 Partitioner 实现类代替默认的 HashPartitioner，尽量将所有不同的 Key 均匀分配到不同的 Task 中。

（4）优势：不影响原有的并行度设计。如果改变并行度，那么后续 Stage 的并行度也会默认改变，因此可能影响后续的 Stage。

（5）劣势：适用场景有限，只能将不同的 Key 分散开，对于同一 Key 对应数据集非常大的场景不适用，其效果与调整并行度的效果类似，只能缓解负载不均衡现象而不能完全消除，而且需要根据数据特点自定义专用的 Partitioner，不够灵活。

16.3.7 Reduce 端 Join 转化为 Map 端 Join

通过 Spark 的 BroadCast 机制，将 Reduce 端 Join 转化为 Map 端 Join，这意味着 Spark 现在不需要跨节点做 Shuffle，而直接通过本地文件进行 Join，从而完全消除由 Shuffle 带来的负载不均衡问题。

（1）适用场景：参与 Join 的一方的数据集足够小，可被加载进 Driver 并通过 BroadCast 方法广播到各个 Executor 中。

（2）解决方案：在 Java/Scala 代码中，将小数据集数据拉取到 Driver 中，然后通过 BroadCast 方案将小数据集的数据广播到各 Executor 中；或者在使用 SQL 前，将 BroadCast 的阈值调整得足够大，从而使 Broadcast 生效，进而将 Reduce 端 Join 替换为 Map 端 Join。

（3）优势：避免了 Shuffle，彻底消除了负载不均衡问题产生的条件，可极大地提升性能。

（4）劣势：因为是先将小数据通过 BroadCast 发送到每个 Executor 上，所以需要参与 Join 的一方的数据集足够小，并且主要适用于 Join 的场景，不适合聚合的场景，适用条件有限。在使用 SparkSQL 时，需要通过 SETspark.sql.autoBroadcastJoinThreshold=104857600 将 BroadCast 的阈值设置得足够大才会生效。

16.4 HBase 负载不均衡问题

16.4.1 问题概述

在分布式系统中，负载均衡是一个非常重要的功能，HBase 通过 Region 的数量实现负载均衡，HBase 可以通过 hbase.master.loadbalancer.class 实现自定义负载均衡算法。

16.4.2 HBase 负载不均衡的原因及解决方案

在 HBase 系统中，负载均衡是一个周期性的操作，通过负载均衡均匀分配 Region 到各个 RegionServer 上，通过 hbase.balancer.period 属性控制负载均衡的时间间隔，默认是 5min。触发负载均衡操作是有条件的，但是如果发生以下情况，则不会触发负载均衡操作。

（1）负载均衡自动操作 balance_switch 关闭，即 balance_switch false。
（2）HBase 的 Master 节点正在进行初始化操作。
（3）HBase 集群中正在执行 RIT，即 Region 正在迁移。
（4）HBase 集群正在处理离线的 RegionServer。

1．负载均衡算法

HBase 在执行负载均衡操作时，通过以下步骤判断各个 RegionServer 节点上的 Region 个数是否均衡。

（1）计算均衡值的范围，通过总 Region 个数及 RegionServer 节点个数算出平均 Region 个数，然后在此基础上计算最小值和最大值。

（2）遍历超过 Region 最大值的 RegionServer 节点，并将该节点上的 Region 值迁移出去，直到该节点的 Region 个数小于或等于 Region 的最大值。

（3）遍历低于 Region 最小值的 RegionServer 节点，并分配集群中的 Region 到这些 RegionServer 上，直到它大于或等于 Region 的最小值。

重复上述操作，直到集群中所有的 RegionServer 上的 Region 个数均在最小值与最大值之间，集群才算到达负载均衡，之后，即使再次手动执行均衡命令，HBase 底层逻辑判断也会执行忽略操作。

2．实例分析

下面通过一个实际的应用场景来给大家剖析 HBase 负载均衡算法的实现流程。举个例子，假如我们当前有一个 5 个节点规模的 HBase 集群（包含 Master 和 RegionServer），包括 2 个 Master 节点和 3 个 RegionServer 节点，每个 RegionServer 节点上的 Region 个数如图 16.2 所示。

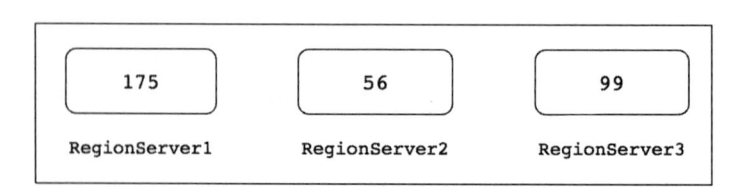

175	56	99
RegionServer1	RegionServer2	RegionServer3

图 16.2　每个 RegionServer 节点上的 Region 个数

在执行负载均衡操作之前，Master 节点会计算集群中总的 Region 个数，当前实例的集群中的总的 Region 个数为 175+56+99=330。然后计算每个 RegionServer 节点需要容纳的 Region 平均值。计算结果如下：平均值（110）=总 Region 个数（330）/RegionServers 总数（3）。

计算最小值和最大值以判断 HBase 集群是否需要进行负载均衡操作，计算公式如下：

```
# HBase.regions.slop 权重值，默认为 0.2
最小值=Math.floor(平均值*(1-0.2))
最大值=Math.ceil(平均值*(1+0.2))
```

如果 HBase 集群判断各个 RegionServer 节点中的最小 Region 个数大于计算后的最小值，且最大 Region 个数小于最大值，则此时会直接返回，不会触发负载均衡操作。根据实例中给出的 Region 个数，计算得出 Region 的最小值为 88，Region 的最大值为 132。

由于实例中 RegionServer2 的 Region 个数为 56，小于 88，而 RegionServer1 的 Region 个数为 175，大于 132，所以需要进行负载均衡操作。

HBase 系统提供有管理员命令，以此操作负载均衡，具体操作如下：

```
# 使用 hbase shell 命令进入 HBase 控制台，然后开启自动执行负载均衡功能
hbase(main):001:0> balance_switch true
```

这样，HBase 负载均衡自动操作就开启了，但是，如果我们需要立即均衡集群中的 Region 个数，该怎么办？这里 HBase 也提供了管理命令，可以通过 balancer 命令来实现，操作如下：

```
hbase(main):001:0> balancer
```

当 HBase 集群检查完所有的 RegionServer 节点上的 Region 个数已达要求后，此时集群的负载均衡操作就已经完成了。如果没有达到要求，则可以再次执行上述脚本，直到所有的 Region 个数均在最小值和最大值之间。当 HBase 集群中所有的 RegionServer 节点完成负载均衡操作后，实例中的各个 RegionServer 节点上的 Region 个数如图 16.3 所示。

115	106	109
RegionServer1	RegionServer2	RegionServer3

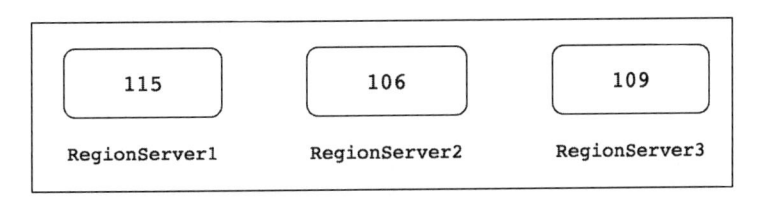

图 16.3　完成负载均衡操作的各个 RegionServer 节点上的 Region 个数

此时，各个 RegionServer 节点上的 Region 个数均在最小值和最大值范围内，HBase 集群中的各个 RegionServer 节点上的 Region 均处于均衡状态。

16.4.3　性能指标

在 HBase 系统中，有一个非常重要的性能指标，那就是集群处理请求的延时。HBase 系统为了反映集群内部处理请求耗费的时间，提供了一个工具类，即 org.apache.hadoop.hbase.tool.Canary，这个类主要让用户检查 HBase 系统的耗时状态。如果不知道如何使用此工具类，则可以通过 help 命令查看其具体用法，命令如下：

```
hbase org.apache.hadoop.hbase.tool.Canary -help
```

（1）查看集群中每个表中的每个 Region 的耗时情况：

```
hbase org.apache.hadoop.hbase.tool.Canary
```

（2）查看每个 RegionSever 节点的耗时情况：

```
hbase org.apache.hadoop.hbase.tool.Canary money person
```

（3）查看每个 RegionServer 的耗时情况：

```
hbase org.apache.hadoop.hbase.tool.Canary -regionserver dn1
```

通常情况下，我们比较关注每个 RegionServer 节点的耗时情况，将该命令封装一下，然后打印集群中每个 RegionServer 的耗时情况，脚本实现如下：

```bash
###############################################################
# 将捕获的 RegionSever 的耗时情况写入 InfluxDB 中进行存储，用于绘制历史趋势图
###############################################################
#!/bin/bash
post_influxdb_write='http://influxdb:8086/write?db=telegraf_rs'
source /home/hadoop/.bash_profile
for i in `cat rs.list`
    do
        timespanStr=`(hbase          org.apache.hadoop.hbase.tool.Canary
-regionserver $i 2>&1) | grep tool.Canary`
        timespanMs=`echo $timespanStr|awk -F ' ' '{print $NF}'`
        timespan=`echo $timespanMs|awk -F "ms" '{print $1}'`
        echo  `date +'%Y-%m-%d %H:%M:%S'`  INFO : RegionServer $i delay
$timespanMs .
        currentTime=`date "+%Y-%m-%d %H:%M:%S"`
        currentTimeStamp=`date -d "$currentTime" +%s`
        insert_sql="regionsever,host=$i               value=$timespan
${currentTimeStamp}000000000"
        #echo $insert_sql
        curl -i -X POST "$post_influxdb_write" --data-binary "$insert_sql"
    done
exit
```

在维护 HBase 集群时，当重启某几个 RegionServer 节点后，可能会发送 Region 不均衡的情况，这时如果开启自动均衡功能，则需要立即使当前集群上的其他 RegionServer 节点上的 Region 处于均衡状态，此时可以使用手动进行负载均衡操作。另外，HBase 集群中各个 RegionServer 节点的耗时情况能够反映当前集群的健康状态。

16.5 Hive 数据不均衡问题

16.5.1 问题概述

在大数据集群中，Hive 处理数据的底层算法是 MapReduce，在 Hive 上，其数据本身或运算过程中数据的处理逻辑也会导致一些 Hive 的负载不均衡问题。

1．Hive 数据不均衡的原因

（1）数据在节点上分布不均。

（2）Key 分布不均（如果 Key 中存在个别值数据量比较大的情况，如 NULL，那么在 Join 时容易出现数据不均衡现象）。

（3）Count(distinct key)在数据量比较大的时候容易发生数据不均衡，因为 Count(distinct key)是按照 Group By 字段进行分组的。

（4）Group By 的使用容易造成数据不均衡。

（5）业务数据本身的特性。

（6）建表时考虑不周。

（7）某些 SQL 语句本身就存在数据不均衡问题。

2. Hive 数据不均衡的表现

Hive 数据不均衡的表现为：任务进度长时间维持在 99% 左右，查看任务监控页面，发现只有少量 Reduce 任务未完成。因为这些 Reduce 处理的数据量和其他 Reduce 处理的数据量差异过大。单一 Reduce 的记录数与平均记录数差异过大，通常可能达到 3 倍甚至更大，最长时长远大于平均时长。

16.5.2 Hive 数据不均衡的原因及解决方案

1. 通过参数设置

Hive 对 hive.map.aggr=true 和 hive.groupby.skewindata=true 进行设置，当出现数据不均衡现象时会进行负载均衡操作，当将以上两个选项设定为 true 时，生成的查询计划会有两个 MapReduce Job。在第一个 MapReduce Job 中，Map 的输出结果集合会被随机分布到 Reduce 中，每个 Reduce 做部分聚合操作并输出结果，这样处理的结果是相同的 Group By Key 有可能被分发到不同的 Reduce 中，从而达到负载均衡的目的；第二个 MapReduce Job 根据预处理的数据结果按照 Group By Key 分布到 Reduce 中（这个过程可以保证相同的 Group By Key 被分发到同一个 Reduce 中），最后完成最终的聚合操作。

2. SQL 语句调整

选用 Join Key 分布最均匀的表作为驱动表。做好列裁剪和过滤操作，以达到在两表进行 Join 时的数据量相对变小的效果。

大/小表 Join：使用 Map Join 让小的维度表（1000 条以下的记录条数）先进入内存中。在 Map 端完成 Reduce。

大表 Join 大表：把空值的 Key 变成一个字符串再加上一个随机数，把不均衡的数据分发到不同的 Reduce 上，由于 NULL 值关联不上，所以处理后并不影响最终的结果。

Count Distinct 大量相同的特殊值：在 Count Distinct 时，对值为空的情况单独进行处理，如果是计算 Count Distinct，则可以不用处理，直接过滤，在结果中加 1。如果还有其他计算，则需要进行 Group By，可以先对值为空的记录进行单独处理，再和其他计算结果进行 Union。

16.5.3 Hive 的典型业务场景

空值产生的数据不均衡问题：在日志中，常会有信息丢失的问题。例如，日志中的 user_id，如果取其中的 user_id 和用户表中的 user_id 关联，则会碰到数据不均衡问题。

解决方案 1：user_id 为空的不参与关联。命令如下：

```
select * from log a
  join users b
  on a.user_id is not null
  and a.user_id = b.user_id
union all
select * from log a
  where a.user_id is null;
```

解决方案 2：为空行的 user-id 赋予新的 Key 值。命令如下：

```
select *
```

```
from log a
left outer join users b
on case when a.user_id is null then concat('hive',rand() ) else a.user_id
end = b.user_id;
```

结论：解决方案 2 的效率比解决方案 1 的效率更高，不但 I/O 少了，而且作业数也少了。在解决方案 1 中，log 读取两次，Job 数是 2；解决方案 2 的 Job 数是 1。这个优化适合无效 id（如-99、"、null 等）产生的不均衡问题。

16.6 本章小结

本章主要介绍了 Hadoop 及生态圈组件的相关集群负载不均衡问题的产生原因和解决方案，包括 HDFS、MapReduce、Spark、HBase、Hive 等组件负载不均衡问题和对应的解决方案，当读者在大数据集群中遇到相似的问题时，可以参考本章给出的解决方案的思路处理相关问题。

第 17 章
集群节点故障的诊断与处理

> 📖 **学习目标**

- 掌握集群节点故障诊断的流程。
- 掌握 Hadoop 集群日志的结构和级别。
- 掌握 Linux 单节点故障诊断命令。

由于环境、配置，以及对 Linux、Hadoop 集群的不了解导致了很多问题、异常和故障，本章分享一些集群节点故障诊断与处理的技巧和思路。在大数据集群出现问题时，应先根据异常现象、故障症状找到问题所在节点的日志，然后结合相关命令、工具、日志分析出问题产生的原因并找到解决问题的方法。

17.1 使用集群日志对节点故障进行诊断

大数据集群由于服务器节点众多，因此一般在集群发生问题时很难直接判断出问题的根源。若要找出问题发生的根源和详细信息，则需要查看具体的日志内容。要解决复杂的集群问题，就必须找到相关异常的详细日志并进行诊断，而不是被问题的表象迷惑，根据表象去猜测、搜索查询或请教他人。大数据集群诊断步骤如图 17.1 所示。

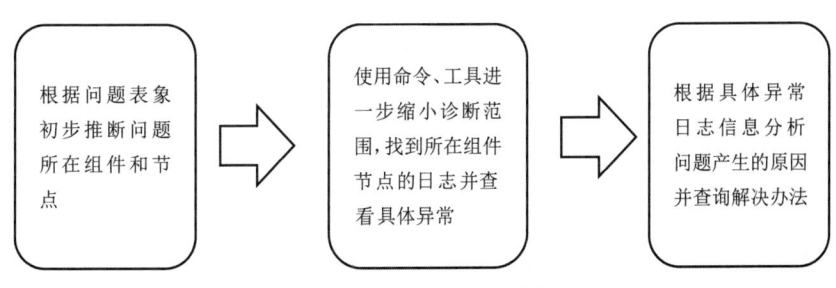

根据问题表象初步推断问题所在组件和节点 ⇒ 使用命令、工具进一步缩小诊断范围，找到所在组件节点的日志并查看具体异常 ⇒ 根据具体异常日志信息分析问题产生的原因并查询解决办法

图 17.1　大数据集群诊断步骤

17.1.1 Hadoop 集群中的日志文件

Hadoop 有多种日志文件,其中主节点(Master)上的日志文件记录着全面信息,包括从节点(Slave)上的 Jobtracker 与 DataNode 也会将错误信息记录到 Master 节点中;Slave 节点主要记录完成的 Task 任务信息。在默认情况下,Hadoop 日志保存在 HADOOP_INSTALL/logs 目录下。

1. Master 节点上的日志

Master 节点中主要有两种日志,分别以.log 和.out 结尾,每个守护进程都会产生这两种日志,如 Jobtracker、NameNode、Tasktracker、DataNode 等守护进程,这两种日志默认每天各生成一个。

log 日志文件是组件守护进程通过 Log4j 来记录的,主要应用程序的日志消息都会写到该日志文件中,故障诊断的首要步骤就是检查异常组件守护进程的 log 日志文件。

out 日志文件记录了进程任务的标准输出和标准错误日志,由于大多数日志都是通过 Log4j 输出到 log 日志文件中的,所以 out 日志文件一般很小或为空。Hadoop 默认仅保留最新的 5 个 out 日志文件。log 日志和 out 日志文件的名称均包含用户名称、守护进程名称和本地主机名等信息。当需要查询日志时,熟悉日志名称可更快地查找到自己需要的日志信息。以下是 Hadoop 集群中的日志:

```
[hadoop@master logs]$ ls
hadoop-hdfs-datanode-master.log         hadoop-hdfs-namenode-master.out
hadoop-hdfs-nodemanager-master.out.2    hadoop-root-datanode-master.log
hadoop-hdfs-datanode-master.log.1       hadoop-hdfs-namenode-master.out.1
hadoop-hdfs-nodemanager-master.out.3    hadoop-root-datanode-master.out
hadoop-hdrs-datanode-master.out         hadoop-hdfs-namenode-master.out.2
hadoop-hdfs-resourcemanager-master.log  hadoop-root-namenode-master.log
hadoop-hdfs-datanode-master.out.1       hadoop-hdfs-namenode-master.out.3
hadoop-hdfs-resourcemanager-master.out  hadoop-root-namenode-master.out
hadop-hdfs-datanode-master.out.2        hadoop-hdfs-namenode-master.out.4
hadoop-hdfs-resourcemanager-master.out.1  SecurityAuth-hdfs.audit
hadoop-hdfs-datanode-master.out.3       hadoop-hdfs-namenode-master.out.5
hadoop-hdfs-resourcemanager-master.out.2  SecurityAuth-root.audit
hadoop-hdfs-datanode-master.out.4       hadoop-hdfs-nodemanager-master.log
hadoop-hdfs-resourcemanager-master.out.3  userlogs
hadoop-hdfs-datanode-master.out.5       hadoop-hdfs-nodemanager-master.out
hadoop-hdfs-secondarynamenode-master.log
hadoop-hdfs-namenode-master.log
hadoop-hdfs-nodemanager-master.out.1
hadoop-hdfs-secondarynamenode-master.out
```

2. Slave 节点上的日志

Slave 节点上的日志包括:与 Tasktracker 相关的日志,Tasktracker 会记录运行的所有 Task 的日志,其默认目录为$HADOOP_LOG_DIR/userlogs,每个 Job 单独生成一个目录;与 DataNode 相关的日志。

17.1.2 日志主要结构解析

日志主要结构解析如表 17.1 所示。

表 17.1　日志主要结构解析

日志属性	日志信息
时间	包含时区信息和 ms，是日志的核心属性之一
日志级别	一般日志包括四个级别：DEBUG、INFO、WARN、ERROR
会话标识	客户端或用户的触发、登录账号、会话信息等
功能标识	跟踪指定功能的完整轨迹。作用：方便日志搜索，跟踪指定功能的完整轨迹，是 INFO、DEBUG 日志的常见技巧
精炼的内容	包括场景信息（谁和什么功能等）、状态信息（开始、中断、结束）及重要参数
其他信息	其他可能的有用信息，包括版本号、线程号等

17.1.3　日志级别分析

ERROR 是日志中最高级别的错误，一般集群在发生了非常严重的故障时，无法自动恢复到正常态，需要人工介入，此时会生成 ERROR 信息并将错误相关痕迹及错误细节记录到 ERROR 日志中，方便后续人工查看异常信息。在查看 Hadoop 集群中的日志排障时，发现一般 ERROR 级别的日志的位置就是 Hadoop 集群发生故障的位置。

WARN 是低级别异常日志，它反映集群在进行业务处理时触发了异常，但进程可恢复到正常状态，业务依然可以正常执行。但 WARN 级别的问题需要我们在集群运维时给予足够多的关注，一般，如果日志中出现了 WARN 信息，就表示有参数校验问题或程序逻辑缺陷。在一般情况下，由于 Hadoop 集群开源的特征和大数据生产集群规模大小、用途都各不相同，所以对产生的一些 WARN 日志只需简单地扫过即可，如果在排查完 ERROR 信息后仍然无法解决问题，则需要根据 WARN 日志内容辅助推测异常根源以解除异常。

INFO 日志主要用来记录集群和组件的关键信息，其主要目的是保留集群正常运行期间的关键运行指标，一般包括初始化配置、业务状态变化信息或用户业务的核心处理信息。INFO 日志一般用于日常运维工作及错误回溯时的上下文场景复现，分析 INFO 信息有利于分析整个任务和模块的运行情况，进而推测问题根源。

DEBUG 级别最低，可以用于任何调试，在调试时获取更详细的系统运行状态信息。

17.2　使用集群告警信息诊断节点故障

17.2.1　集群告警信息监控

以 Hadoop 为例，Hadoop 的常见告警信息包括 HDFS 告警信息和 YARN 告警信息。

1．HDFS 告警信息监控

HDFS 告警信息监控主要是围绕 HDFS 文件存储开展的，主要包括 HDFS 容量、HDFS 中文件块的数量、文件总数、NameNode 主备状态、NameNode 运行状态、DataNode 运行状态、NameNode 进程 CPU 使用率、NameNode 进程内存使用率、DataNode 已用容量等。

2. YARN 告警信息监控

YARN 告警信息监控主要是围绕 YARN 的运行状态和任务运行状态开展的，主要包括 ResourceManager 节点、NodeManager 节点、JobHistory 节点等。其中，ResourceManager 节点主要有 ResourceManager 进程的端口状态、ResourceManager 进程的 CPU 使用率、ResourceManager 进程的内存使用率、JVM GC 信息等；NodeManager 节点主要有当前 NodeManager 所在机架信息、NodeManager 当前节点的 IP 地址、NodeManager 上的内存使用情况、NodeManager 上的可用内存等；JobHistory 节点主要有 JobHistory 端口状态、JobHistory 进程 CPU 使用率、JVM GC 信息等。

通过 Hadoop 集群的告警信息可以了解集群节点的资源使用情况和运行状态，可以根据具体的告警信息诊断节点故障。

17.2.2 集群节点主机告警信息

集群节点主机告警信息主要包括集群中所有主机的运行状态，如 CPU、内存、网络、磁盘、负载等信息。例如，CPU 使用量可以显示该节点当日的 CPU 使用情况，若发现 CPU 使用量持续飙高，则可通过命令查看持续占用 CPU 的进程是否有异常情况。内存使用量持续飙高也可以通过命令查看节点主机各进程的内存使用情况，磁盘主要是查看磁盘使用率和磁盘损坏问题。Linux 运行状态查看命令如下。

1. uptime 命令

通过 uptime 命令，可以快速查看集群节点主机的平均负载，uptime 表示等待运行的任务（进程）数量，包括 CPU 运行的进程数、不间断 I/O 阻塞的进程数：

```
[root@master ~]# uptime
10:40:49 up 17:26, 1 user ,    load average: 0.00, 0.01, 0.05
```

2. dmesg l tail 命令

dmesg l tail 用于输出近 10 条系统信息，主要包含 oom-killer、TCP 丢包。该命令可以用来查看引起性能问题的原因：

```
[ root@master ~]# dmesg l tail
[7.062009]Ebtables v2.0registered
[7.114377] nf_conntrack version 0.5.0 (65536 buckets, 262144 max)
[7.278885] bridge: filtering via arp/ip/ip6tables is no longer available by default. Updaur scripts to load br_netfilter if you need this.
[7.351447]floppy0: no floppy controllers found
[7.351527]work still pending
[7.375532] Netfilter messages via NETLINK v0.30.
[7.387289jIPv6: ADDRCONF (NETDEV_UP): ens192: link is not ready
[7.387605] vmxnet3 0000:0b:00.0 ens192: intr type 3,mode 0, 2 vectors allocated7.388030j vmxnet3 0000:0b:00.0 ens192: NIC Link is Up 10000 Mbps
[7.394325iip set: protocol 6
```

3. free 命令

free 表示当前主机空闲内存数（单位为 KB），如果其数值较大，则表明主机还有足够的内存可以使用：

```
[root@master ~]# free
        total       used        free        shared      buff/cache      available
Mem: 20395516   251368      19982468    9012        161680          19858640
```

```
Swap:    10289148        0     10289148
```

4. top 命令

top 命令包含了许多我们之前已经检查过的指标。它可以非常方便地运行，查看主机运行信息与之前命令中查看到的信息是否有所不同，可以表明负载指标是不断变化的：

```
top -10:38:54 up 17:24,  1 user, load average: 0.00, 0.01, 0.05
Tasks: 161 total,  1 running,   160 sleeping,   0 stopping, 0 zombie
%Cpu(s): 0.0 us,   6.2 sy, 0.0 ni, 93.8 id, 0.0 wa, 0.0 hi, 0.0 si, 0.0 st
KiB Mem : 20395516 total, 19982236 free,    251620 used,    161660 buff/cache
KiB Swap: 10289148 total,   10289148 free,        0 used,19858400 avail Mem

  PID USER      PR  NI    VIRT    RES    SHR S  %CPU %MEM    TIME+ COMMAND
 1851 root      20   0  161972   2188   1520 R   6.7  0.0  0:00.01 top
    1 root      20   0  127924   6476   4080 R   0.0  0.0  0:00.01systemd
    2 root      20   0  161972   2188      0 S   0.0  0.0  0:00.01kthreadd
    3 root      20   0  161972   2188      0 S   0.0  0.0  0:00.01ksofirqd
    4 root       0   0  161972   2188      0 S   0.0  0.0  0:00.01rcu_shed
```

17.3 Ganglia 大数据集群节点监控

在真实的工程实践中，并不能总是通过几行简单的命令直接获得性能问题的答案。大数据环境一般不会存在于一台单独运行的服务器中，它们一定属于某个服务集群。就算是同一集群的服务器，也可能有属于不同建设周期、硬件配置不同、分工角色不同等差异，或者由不同机房、不同集群的服务器共同协作完成任务。另外，很多集群故障问题需要长时间的追踪、对比才能做出判断。

为了确保大数据集群在生产环境中稳定运行，我们需要掌握集群中每个节点的运行状态和资源使用情况，以便在集群节点运行异常和资源使用达到警戒值时及时进行处理。集群节点监控主要有节点主机运行情况、节点上运行的组件服务等。

基于 Ganglia 项目，可以快速搭建一套高性能的监控系统，从而展开故障诊断分析、资源扩容预算等。Ganglia 可以将服务器集群理解为生物神经系统，每台服务器都是独立工作的神经节，通过多层次树突结构连接起来，既可以横向联合，也可以从低向高逐层传递信息。具体例证就是 Ganglia 的收集数据工作可以在单播或多播模式下进行，默认为多播模式。

（1）单播：Gmond 收集到的监控数据被发送到特定的一台或几台机器上，可以跨网段。

（2）多播：Gmond 收集到的监控数据被发送到同一网段内的所有机器上，同时收集同一网段内的所有机器发送过来的监控数据。

因为是以广播包的形式发送的，因此需要在同一网段内。但在同一网段内又可以定义不同的发送通道。基于 Ganglia，可以搭建一个针对 Hadoop 集群的监控问题以帮助我们更好地监控集群节点的运行信息，从而及时发现和解决集群故障问题，如图 17.2 所示。

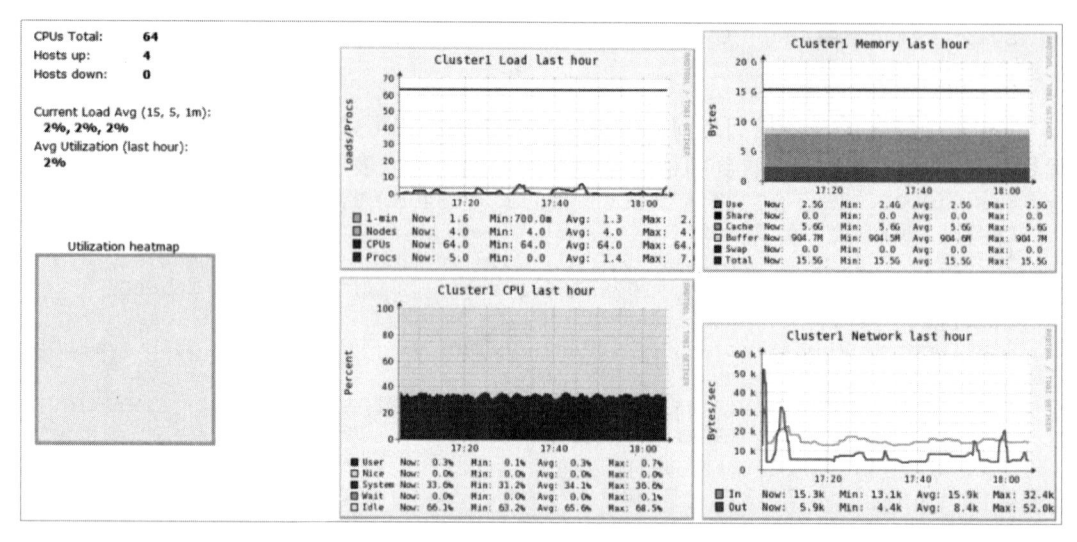

图 17.2　Ganglia 运行效果

17.4　处理集群节点故障

17.4.1　集群节点硬件异常

针对集群节点硬件异常，可以通过 17.2.2 节中的 Linux 节点性能诊断部分的命令进行定位和排查，在排查到异常硬件信息后及时对服务器硬件进行检修和更换。

在大数据集群运维中，除了软件和配置可能导致服务器宕机，服务器硬件问题也会导致服务器运行效率不高，甚至宕机，在出现比较严重的服务器硬件问题导致的宕机以后，很难通过软件排查解决问题，这时候就需要从硬件角度按照固定的思路来一一排查问题。

（1）尽量恢复系统默认配置：①硬件配置，去除第三方厂商备件和非标配备件；②资源配置，清除 CMOS 并恢复资源初始配置；③BIOS、F/W、驱动程序，升级最新的 BIOS、F/W 和相关驱动程序；④TPL，扩展的第三方的 I/O 卡属于该机型的硬件兼容列表。

（2）从基本到复杂：①系统上，从个体到网络，首先使存在故障的服务器独立运行，待测试正常后接入网络运行，观察故障现象变化并处理；②硬件上，从最小系统到现实系统，指从可以运行的硬件开始逐步到现实系统；③软件上，从基本系统到现实系统，指从基本操作系统开始逐步到现实系统。

（3）交换对比：①在最大可能相同的条件下交换操作简单、效果明显的部件；②交换 NOS 载体，即交换软件环境；③交换硬件，即交换硬件环境；④交换整机，即交换整体环境。

服务器故障排除需要收集的信息如下。

（1）机器型号。

（2）机器序列号（S/N，如 NC00075534）。

（3）BIOS 版本。

（4）是否增加其他设备，如网卡、SCSI 卡、内存、CPU。

（5）硬盘如何配置，是否做阵列、阵列级别处理。

（6）安装操作系统（Windows Server、NetWare、SCO 或其他操作系统）。

17.4.2 集群节点组件及系统异常

针对集群节点组件及系统异常，可以通过 Ganglia 收集到的监控信息找出异常的节点和异常进程信息，分析该节点上的性能信息和对应组件日志找出问题根源，重新配置节点组件以解决异常。Ganglia 针对 Hadoop 集群中的 Hive、Flume、Kafka、HBase 组件的监控和配置，可以参考《实验手册》第 17 章中的内容进行配置和实现。

17.5 本章小结

在数据集群节点故障的诊断与处理过程中，运维工程师的作用主要是根据 Hadoop 集群日志信息和服务器告警信息排查出问题并解决问题。大数据集群监控的更新、完善、自动化可以更好地反映集群的运行状况，可以更直接地暴露问题。

第 18 章
集群组件服务故障的诊断与处理

📖 学习目标

- 掌握集群组件日志的位置及作用。
- 掌握集群组件监控的常用方法。
- 掌握 Nagios 的安装部署。
- 掌握常见集群组件服务故障的诊断方法。

在第 17 章中,我们通过对大数据节点的硬件和 Linux 操作系统的运行状态监控和日志报警信息来监控集群中各个节点的运行情况,根据各个节点的监控信息,可以很快地定位集群中的故障节点,并针对该节点进行故障诊断和处理。但是大数据集群一般是由众多组件相互协调配合运行的,在运行过程中,需要针对各组件的运行状态和日志信息诊断分析组件的健康程度,从组件的维度进行集群的故障诊断和处理。

18.1 使用集群日志诊断组件服务故障问题

18.1.1 大数据集群常见故障问题

在生产环境中,大数据集群经过比较长时间的应用后经常会在整体功能性、稳定性和资源利用率等方面出现一些问题。常见的问题有文件数过多、小文件过多、RPC 队列深度过高、各组件的版本漏洞等。在集群中使用大数据组件时,运行效率过低、资源浪费严重等都是大数据集群组件运维的常见问题。

18.1.2 集群中各组件日志解析

1. Hadoop 日志

Hadoop 作为大数据集群最主要的成员,一般负责集群中分布式文件的存储、离线分布式运算、运算任务的分配和运算资源的管理，其核心组件有 HDFS 分布式文件系统、YARN 作业调度和集群资源管理框架、MapReduce 分布式编程框架。Hadoop 的日志系统中主要包含 HDFS、YARN、MapReduce 等日志。

（1）Hadoop 系统服务输出的日志。

在 Hadoop 集群中，NameNode、DataNode、ResourceManage 等组件自有的服务输出的日志默认存放在/usr/local/src/hadoop/logs 目录下。

输出日志的格式为：日志属性-用户名-进程名-主机名.log。例如，ResourceManager 的输出日志为 yarn-hadoop-resourcemanager-master.log。

其中，yarn 是指该日志的属性为 YARN，其他类似的属性还有 Mapred、Hadoop 等。hadoop 是指启动 ResourceManager 进程的用户。

resourcemanager 是指该日志进程为 ResourceManager 进程，其他类似进程还有 NameNode、ZKFC、HistoryServer 等。

Master 指 ResourceManager 进程所在机器的 Hostname 为 Master。

在 Hadoop 的日志系统中，当日志文件达到一定的大小（具体日志文件的大小可以在/usr/local/src/hadoop/etc/hadoop/log4j.properties 文件中进行配置）时将会被切割出一个新的文件，切割出来的日志文件名类似 yarn-hadoop-resourcemanager -master.log.1 的形式，后面的数字越大，代表日志生成的时间越久。在默认情况下，Hadoop 只保存前 20 个日志。

（2）MapReduce 程序输出的日志。

MapReduce 的作业统计日志是由 MapReduce 的 ApplicationMaster 产生的，它详细记录了作业的启动时间和运行时间，以及每个任务的启动时间、运行时间、Counter 值等信息，ApplicationMaster 运行过程中产生的日志位置在 mapred-site.xml 中的 yarn.app.mapreduce.am.staging-dir 下进行配置，其默认路径为/tmp/Hadoop-yarn/staging/history/done。MapReduce 任务的 ApplicationMaster 也运行在 Container 中，且是编号为 000001 的 Container。

MapReduce 任务运行时产生的日志即任务运行日志，通过任务运行日志，可以查看 MapReduce 任务运行的细节情况，如 MapReduce 任务运行中断的原因。在默认情况下，MapReduce 的任务运行日志存放在各 NodeManager 的本地磁盘上，NodeManager 一般会将日志保存在/usr/local/src/Hadoop/logs/userlogs/yarn. nodemanager.log-dirs 路径下。通常，一个集群有多个 NodeManager，将作业和任务运行日志存放在各个节点上对日志的统一管理和分析来说非常不方便，因此，可以启用日志聚集功能。启用该功能后，各任务在运行完成时，会将生成的日志推送到 HDFS 的/logs/目录下，方便对其进行统一管理和分析。

2. ZooKeeper 日志

ZooKeeper 在运行时会产生三类日志：事务日志、快照日志和 Log4j 日志。

通过 ZooKeeper 默认配置文件 zoo.cfg（可以修改文件名）中的配置项 dataDir，可以配置 ZooKeeper 的快照日志和事务日志的存储地址。Log4j 日志用于记录 ZooKeeper 集群服务器的运行日志，该日志的配置地址在/usr/local/src/zookeeper/conf/目录下的 log4j.properties 文件中，该文件中有一个配置项，为"zookeeper.log.dir=."，表示 Log4j 日志与执行程序（zkServer.sh）在同一目录下。当执行 zkServer.sh 时，在 zookeeper.log.dir 这个文件夹下会产生 zookeeper.out 日志文件。

下面介绍事务日志与快照日志。

（1）事务日志：指 ZooKeeper 在正常运行过程中针对所有的更新操作记录的日志。在返回客户端"更新成功"的响应前，ZooKeeper 已经将本次更新操作的事务日志写到了磁盘上，只有这样，整个更新操作才会生效。

（2）快照日志：ZooKeeper 的数据在内存中是以树形结构进行存储的，快照就是每隔一段时间将整个 DataTree 的数据序列化后存储在磁盘中，这些快照日志就是 ZooKeeper 的快照文件。快照文件的位置在 ZooKeeper 组件搭建时通过 ./conf/zoo.cfg 文件中的 dataDir 属性指定。例如，可以将其配置成 zkData，这样我们就可以在 ZooKeeper 相对路径下的 zkData/version-2 路径下看到 snapsot.0 文件。

3. Hive 日志

Hive 数据仓库运行在 Hadoop 之上，同时以 MapReduce 为底层运算逻辑，通过 YARN 来运行。若要解决 Hive 在数据处理时产生的错误，就需要分析 Hive 的系统日志和 Job 日志。

（1）系统日志：记录了 Hive 的运行情况和错误状况。

（2）Job 日志：记录了 Hive 的 Job 任务执行的历史过程。

系统日志存储在 /usr/local/hive/conf/hive-log4j.properties 文件中。

Job 日志默认存储在 /tmp/hadoop/hive.log 目录下，在默认的日志级别下无法将 Debug 信息直接输出，如果想通过 Debug 看到详细的错误信息，就需要修改 Log4j 日志输出的级别，即在 /usr/local/hive/conf/hive-log4j.properties 文件中找到 hive.root.logger 属性，并将其修改为下面的设置：

```
hive.root.logger=DEBUG,console
```

针对大数据集群中各个组件的故障排查，一般是查看该组件的日志以发现问题，但是针对集群的日常运行状态的故障排查，仅仅依靠日志是不够的，还需要针对集群组件进行实时告警监控，以及时发现集群组件在运行中出现的问题。

18.2 使用集群告警信息诊断组件服务故障问题

要使用集群告警信息诊断组件服务故障问题，首先要建立告警信息的监控。告警信息的监控一般有下面四种策略。

（1）进程监控：主要监控 Hadoop 集群中各个组件的进程是否存在，主要有 NameNode、SecondaryNameNode、NodeManager、DataNode、ResourceManager 等进程。

（2）端口监控：主要监控 Hadoop 集群中各个进程的端口是否存活。Hadoop 集群常用服务及端口号如表 18.1 所示。

表 18.1　Hadoop 集群常用服务及端口号

组件	Daemon	端口	配置	说明
HDFS	DataNode	50010	dfs.datanode.address	datanode 服务端口，用于数据传输
		50075	dfs.datanode.http.address	http 服务的端口
		50475	dfs.datanode.https.address	https 服务的端口
		50020	dfs.datanode.ipc.address	ipc 服务的端口

续表

组件	Daemon	端口	配置	说明
HDFS	NameNode	50070	dfs.namenode.http-address	http 服务的端口
		50470	dfs.namenode.https-address	https 服务的端口
		8020	fs.defaultFS	接收 Client 连接的 RPC 端口，用于获取文件系统 metadata 信息
	JournalNode	8485	dfs.journalnode.rpc-address	RPC 服务
		8480	dfs.journalnode.http-address	http 服务
	ZKFC	8019	dfs.ha.zkfc.port	ZooKeeper FailoverController，用于 NN HA
YARN	ResourceManager	8032	yarn.resourcemanager.address	RM 的 ApplicationsManager（ASM）端口
		8030	yarn.resourcemanager.scheduler.address	Scheduler 组件的 IPC 端口
		8031	yarn.resourcemanager.resource-tracker.address	IPC
		8033	yarn.resourcemanager.admin.address	IPC
		8088	yarn.resourcemanager.webapp.address	http 服务端口
	NodeManager	8040	yarn.nodemanager.localizer.address	localizer IPC
		8042	yarn.nodemanager.webapp.address	http 服务端口
		8041	yarn.nodemanager.address	NM 中 Container Manager 的端口
HBase	JobHistory Server	10020	mapreduce.jobhistory.address	IPC
		19888	mapreduce.jobhistory.webapp.address	http 服务端口
	HBase Master	60000	hbase.master.port	IPC
		60010	hbase.master.info.port	http 服务端口
	RegionServer	60020	hbase.regionserver.port	IPC

（3）可用性监控：主要指大数据集群中各个组件对用户而言是否可用、是否能返回预期的结果，它通常部署在一些集群中的业务主流程或关键环节，如接口调用、平台读/写、端到端访问等。

通过定时执行有代表性的操作来确保服务能正常响应。例如，针对 HDFS 文件系统，可执行创建目录、上传文件、下载文件、删除文件、执行 m/r 等监控 HDFS 的可用性。

（4）集群节点状态监控：通过监控运行在各个服务节点上的组件进程，可以知道集群中组件在各个节点的运行状态（Live、Dead、Decom 等），以便在集群进程出问题时能第一时间发现问题并报告给运维人员。

18.3 制订集群告警信息诊断组件服务故障问题的解决方案

作为运维人员,第一时间得知重要的系统异常并及时解决是非常重要的,一般情况下,我们并不能人工地 24 小时随时监控系统的工作状况,如果没有工具的帮助,那么当主机或系统出现故障时,通常会经过较长时间才会发现异常。这种情况如果发生在系统繁忙期间,则会给使用者或机构造成很大的损失。因此,一个可以实时监控系统状态并在异常发生时及时告警的工具对于维护系统的正常运行至关重要。

18.3.1 Nagios 简介

Nagios 是一款开源的免费网络监视工具,它能有效地监控 Windows、Linux 和 UNIX 的主机状态。Nagios 还能监视指定的本地或远程主机及服务;可运行在 Linux/UNIX 平台之上。同时,它提供了一个可选的基于浏览器的 Web 界面,以方便系统管理人员查看网络状态、各种系统问题及日志等。

18.3.2 Nagios 的工作原理

Nagios 的功能是监控服务和主机,但是 Nagios 本身并不包括这些功能。Nagios 的监控、检测功能都是通过各种插件完成的。启动 Nagios 后,它会周期性的自动调用插件去检测服务器的状态,同时,Nagios 会维持一个队列,所有插件返回的状态信息都会进入这个队列,Nagios 每次都会从队首开始读取信息,在进行相应的处理后,把状态结果通过 Web 界面显示出来。Nagios 架构如图 18.1 所示。

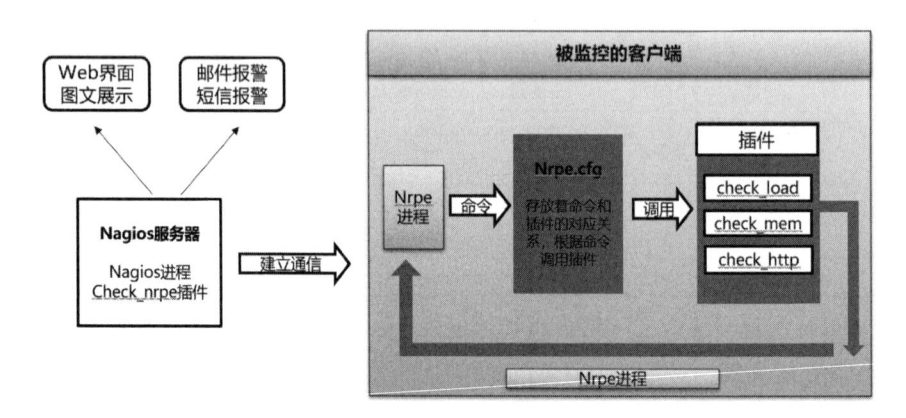

图 18.1 Nagios 架构

18.3.3 Nagios 的功能与用途

Nagios 在集群监控中一般有以下 12 种用法。
(1)监控网络服务(SMTP、POP3、HTTP、NNTP、PING 等)。
(2)监控主机资源(处理器负荷、磁盘利用率等)。
(3)简单地插件设计使得用户可以方便地扩展自己服务的检测方法。
(4)并行服务检查机制。

（5）具备定义网络分层结构的能力，用"parent"主机定义来表达网络主机间的关系，这种关系可被用来发现和明晰主机的宕机或不可达状态。

（6）当产生与解决服务或主机问题时，将告警发送给联系人（通过 E-Mail、短信、用户定义方式）。

（7）可以定义一些处理程序，使之能够在服务或主机发生故障时起到预防作用。

（8）自动的日志滚动功能。

（9）可以支持并实现对主机的冗余监控。

（10）可选的 Web 界面用于查看当前的网络状态、通知和故障历史、日志文件等。

（11）可以通过手机查看系统监控信息。

（12）可指定自定义的事件处理控制器。

18.3.4 Nagios 的监测模式

为了支持多样的应用环境，Nagios 设计了两种监测模式：主动监测和被动监测。

主动监测模式：不需要调用客户端的插件，通过自己的插件主动去探测客户端的相关信息。

被动监测模式：客户端发起 Nrpe 进程，服务端通过 Check_nrpe 插件向客户端发送命令，客户端根据服务端的指示调用相应的插件，插件可以获取本机的相关信息，并把获取到的信息发送给服务端。因为需要调用客户端的插件去等待客户端返回的信息，所以叫作被动监测模式。

示例：利用 Nrpe 的被动监测模式判断/etc/passwd 文件是否发生了变化。

原理是利用 md5sum -c /etc/passwd.md5 对指纹进行判别，如果出现"OK"字样，就表示没有发生变化；若没出现，就说明密码文件被修改了。

在本地生成指纹库：

```
md5sum /etc/passwd > /etc/passwd.md5
```

在客户端创建脚本：

```
vim /usr/local/nagios/libexec/check_passwd
#!/bin/bash

char=`md5sum -c /etc/passwd.md5 2>&1 |grep "OK"|wc -l`
if [ $char -eq 1 ];then
  echo "passwd is OK"
  exit 0
else
  echo "passwd is changed"
  exit 2
fi
```

赋予脚本执行权限：

```
chmod +x /usr/local/nagios/libexec/check_passwd
```

定义 check_passwd 命令：

```
vim /usr/local/nagios/etc/nrpe.cfg
command[check_passwd]=/usr/local/nagios/libexec/check_passwd
```

在 Nagios 主程序中，先手动抓取数据：

```
./check_nrpe -H 客户机ip -c check_passwd
```

18.4 处理集群告警信息诊断组件服务故障问题

18.4.1 Hadoop 常见故障问题分析

Hadoop 集群在搭建和运行过程中有一些常见的错误日志和告警信息，通过这些告警信息，可以定位问题根源并分析问题，从而快速地解决问题。

（1）NameNode 和 DataNode 的 namespaceID 不一致。

这种情况一般是由于多次格式化 HDFS 造成的，日志报错信息如下：

```
ERROR org.apache.hadoop.hdfs.server.datanode.DataNode: java.io.IOException: 
Incompatible namespaceIDs in /var/lib/hadoop-0.20/cache/hdfs/dfs/data: namenode 
    namespaceID = 240012870; datanode namespaceID = 1462711424 .
```

问题分析：通过分析日志可以看出，问题是在 HDFS 中发生的，原因是 NameNode 和 DataNode 的 namespaceID 不一致导致 java.io 异常，HDFS 的具体文件是存放在 hadoop.tmp.dir 文件夹中的（本书中具体存放在了/usr/local/hadoop/hadoop_tmp 文件夹下），namespaceID 是存放在/usr/local/hadoop/hadoop_tmp/dfs/data/ current/VERSION 文件中的。

处理方法 1：清空 hadoop.tmp.dir 的目录/usr/local/hadoop/hadoop_tmp，然后只需重新格式化即可解决问题。

处理方法 2：修改 hadoop.tmp.dir 下的 dfs/data/current/VERSION 文件中的 namespaceID，使其一致。

（2）NameNode 处于安全模式。

在使用 Hadoop 时，偶尔会遇到 HDFS 各个节点进程正常启动，但是我们无法对 HDFS 中的文件进行修改和删除等操作的情况：

```
# 日志报错信息：
org.apache.hadoop.hdfs.server.namenode.SafeModeException: Cannot delete 
/tmp/hadoop-SYSTEM/mapred/system. Name node is in safe mode.
The ratio of reported blocks 0.9412 has not reached the threshold 0.9990. 
Safe mode will be turned off automatically.
    at 
org.apache.hadoop.hdfs.server.namenode.FSNamesystem.deleteInternal(FSNamesy
stem.java:1992)
    at 
org.apache.hadoop.hdfs.server.namenode.FSNamesystem.delete(FSNamesystem.jav
a:1972)
    at 
org.apache.hadoop.hdfs.server.namenode.NameNode.delete(NameNode.java:792)
    at sun.reflect.GeneratedMethodAccessor5.invoke(Unknown Source)
    at 
sun.reflect.DelegatingMethodAccessorImpl.invoke(DelegatingMethodAccessorImp
l.java:25)
    at java.lang.reflect.Method.invoke(Method.java:597)
    at org.apache.hadoop.ipc.RPC$Server.call(RPC.java:563)
    at org.apache.hadoop.ipc.Server$Handler$1.run(Server.java:1388)
    at org.apache.hadoop.ipc.Server$Handler$1.run(Server.java:1384)
    at java.security.AccessController.doPrivileged(Native Method)
    at javax.security.auth.Subject.doAs(Subject.java:396)
    at 
org.apache.hadoop.security.UserGroupInformation.doAs(UserGroupInformation.j
ava:1083)
```

```
        at org.apache.hadoop.ipc.Server$Handler.run(Server.java:1382)
          :bin/hadoop dfsadmin -safemode leave
```

问题分析：NameNode 处于安全模式的情况一般出现在刚刚启动分布式文件系统的时候。当 HDFS 处于安全模式时，HDFS 文件系统中的内容不允许修改也不允许删除，直到安全模式结束才能继续操作。安全模式主要是 HDFS 系统在启动时需要检查各个 DataNode 上的数据块的有效性，并根据策略进行必要的复制或删除文件块的操作，运行期间我们也可以通过命令进入安全模式。

安全模式一般包括下面几个参数：

```
Enter - 进入安全模式
Leave - 强制 NameNode 解除安全模式
Get - 返回安全模式是否开启的信息
Wait - 等待，直到安全模式结束
```

处理方法 1：如果在集群刚刚启动时遇到无法操作的情况，那么我们可以先通过命令查看集群是否处于安全模式，如果处于安全模式，则只需等待一会儿，等安全模式解除后即可进行操作。具体命令如下：

```
[hadoop@master bin]$ Hadoop dfsadmin -safemode get
```

处理方法 2：如果在等待较长时间后 HDFS 文件系统仍然未退出安全模式，那么我们可以通过相应的命令强制 NameNode 解除安全模式。具体命令如下：

```
[hadoop@master bin]$ Hadoop dfsadmin -safemode leave
```

18.4.2　Nagios 配置监控 Hadoop 日志

如果集群规模较小，那么我们可以通过手动检查各个组件及节点的日志以查看集群节点组件上的报错信息来解决问题；如果是较大规模的生产集群，那么我们可以通过 Nagios 配置实现监控 Hadoop 日志以处理集群的报错信息。在本章的《实验手册》中有通过 Nagios 配置实现监控 Hadoop 日志与监控 DFS 空间和 DataNode 的操作，在学习本章内容之后，自己可以根据《实验手册》动手实验一下。

示例：Nagios 配置监控 Hadoop 日志。

步骤一，定义检查 NameNode 日志：

```
[root@master ~]# cd /usr/local/nagios/etc/objects/
[root@master objects]# vim /usr/local/nagios/etc/nrpe.cfg
command[check_namenode_log]=/usr/local/nagios/libexec/check_log        -F
/usr/local/src/hadoop/logs/hadoop-hadoop-namenode-master.log           -O
/var/nagios/oldlog/hadoop-hadoop-namenode-`master`.log -q ERROR
[root@master objects]# mkdir -p /var/nagios
[root@master objects]# chmod 777 -R /var/nagios/
```

步骤二，编辑 Services 配置文件：

```
[root@master objects]# vim services.cfg
define service{
      use                   local-service
      hostgroup_name        hadoop-slave
; 指定要监控哪个主机上的服务，"Nagios-Server" 在 hosts.cfg 文件中进行了定义
      normal_check_interval  1
      service_description   namenode log check
; 对监控服务内容的描述，以供维护人员参考
      max_check_attempts    1
      notification_options  w,u,c
      check_command         check_nrpe!check_namenode_log
```

```
; 指定检查的命令
}
```

Nagios 服务器通过 Nrpe 插件与被监控服务器的 Nrpe 进程通信，并下达 check_namenode_log 指令。

步骤三，编辑 hosts 配置文件：

```
[root@master objects]# vim hosts.cfg
define host{
       use                    linux-server
; 引用主机 linux-server 的属性信息, linux-server 主机在 templates.cfg 文件中进行了定义
       host_name              hadoop-slave         ; 主机名
       alias                  xx                   ; 主机别名
       address                x.x.x.x
; 被监控的主机地址，这个地址可以是 IP 地址，也可以是域名
       }

#定义一个主机组
define hostgroup{
       hostgroup_name         hadoop-slave         ; 主机组名称，可以随意指定
       alias                  hadoop               ; 主机组别名
       members                xx,yy
; 主机组成员，其中"xx,yy"就是上面定义的主机
       }

commands.cfg 增加

define command{
       command_name           check_nrpe
       command_line           $USER1$/check_nrpe -H $HOSTADDRESS$ -c $ARG1$
       }
```

18.5 本章小结

对于集群的性能问题，应该从集群的各个组件入手，从各组件底层收集可用的详细数据，然后分析并加以利用，通过长期治理来有效地保障大数据集群的深层次健康。

第六部分　大数据平台项目综合案例

第 19 章 数据仓库运维项目实战

学习目标

- 掌握数据仓库的分层设计方法。
- 掌握数据建仓的流程。

本章通过电影影评的相关数据完成从数据抽取、清洗到入库的整个流程。本章着重介绍如何使用 Hive 进行清洗，以及 Hive 建仓设计及数据入库的方法，并给出了具体指令供读者练习参考。

19.1 项目背景和流程

19.1.1 项目背景

用户评论已经成为人们选择商品的重要参考，影评也是如此。面对互联网上海量的在线客户评论，如何快速、有效地进行识别并利用其中有用的评论已经成为人们关注的重要问题。特别是随着网络技术的不断发展，这些在线客户评论的数据越来越庞大，这其中不仅蕴含着客户的情感态度，还蕴含着巨大的商机，识别客户对产品需求、喜好等重要信息已成为商家提高市场竞争力的有效工具。

本项目收集了 1 万多部电影的影评、产地、导演、演员、类别信息，以期从这些信息中分析得到以下结果。

（1）评价最多、评分最高的电影排名。
（2）最有价值的导演排名（从电影评价数量、评分高低中获得）。
（3）最有价值的演员排名（从所参演电影的评价数量、评分高低中获得）。
（4）不同类别中表现最优秀的电影。
（5）不同地区、不同类别的电影。

电影的评价数量是电影受众多少的一个反映，从某种程度上而言，评价数量越多，其评价的客观性和真实性越高；评分高低直接代表了观众对该电影的评价。

我们的数据大致分为以下几部分，如图 19.1 所示。

图 19.1 影评数据图

19.1.2 项目流程

初始数据集来自多个网站及平台系统,且为多次采集的汇总,因此数据集中不可避免地存在一些脏数据。例如,源数据不在给定的范围内或对于实际业务毫无意义;数据格式非法,在源系统中存在不规范的编码和含糊的业务逻辑。此时,我们需要按照一定的规则把脏数据"洗掉",即数据清洗。数据清洗的任务是过滤不符合要求的数据,主要包括不完整的数据、错误的数据、重复的数据。

清洗完数据后,我们需要将数据建仓入库,以便于后续的数据分析。数据仓库是一个面向主题的、集成的、随时间变化的但信息本身相对稳定的数据集合,用来对管理决策过程进行支持。数据仓库本身并不"生产"任何数据,也不需要"消费"任何数据,其数据均来源于外部,并且开放给外部应用使用。数据仓库架构如图 19.2 所示。

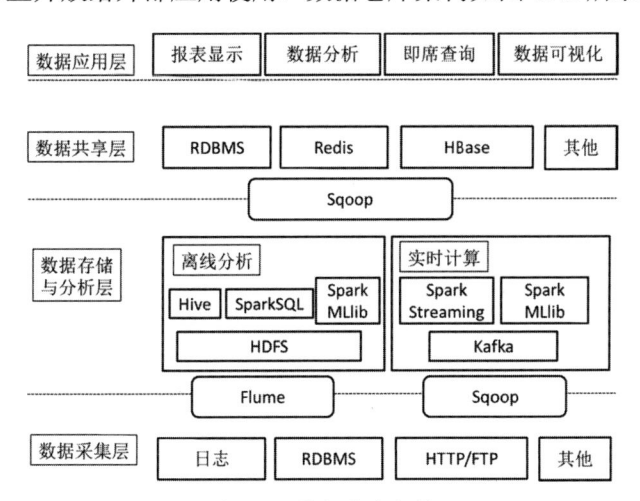

图 19.2 数据仓库架构

数据采集层的任务是将数据从各种数据源中采集并存储到数据库中,数据源种类包括但不限于日志、RDBMS、HTTP/FTP 和其他数据。

数据存储与分析层主要解决大数据环境下的数据存储和分析任务。HDFS 可以提供高可用、分布式的数据存储,在对实时性要求不高的数据进行分析时,可以使用 Hive 或更高性能的 Spark。

数据共享层是将数据从 HDFS 转移到关系型数据库或 NoSQL 数据库中。使用 Hive 或 Spark 等分析和计算的结果还是处于 HDFS 上,大多数业务和应用无法直接从 HDFS 上获取数据,这时就需要数据共享层使各业务和产品能方便地获取数据,即关系型数据库和 NoSQL 数据库。

数据应用层通过数据报表等方式将分析结果呈现给用户。报表使用的数据一般是已经统计汇总好的，存放于数据共享层；接口的数据通过直接查询数据共享层得到；即席查询是用户根据自己的需求灵活地选择查询条件，即根据用户的选择生成相应的统计报表，一般需要从数据存储与分析层直接查询。

本项目的数据源自 RDBMS，存放于 MySQL 数据库中，因此我们需要首先使用 Sqoop 组件将数据迁移到 HDFS 上；然后使用 Hive 中丰富的 HQL 语句对数据进行清洗；最后通过不同的业务模型将清洗后的数据存储到 Hive 数据仓库中，如图 19.3 所示。

MySQL → Sqoop 数据迁移 → HDFS → Hive 清洗 → 入库

图 19.3　项目流程

19.2　数据的说明、导入及清洗和预处理

19.2.1　数据说明

影评数据分为 7 个表，如表 19.1 所示。

表 19.1　数据表结构

序号	表名	字段	含义
1	movies	movieID	电影 ID
		movieName	电影名
2	user_taggedmovies	userID	用户 ID
		movieID	电影 ID
		tagID	标签 ID
		date_day	日
		date_month	月
		date_year	年
		date_hour	时
		date_minute	分
		date_second	秒
3	user_ratedmovies	userID	用户 ID
		movieID	电影 ID
		rating	评分
		date_day	日
		date_month	月
		date_year	年
		date_hour	时
		date_minute	分
		date_second	秒

续表

序 号	表 名	字 段	含 义
4	tags	id	标签 ID
		value	标签值
5	movie_countries	movieID	电影 ID
		country	地区
6	movie_directors	movieID	电影 ID
		directorID	导演 ID
		directorName	导演名
7	movie_actors	movieID	电影 ID
		actorID	演员 ID
		actorName	演员名
		ranking	演员排名

电影总部数为 10197，用户 2113 位，4060 名电影导演，95321 名电影演员，13222 个电影标签，平均每位用户发表了 22.696 个标签，平均每部电影有 8.117 个标签；共 892547 条打分记录（包含脏数据）。

所有涉及电影的数据均可以由电影 ID（movieID）字段进行联结。

MySQL 数据库中的原始数据如图 19.4 所示。

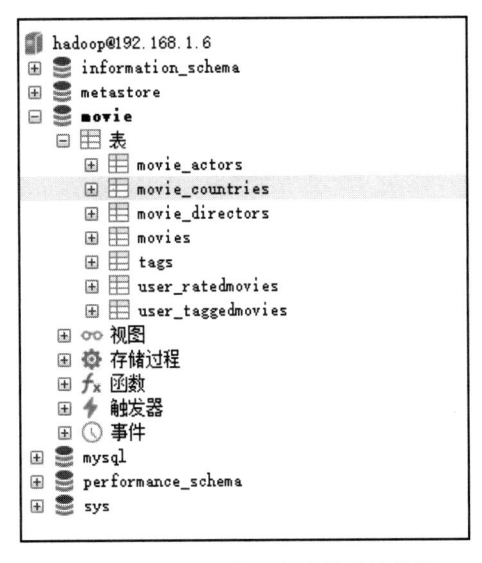

图 19.4　MySQL 数据库中的原始数据

19.2.2　数据导入

使用 Sqoop 将 MySQL 数据库中的数据导入 HDFS 中，为后续的数据预处理做准备。查看集群，可以看到数据已被成功导入，如图 19.5 所示。

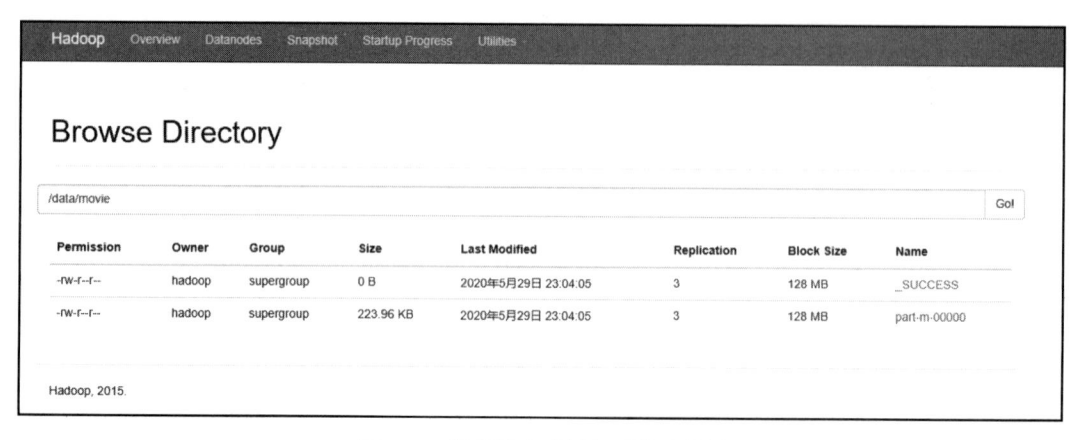

图 19.5　数据被成功导入后的示意图

所有数据全部导入成功后的集群数据如图 19.6 所示。

图 19.6　所有数据全部导入后的集群数据

19.2.3　清洗和预处理

原始数据集中包含诸多脏数据，如关键字段缺失、重复数据、字段不合法等，这些脏数据可能会对最终的分析造成影响，因此需要将数据清洗后放入数据仓库。Hive 可以方便地对数据进行清洗。

通过观察数据源发现，最关键的用户评分表存在上述脏数据，如评分字段为空，如图 19.7 所示。

userID	movieID	rating	date_day	date_month	date_year	date_hour	date_minute	date_second
1143	27271	(NULL)	16	3	2007	6	31	49

图 19.7　user_ratedmovies 空值数据示例

因此，需要对 user_ratedmovies 表进行清洗。

首先，在 Hive 中创建外部表 tmp_user_ratedmovies，并指向 HDFS 上的数据，这张表即原始数据，需要以此表为基础进行数据清洗。查看源数据行数，总共 892547 行：

```
[hadoop@master data]$ hadoop fs -cat /data/user_ratedmovies/part-m-00000 |
wc -l
892547
```

第一步，对关键字段 rating 为空的字段进行清洗。首先可以查询一下空字段的行数：

```
hive (mybase)> select row_number() over() as id,count(*) as c from
user_ratedmovies where rating is null;
```

查询结果：

```
Total MapReduce CPU Time Spent: 5 seconds 510 msec
OK
id      c
1       762
```

由以上可知，空字段为 762 行。对空字段进行清洗，得到表 tmp_user_ratedmovies_1，清洗后查看行数：

```
hive (mybase)> select count(*) from tmp_user_ratedmovies_1;
WARNING: Hive-on-MR is deprecated in Hive 2 and may not be available in the
future versions. Consider using a different execution engine (i.e. spark, tez)
or using Hive 1.X releases.
Query ID = hadoop_20200601095910_0cb40913-ff1b-4be9-9b6e-75567bf5d4b5
Total jobs = 1
#此处省略若干行
Stage-Stage-1: Map: 1  Reduce: 1   Cumulative CPU: 3.1 sec   HDFS Read:
29413610 HDFS Write: 7 SUCCESS
Total MapReduce CPU Time Spent: 3 seconds 100 msec
OK
c0
891785
Time taken: 18.83 seconds, Fetched: 1 row(s)
```

由以上可知，清洗掉了 892547-891785=762 行。

第二步，对重复数据进行清洗，得到表 tmp_user_ratedmovies_2，查询清洗后的行数：

```
hive (mybase)> select count(*) from tmp_user_ratedmovies_2;
WARNING: Hive-on-MR is deprecated in Hive 2 and may not be available in the
future versions. Consider using a different execution engine (i.e. spark, tez)
or using Hive 1.X releases.
Query ID = hadoop_20200601095910_0cb40913-ff1b-4be9-9b6e-75567bf5d4b5
#此处省略若干行
Stage-Stage-1: Map: 1  Reduce: 1   Cumulative CPU: 2.97 sec   HDFS Read:
28255600 HDFS Write: 7 SUCCESS
Total MapReduce CPU Time Spent: 2 seconds 970 msec
OK
c0
855664
Time taken: 19.407 seconds, Fetched: 1 row(s)
```

由以上可知，总共有 855664 行，清洗掉了 891785-855334=36121 行。

第三步，对 rating 字段值不在合理区间的数据进行清洗。用户评分数据位于[0,5]，凡是不属于该区间的数据均为非法数据，清洗后的表为 tmp_user_ratedmovies_3，查看行数：

```
hive (mybase)> select count(*) from tmp_user_ratedmovies_3;
WARNING: Hive-on-MR is deprecated in Hive 2 and may not be available in the
```

```
future versions. Consider using a different execution engine (i.e. spark, tez)
or using Hive 1.X releases.
    Query ID = hadoop_20200601095910_0cb40913-ff1b-4be9-9b6e-75567bf5d4b5
    Total jobs = 1
    Launching Job 1 out of 1
    #此处省略若干行
    Stage-Stage-1: Map: 1  Reduce: 1   Cumulative CPU: 4.07 sec   HDFS Read:
28253368 HDFS Write: 7 SUCCESS
    Total MapReduce CPU Time Spent: 4 seconds 70 msec
    OK
    c0
    855598
    Time taken: 20.581 seconds, Fetched: 1 row(s)
```

由以上可知，最终文件总共有 855598 行，清洗掉的非法数据为 855664-855598=66 行。

19.3 Hive 建仓

19.3.1 数据仓库的分层设计

分层是数据仓库解决方案中数据架构设计的一种数据逻辑结构，通过分层概念建立的数据仓库的可扩展性非常好，这样设计出来的模型架构可以任意增减、替换其中的各个组成部分。

标准的数据仓库可分为 ODS 历史存储层，PDW 数据仓库层，MID 数据集市层，APP 应用层，如图 19.8 所示。

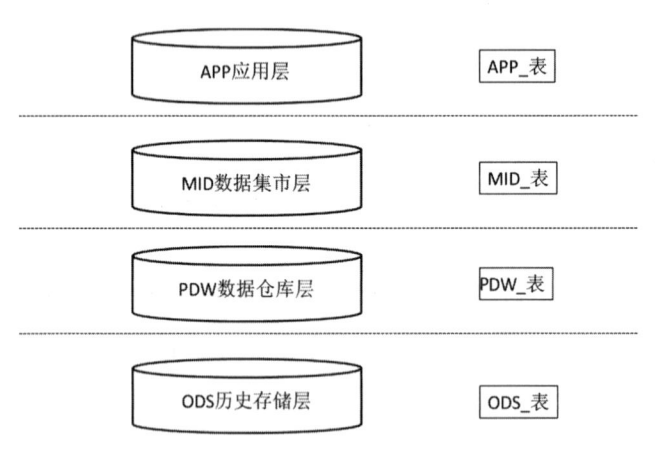

图 19.8 标准的数据仓库

ODS 层为历史存储层，它和源系统数据是同构的，数据粒度也是最细的。本层的表一般分为两种：一种用于存储当前需要加载的数据；另一种用于存储处理后的数据。

PDW 层为数据仓库层，它的数据是干净的、一致的、准确的，即清洗后的数据，其数据粒度和 ODS 层的数据粒度相同，它会保存 BI 系统中的所有历史数据。

MID 层为数据集市层，它是面向主题组织数据的，通常是星状和雪花状数据。从数据粒度来讲，它是轻度汇总级别的数据，已经不存在明细的数据了；从广度上讲，它包含了所有的业务数量。

APP 层为应用层，其数据粒度高度汇总，但不一定覆盖所有业务，它是 MID 层数据的一个子集。

本项目数据较为整齐，ODS 层和 PDW 层可以合并成一层，将清洗后的评分表和其他初始数据入库；根据最终的分析任务，我们需要对电影、平均评分、评价数、电影导演、电影演员、电影类别、地区进行关联查询，得到一张聚合后的宽表，并将其作为 MID 层数据保存下来。APP 层为最终的分析数据。

19.3.2　Hive 数据入仓

首先创建表，将 HDFS 上的外部表数据映射到 Hive 中，分别创建七张表，表名为 pdw_源数据表名。创建完成后的集群文件如图 19.9 所示。

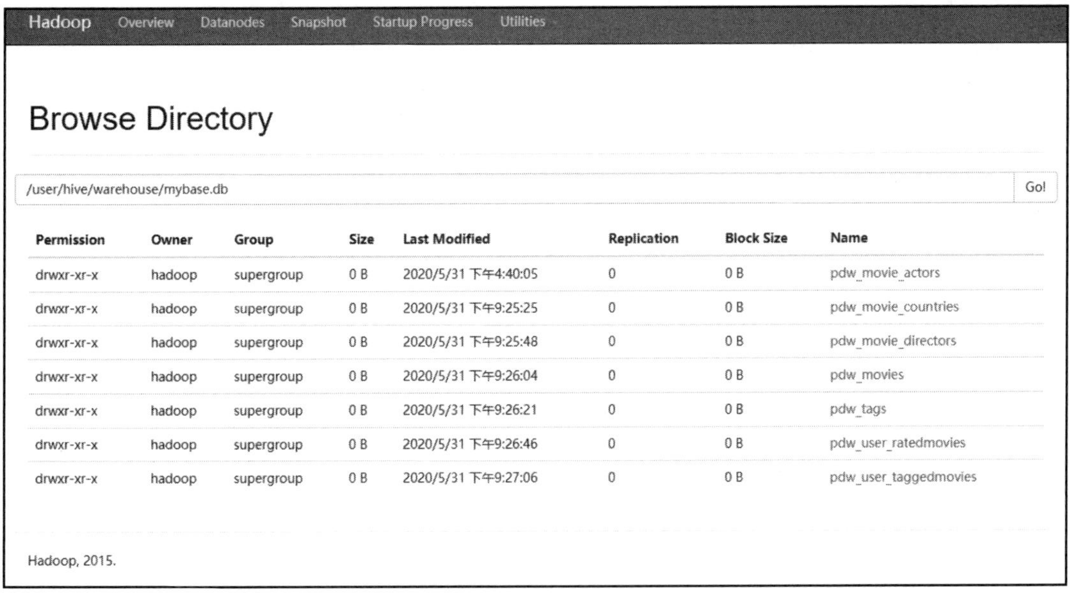

Hadoop　Overview　Datanodes　Snapshot　Startup Progress　Utilities

Browse Directory

/user/hive/warehouse/mybase.db　Go!

Permission	Owner	Group	Size	Last Modified	Replication	Block Size	Name
drwxr-xr-x	hadoop	supergroup	0 B	2020/5/31 下午4:40:05	0	0 B	pdw_movie_actors
drwxr-xr-x	hadoop	supergroup	0 B	2020/5/31 下午9:25:25	0	0 B	pdw_movie_countries
drwxr-xr-x	hadoop	supergroup	0 B	2020/5/31 下午9:25:48	0	0 B	pdw_movie_directors
drwxr-xr-x	hadoop	supergroup	0 B	2020/5/31 下午9:26:04	0	0 B	pdw_movies
drwxr-xr-x	hadoop	supergroup	0 B	2020/5/31 下午9:26:21	0	0 B	pdw_tags
drwxr-xr-x	hadoop	supergroup	0 B	2020/5/31 下午9:26:46	0	0 B	pdw_user_ratedmovies
drwxr-xr-x	hadoop	supergroup	0 B	2020/5/31 下午9:27:06	0	0 B	pdw_user_taggedmovies

Hadoop, 2015.

图 19.9　创建完成后的集群文件

由于我们需要分析电影与评分、标签、导演、演员等的关联关系，因此需要将它们关联起来，为相关业务的调用做准备。

（1）电影评分基本信息表 MID_movie_rating_info，包括的字段有电影 ID、电影名、电影平均评分、电影评论数、所属地区、导演 ID、导演名，按照电影评论数倒序、电影平均评分倒序排序。创建完毕后，查看表数据（数据较多，仅查看前 10 行）：

```
    hive (mybase)> select * from MID_movie_rating_info limit 10;
    OK
    movieid moviename        count_rating    avg_rating  country     directorid
directorname
    2571     The Matrix      1670      4.173952095808383   USA andy_wachowski
Andy Wachowski
    4993     The Lord of the Rings: The Fellowship of the Ring  1576
4.08248730964467        New Zealand     peter_jackson   Peter Jackson
    356      Forrest Gump    1568      3.9301658163265305  USA     robert_zemeckis
Robert Zemeckis
    296      Pulp Fiction    1537      4.238451528952505   USA quentin_tarantino
Quentin Tarantino
```

```
    5952    The Lord of the Rings: The Two Towers   1528 4.030104712041885 USA
        peter_jackson   Peter Jackson
    2858    American Beauty 1472    4.107676630434782   USA sam_mendes   Sam
Mendes
    7153    The Lord of the Rings: The Return of the King    1457    4.094028826355525
USA    peter_jackson   Peter Jackson
    480     Jurassic Park   1448    3.4305939226519335  USA steven_spielberg
Steven Spielberg
    318     The Shawshank Redemption    1441    4.365371269951423    USA
frank_darabont  Frank Darabont
    2959    Fight Club      1434    4.25278940027894    USA david_fincher
David Fincher
    Time taken: 1.552 seconds, Fetched: 10 row(s)
```

（2）电影演员表 MID_movie_actors，包括电影 ID、电影名、所有演员人数、按排名统计的各阶段的演员人数（在本项目中，排名前 5 的参演演员人数为 level1，排名 6～20 的参演演员人数为 level2，排名 21 以后的参演演员人数为 level3），所有演员。创建完毕后查看前 3 行数据：

```
    hive (mybase)> select * from MID_movie_actors limit 3;
    OK
    moviename       movieid c1      actorid actorname       level1  level2  level3
    Toy story       1       24
annie_potts|bill_farmer|don_rickles|erik_von_detten|greg-berg|jack_angel|ja
n_rabson|jim_varney|joan_cusack|joe-ranft|john_morris|john_ratzenberger|ken
dall_cunningham|laurie_metcalf|patrick_pinney|penn_jillette|philip_proctor|
r_lee_ermey|sarah_freeman|scott_mcafee|sherry_lynn|tim_allen|tom_hanks|wall
ace_shawn Annie Potts|Bill Farmer|Don Rickles|Erik von Detten|Greg Berg|Jack
Angel|Jan Rabson|Jim Varney|Joan Cusack|Joe Ranft|John Morris|John
Ratzenberger|Kendall Cunningham|Laurie Metcalf|Patrick Pinney|Penn
Jillette|Philip Proctor|R. Lee Ermey|Sarah Freeman|Scott McAfee|Sherry
Lynn|Tim Allen|Tom Hanks|Wallace Shawn       5       15      4
    GoldenEye       10      20
alan_cumming|billy_mitchell|constantine_gregory|desmond_llewelyn|famke_jans
sen|gottfried_john|izabella_scorupco|joe_don_baker|judi_dench|michael_kitch
en|minnie_driver|peter_majer|pierce_brosnan|ravil_isyanov|robbie_coltrane|s
amantha_bond|sean_bean|serena_gordon|tcheky_karyo|trevor_byfield      Alan
Cumming|Billy Mitchell|Constantine Gregory|Desmond Llewelyn|Famke
Janssen|Gottfried John|Izabella Scorupco|Joe Don Baker|Judi Dench|Michael
Kitchen|Minnie Driver|Peter Majer|Pierce Brosnan|Ravil Isyanov|Robbie
Coltrane|Samantha Bond|Sean Bean|Serena Gordon|Tchy Karyo|Trevor Byfield      5
15       0
    City Hall       100     37
1020576-john_finn|al_pacino|angel_david|anthony_franciosa|brian_murray|brid
get_fonda|danny_aiello|david_paymer|edward_i_koch|fran_brill|harry_bugin|jo
hn_cusack|john_slattery|jordan_baker|joseph_kelly|larry_romano|lauren_velez
|lindsay_duncan|lucia_mendoza|mark-lonow|martin_andau|martin_landau|mary_mu
rphy|mel_winkler|miguel_sierra|murphy-guyer|nestor_serrano|ray-aranha|richa
rd_gant|richard_schiff|rob_la_belle|roberta_peters|stanley_anderson|steve_a
ronson|sylvia_kauders|tamara_tunie|tony_lo_bianco  John Finn|Al Pacino|Angel
David|Anthony Franciosa|Brian Murray|Bridget Fonda|Danny Aiello|David
Paymer|Edward I. Koch|Fran Brill|Harry Bugin|John Cusack|John Slattery|Jordan
Baker|Joseph Kelly|Larry Romano|Lauren Vez|Lindsay Duncan|Lucia Mendoza|Mark
Lonow|Martin Andau|Martin Landau|Mary Murphy|Mel Winkler|Miguel Sierra|Murphy
Guyer|Nestor Serrano|Ray Aranha|Richard Gant|Richard Schiff|Rob La
Belle|Roberta Peters|Stanley Anderson|Steve Aronson|Sylvia Kauders|Tamara
```

```
Tunie|Tony Lo Bianco        5       15      17
Time taken: 0.13 seconds, Fetched: 3 row(s)
```

（3）电影标签表 MID_movie_tags，包括电影 ID、电影名、所有标签个数、所有标签：

```
hive (mybase)> select * from MID_movie_tags limit 10;
OK
moviename         movieid c1
Toy story             1           family,disney,toys,clever,want to see
again,animation,comedy,adventure,3d,disney    animated    feature,computer
animation,pixar                animation,pixar,classic,witty,warm,heroic
mission,light,unlikely  friendships,rousing,fanciful,bright,toys  come  to
life,daring  rescues,first  cgi  film,fun,animated,toy,want,tim  allen,tom
hanks,the boys,almost favorite,tumeys to see again,tumeys vhs,avi,buy,villian
hurts toys,kids movie,time travel,erlends dvds
GoldenEye        10      bond,tank chase scene,assassin,murder,killer as
protagonist,007 (series),sequel,violence,secret  service,spies,boys  with
toys,gadgets,tumeys dvds,james bond,action,adventure,espionage
Extreme Measures       1003     ethical
D3: The Mighty Ducks   1005     sport:ice hockey,hockey,sports
The  Chamber        1006       racism,murder,adapted  from:book,courtroom
drama,author:john grisham
The Apple Dumpling Gang 1007    disney studios,disney
Escape to Witch Mountain        1009    telepathy,disney studios,aliens
Bottle  Rocket        101          seen  more  than  once,wes
anderson,quirky,sweet,wistful,deadpan,talky,sibling  relationships,nothing
goes right,unlikely criminals,owen wilson,bill murray,offbeat comedy,need to
own,tv,rent
The Love Bug    1010    cars,disney studios,disney,volkswagen,dvd
Old Yeller      1012    tear jerker,animal:dog,dog,way way too sad,classic
Time taken: 0.096 seconds, Fetched: 10 row(s)
```

（4）演员表 MID_actors，包括演员 ID、演员名、电影部数、各级别的电影部数（本项目中电影评分在[4,5]区间的为 level1，在[3,4]区间的为 level2，低于 3 分的为 level3）：

```
hive (mybase)> select * from MID_actors limit 10;
OK
actorid actorname       moviecounts     level1  level2  level3
1000057-don_adams       Don Adams       3       0       0       3
10000635-joel_michaely  Joel Michaely   8       0       6       2
10000643-john_hensley   John Hensley    2       0       2       0
1000066-julie_adams     Julie Adams     2       0       2       0
10000665-amy_acker      Amy Acker       2       0       2       0
10000699-john_frazier   John Frazier    1       0       1       0
1000072-nick_adams      Nick Adams      6       0       6       0
10000740-bijan_daneshmand       Bijan Daneshmand        2       0       1       1
10000961-jody_hill      Jody Hill       2       0       2       0
10000963-mary_jane_bostic       Mary Jane Bostic        1       0       1       0
Time taken: 0.085 seconds, Fetched: 10 row(s)
```

（5）导演表 MID_directors，包括导演 ID、导演名、电影部数、各级别的电影部数（本项目中电影评分在[4,5]区间的为 level1，在[3,4]区间的为 level2，低于 3 分的为 level3）：

```
hive (mybase)> select * from MID_directors limit 10;
OK
directorname    directorid      moviecounts     level1  level2  level3
Wisit Sasanatieng       10000507-wisit_sasanatieng      1       0       1       0
Jody Hill       10000961-jody_hill      1       0       1       0
```

```
Chris Hall         10002677-chris_hall        1       0       1       0
Mamoru Hosoda      10004245-mamoru_hosoda     1       0       1       0
Sophie Fiennes     10004810-sophie_fiennes    1       0       1       0
Bruce Barry        1000993-bruce_barry        1       0       0       1
Peter Berg         1001257-peter_berg         5       0       4       1
Richard Brooks     1001975-richard_brooks     1       0       1       0
Keith Gordon       1006013-keith_gordon       4       0       4       0
Paul Gross         1006266-paul_gross         1       0       1       0
Time taken: 0.091 seconds, Fetched:        10 row(s)
```

19.3.3 业务调用

在数据的清洗、导入、建仓完成后，就可以服务于后续业务部门的数据调用了。在实际应用中，不同的业务部门有不同的数据需求，单个部门可能并不关心全部的数据字段，仅需要部分字段就可以满足需求。

例如，对于销售部来说，电影的用户评论数据非常重要。销售部需要根据这些数据了解用户的喜好，获取用户偏爱的电影类型、风格等关键信息，由此来调整院线电影的销售策略。这些数据就可以从数据仓库中获得。例如，要获取评论最多、排名最靠前的 50 部电影，我们就可以通过查询 MID_movie_rating_info 表获取最终结果：

```
hive (mybase)> create table APP_top50Movies as
             > select * from MID_movie_rating_info order by
             > MID_movie_rating_info.count_rating desc,avg_rating desc
limit 50;
```

查看表数据的前 10 行：

```
hive (mybase)> select * from APP_top50Movies limit 10;
OK
movieid moviename          count_rating    avg_rating         country directorid directorname
 2571    The Matrix         1670    4.173952095808383    USA andy_wachowski        Andy Wachowski
 4993    The Lord of the Rings: The Fellowship of the Ring 1576   4.08248730964467    New Zealand    peter_jackson    Peter Jackson
 356     Forrest Gump       1568    3.9301658163265305  USA robert_zemeckis        Robert Zemeckis
 296     Pulp Fiction       1537    4.238451528952505   USA quentin_tarantino      Quentin Tarantino
 5952    The Lord of the Rings: The Two Towers    1528    4.030104712041885    USA    peter_jackson    Peter Jackson
 2858    American Beauty    1472    4.107676630434782   USA sam_mendes             Sam Mendes
 7153    The Lord of the Rings: The Return of the King 1457    4.094028826355525        USA    peter_jackson    Peter Jackson
 480     Jurassic Park      1448    3.4305939226519335  USA steven_spielberg        Steven Spielberg
 318     The Shawshank Redemption    1441    4.365371269951423    USA frank_darabont    Frank Darabont
 2959    Fight Club         1434    4.25278940027894    USA david_fincher        David Fincher
Time taken: 0.087 seconds, Fetched: 10 row(s)
```

19.4 本章小结

本章通过电影影评的相关数据介绍了从数据抽取、清洗到入库的整个流程，读者可以利用相关数据进行分析练习。

第 20 章
金融行业运维项目实战

> 📖 **学习目标**

- 了解数据处理流程。
- 了解 Spark 数据分析的流程及方法。
- 了解 Echarts 可视化数据的方法。

本章通过小额贷款的客户借贷信息，使用 Spark 计算框架分析客户信息及行为，帮助 P2P 贷款平台规避风险，并对结果进行可视化，本章给出了具体指令供读者练习参考。

20.1 项目背景和流程

20.1.1 项目背景

随着小额贷款的兴起，越来越多的 P2P 网络借贷平台出现了。网络借贷指的是在借贷过程中，资料与资金、合同、手续等全部通过网络实现，它是随着互联网的发展和民间借贷的兴起而发展起来的一种新的金融模式。P2P 网络借贷平台一般分为两个产品：一个是投资理财；一个是贷款。它是一种将非常小额度的资金聚集起来并借贷给有资金需求人群的一种商业模式。

由于 P2P 网络借贷平台在很大程度上具有民间金融的属性，所以其借贷行为较传统的投资理财渠道有其独到的优势。正因为如此，网贷吸引了大量资金，同时，其借款人主体是个人，以信用借款为主，面对社会筹集资金。较企业借款而言，个人借款信息不易核实，还款来源不稳定，参与者的信用风险给平台的良好运营带来了较大的不确定性。

本项目数据源包含某小型 P2P 网络借贷平台的贷款用户的多维特征信息，包括个人信用、收入、工作年限、房屋所有权等，以此预测并探究客户的还款能力，避免发生客户逾期还款的情况。数据源包含 887379 行数据，共 74 个字段，因此需要对重点字段进行筛选、清洗，再进一步进行分析。

我们的分析任务如下。

（1）借款人的借款金额分布。

（2）借款人的借款等级分布。
（3）借款人的借款等级与借款金额的关联关系。
（4）借款人的借款金额与工作年限、年收入的关联关系。
（5）借款人的借款金额与房屋所有权状态的关联关系。

20.1.2 项目流程

本章所用数据源包含字段较多，在对贷款用户进行信息、行为模式分析时，只需关注重点字段即可，因此需要对这些关键字段进行提取。源数据中这些关键字段可能存在空值、字段值不合理等情况，因此要对这些数据进行清洗。

本章使用 Spark 计算框架对清洗后的数据进行分析，分析完毕后将分析结果导入 MySQL 数据库中进行可视化，最后对结果进行综合分析，如图 20.1 所示。

图 20.1　项目流程

20.2　数据说明及清洗

20.2.1　数据说明

数据集中包含了 887379 条客户贷款信息，采集自国外某 P2P 网络借贷平台，所有钱款单位均为美元。借款人如果需要贷款，则只需登录平台提交相应的身份信息，待平台确认无误后即可提供借款业务。数据集中包含了借款人的贷款额度、利率和借款人的收入、房屋、征信情况等基本信息。整个数据集一共有 74 个字段，其中前 15 个重点字段的含义如表 20.1 所示。

表 20.1　前 15 个重点字段的含义

序号	字段名	字段含义
1	id	贷款编号
2	member_id	会员编号
3	loan_amnt	借款金额
4	funded_amnt	承诺的贷款金额
5	funded_amnt_inv	投资人承诺的借款金额
6	term	贷款偿还时间，以月为单位，为 36 或 60
7	int_rate	贷款利率
8	installment	分期付款每月的还款额度
9	grade	贷款等级
10	sub_grade	贷款子等级
11	emp_title	借款人的工作名称
12	emp_length	借款人的工作年限
13	home_ownership	房屋所有权状态，为 RENT、OWN、MORTAGE、OTHER

续表

序 号	字 段 名	字 段 含 义
14	annual_inc	借款人自报的年收入
15	verification_status	借款人收入是否核实

结合分析任务可知，我们只需关注其中一部分字段即可，包括借款金额、贷款等级、贷款子等级、借款人的工作年限、借款人自报的年收入、借款人收入是否核实、房屋所有权状态七个关键字段，每个字段的详细说明如下。

（1）借款金额：为借款人申请的借款金额。

（2）贷款等级：分为 A、B、C、D、E、F、G 共七个级别，级别越高，贷款利率越高。其中，A 级最低，平均贷款年利率在 7%左右；G 级最高，平均贷款年利率在 22%左右。

（3）贷款子等级：每个贷款等级又分为 5 个子等级，如 A 级又分为 A1、A2、A3、A4、A5，共 5 个子等级，利率也从 A1 至 A5 逐级提高。

（4）借款人的工作年限：为借款人在平台中提供的工作时长，如 "4 years"。

（5）借款人自报的年收入：为借款人提交借款申请时提供的年收入额度。

（6）借款人收入是否核实：为平台是否对借款人提供的年收入情况进行了核实，字段值为 Verified（已核实）、Source Verified（来源已核实）、Not Verified（未核实）中的一种。本项目需要对借款人收入进行分析，因此需要剔除未核实收入的数据，避免结果偏颇。

（7）房屋所有权状态：体现借款人的房屋状况，字段值为 RENT（租住）、OWN（自主住房）、MORTGAGE（按揭）、OTHER（其他）中的一种。如果出现了其他值，则为非法字段。

各任务对应字段如表 20.2 所示。

表 20.2　各任务对应字段

序 号	任 务	所 需 字 段
0	记录唯一标识字段	1
1	借款人的借款金额分布	3
2	借款人的借款等级分布	9、10
3	借款人的借款等级与借款金额的关联关系	3、9、10
4	借款人的借款金额与工作年限、年收入的关联关系	9、10、12、14、15
5	借款人的借款金额与房屋所有权状态的关联关系	9、10、13

20.2.2　数据清洗

本项目的数据清洗流程如图 20.2 所示。

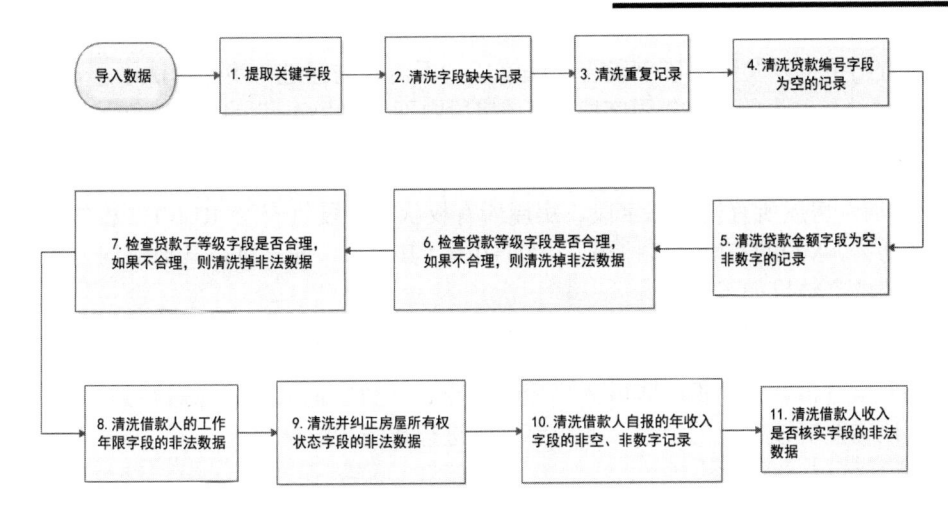

图 20.2　本项目的数据清洗流程

本项目采用 IntelliJ IDEA Community Edition 作为开发工具，使用由 Scala 语言编写的 Spark 计算框架进行数据清洗和分析。根据图 20.2 逐步进行如下操作。

（1）提取关键字段。结合上述分析，需要总共提取 7 个字段，提取结果的前 5 行如下（总共有 887379 行）：

```
1077501,5000.0,B,B2,10+ years,RENT,24000.0,Verified
1077430,2500.0,C,C4,< 1 year,RENT,30000.0,Source Verified
1077175,2400.0,C,C5,10+ years,RENT,12252.0,Not Verified
1076863,10000.0,C,C1,10+ years,RENT,49200.0,Source Verified
1075358,3000.0,B,B5,1 year,RENT,80000.0,Source Verified
```

（2）清洗字段缺失记录。源数据中可能存在部分关键字段为空的情况，因此需要进行清洗。清洗结果如下：

```
剩余数据 887379 条
清洗掉 0 条
```

（3）清洗重复数据。源数据中可能存在部分重复数据，因此需要进行清洗。清洗结果如下：

```
清洗掉 0 条
```

（4）清洗贷款编号字段为空的数据。结果如下：

```
清洗掉 0 条
```

（5）清洗贷款金额字段为空或非数字的非法数据。结果如下：

```
剩余 887379 条
清洗掉 0 条
```

（6）检查贷款等级字段是否存在非法数据，如果有，则进行清洗。可以通过检查字段值的分布情况确定是否需要进行进一步的清洗。结果如下：

```
(D,139542),(A,148202),(E,70705),(B,254535),(F,23046),(G,5489),(C,245860)
```

可以看到，字段值均为 A～G，且个数和为 887379，说明不需要对此字段进行清洗。

（7）检查贷款子等级字段是否存在非法数据，如果有，则进行清洗。检查方法同第（6）步。结果如下：

```
(A5,44816),(E1,18268),(A1,22913),(D4,25558),(C3,50161),(G3,981),(B2,48781),(F2,5392),(E5,9575),(E2,17004),(B3,56323),(D5,21389),(D1,36238),(G4,663),(C4,48857),(F3,4433),(A2,22485),(A3,23457),(G5,576),(B4,55626),(C5,41219),(D2,29803),(F4,3409),(C1,53387),(G1,1871),(E3,14134),(D3,26554),(B5,48833),(C2,52236),(F1,7218),(A4,34531),(G2,1398),(B1,44972),(E4,11724),(F5,2594)
```

从检查结果可以发现，该字段无非法字段，不需要进行进一步的清洗。

（8）清洗借款人的工作年限字段，将该字段中不包含"year"的数据清洗掉。结果如下：

```
剩余 826402 条
清洗掉 60977 条
```

（9）清洗房屋所有权状态字段。房屋所有权状态字段值应为 RENT（租住）、OWN（自主住房）、MORTGAGE（按揭）、OTHER（其他）中的一种，其他值均为非法字段，需要进行清洗。结果如下：

```
清洗掉非法字段 51 条
剩余数据 826351 条
```

（10）清洗借款人自报的年收入字段的非空、非数字记录。因为需要分析年收入分布情况，所以需要对该字段的空值、非数字字段进行清洗。结果如下：

```
清洗掉空值字段数据 0 条
清洗掉非数值字段数据 0 条
剩余数据 826351 条
```

（11）清洗借款人收入是否核实字段，将未核实数据清洗掉。结果如下：

```
清洗掉未核实收入数据 256729 条
剩余数据 569622 条
```

至此，我们已完成数据的所有清洗工作，剩余合法数据 569622 条，以此作为我们进行数据分析工作的输入数据。

20.3 数据分析

20.3.1 借款金额分布

首先，我们分析一下借款金额的分布情况，以了解参与网贷的主流客户的需求。

我们将借款金额分为以下几个区间（单位为美元）。

（1）大于 0 且小于或等于 1000。
（2）大于 1000 且小于或等于 5000。
（3）大于 5000 且小于或等于 10000。
（4）大于 10000 且小于或等于 20000。
（5）大于 20000 且小于或等于 50000。
（6）大于 50000。

分析结果如下：

```
0-1000,1005
1000-5000,44493
5000-10000,126745
10000-20000,225092
20000-50000,172287
```

可以看出，该平台借款金额为 10000～20000 美元的人数较多；不存在大于 50000 美元的借款；1000 美元以下的最小金额借款人数也较少。

20.3.2 借款等级分布

不同的借款等级意味着不同的借款利率，等级越高，借款利率越高。借款利率与借款金额、还款时间都有关系。P2P 网络借贷平台的很大一部分利润来自借款利率，本项目的源数据中的借款等级为 A～G，每个等级又分为 5 个子等级。下面我们对每个子等级的人数分布进行分析，结果如下（因数据较多，此处仅显示 A、B 等级及其子等级的人数情况）：

```
A,A1,9654
A,A2,10206
A,A3,11892
A,A4,18350
A,A5,25503
B,B1,23498
B,B2,27320
B,B3,32698
B,B4,33683
B,B5,30564
...
```

读者可以自行分析对照结果。

20.3.3　借款等级与借款金额的关联关系

客户需求与借款金额、借款等级密切相关，两者之间的相互关系成为 P2P 网络借贷平台运营者关心的重点。经分析，结果如下：

```
D,0-1000,221
F,0-1000,19
B,0-1000,211
E,0-1000,77
A,0-1000,57
C,0-1000,417
G,0-1000,3
...
```

20.3.4　借款金额与工作年限、年收入的关联关系

在一般情况下，客户年收入会随着工作年限的增加而增长，相较于收入较低的客户，其借款风险会更低。对于个别工作年限低但借款金额较高，或者年收入较低但借款金额较高的客户，需重点关注其借贷行为，并且可以对这样的客户在平台上进行大额借款时进行风险提示或限制，以最大限度地降低贷款风险。

我们将年收入分成以下几个区间进行分析（单位为美元）。

（1）大于 0 且小于或等于 1 万。
（2）大于 1 万且小于或等于 5 万。
（3）大于 5 万且小于或等于 10 万。
（4）大于 10 万且小于或等于 20 万。
（5）大于 20 万。

借款金额与工作年限的关系如下：

```
7 years,1000-5000,2241
3 years,1000-5000,3896
5 years,1000-5000,3018
9 years,1000-5000,1726
2 years,1000-5000,4393
1 year,1000-5000,3410
```

```
< 1 year,1000-5000,4642
…
```

借款金额与年收入的关系如下：
```
0--10000,1000-5000,151
10000--50000,1000-5000,23747
50000--100000,1000-5000,17168
100000--200000,1000-5000,3154
200000-更多收入,1000-5000,273
…
```

20.3.5 借款金额与房屋所有权状态的关联关系

房屋所有权可以直接反映客户的财务状况，能帮助借贷平台规避借贷风险。

借款金额与房屋所有权状态的关系如下：
```
RENT,5000-10000,63982
OTHER,5000-10000,22
MORTGAGE,5000-10000,50046
OWN,5000-10000,12695
MORTGAGE,10000-20000,109962
OWN,10000-20000,21110
OTHER,10000-20000,38
RENT,10000-20000,93982
…
```

20.4 数据可视化

分析完的数据保存在集群上，我们需要使用 Sqoop 将数据导出到 MySQL 数据库中，再使用 Flask+Echarts 框架实现数据可视化。可视化的图表可以帮助我们更方便地找出数据分布的规律，揭示数据之间的联系。

数据可视化流程如图 20.3 所示。

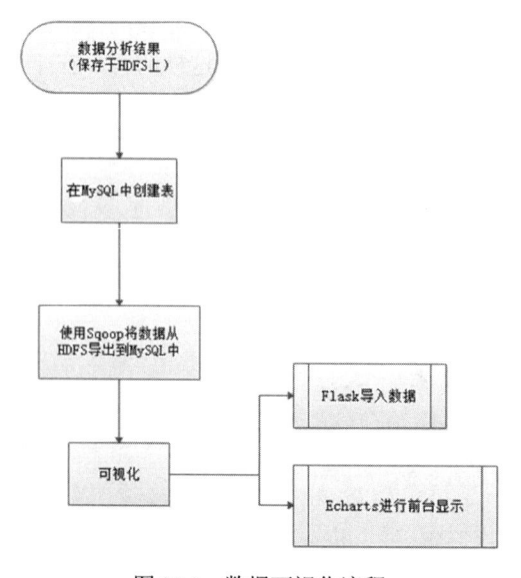

图 20.3 数据可视化流程

本项目将数据分析结果分别用柱状图、堆叠条状图、堆叠柱状图显示出来，结果如下。

1. 借款金额分布

借款金额分布图如图 20.4 所示。

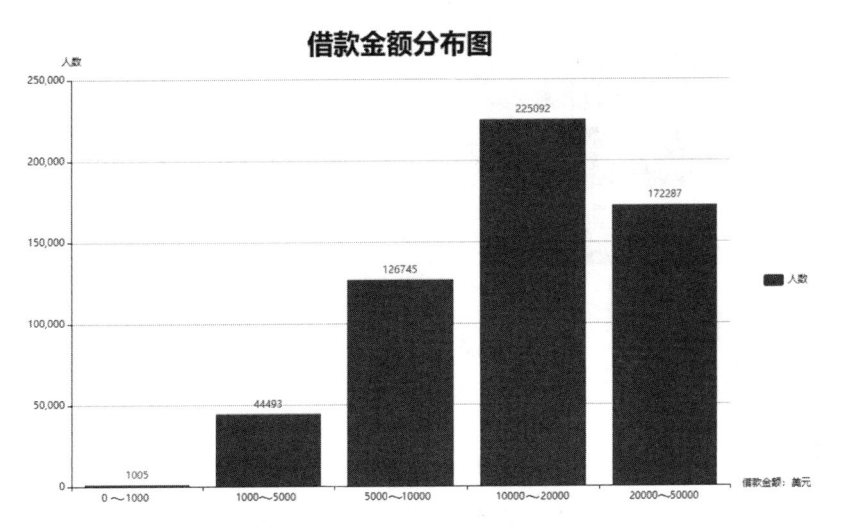

借款金额分布图

图 20.4　借款金额分布图

由图 20.4 可以看出，借款金额为 10000～20000 美元的人数最多，其次是 20000～50000 美元，没有出现 50000 美元以上的借款；1000 美元以下的借款人数也较少。

2. 借款等级分布

借款等级分布图如图 20.5 所示。

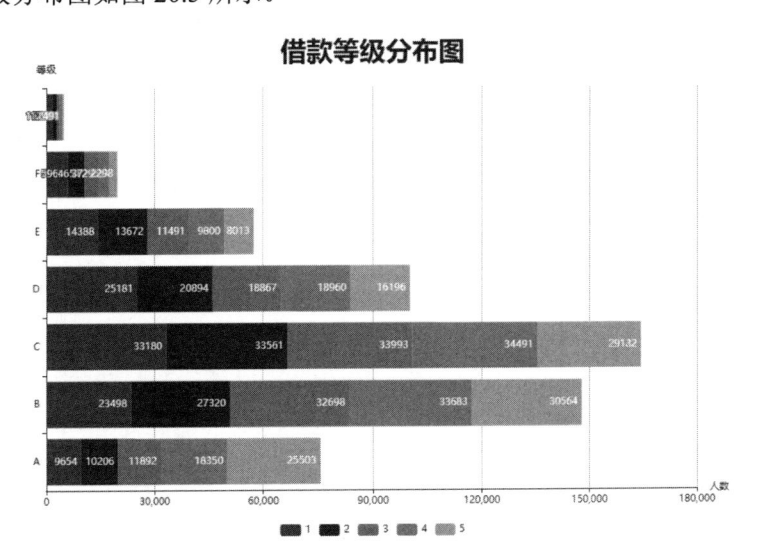

借款等级分布图

图 20.5　借款等级分布图

由图 20.5 可以看出，借款等级位于 C 级别的人数最多，并且每个级别的子等级分布较均匀。

3. 借款等级与借款金额的关联关系

借款等级与借款金额关系图如图 20.6 所示。

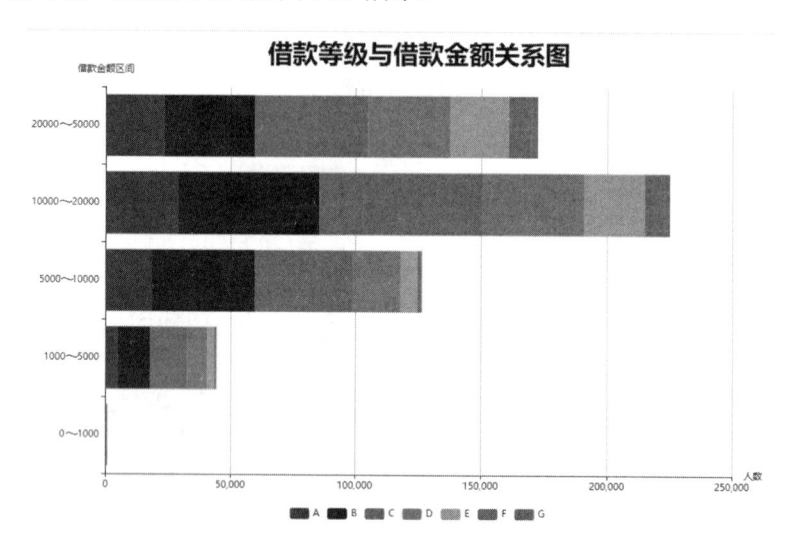

图 20.6　借款等级与借款金额关系图

由图 20.6 可以看出，B、C 级别在各个借款区间都占绝大多数，D 级别次之；利率最高的 G 级别在各个借款区间均占极少数。

4. 借款金额与工作年限、年收入的关联关系

借款金额与工作年限关系图如图 20.7 所示。

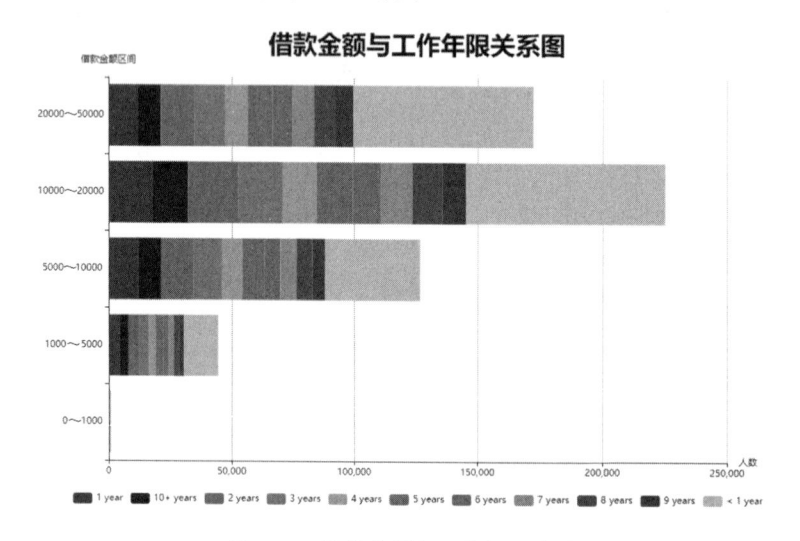

图 20.7　借款金额与工作年限关系图

由图 20.7 可以看出，工作年限短于 1 年的人在各区间借款人数中都占绝大多数，说明该网贷平台的绝大部分客户可能为学生。另外，工作年限长于 10 年的客户也占有一定的比例。

借款金额与年收入关系图如图 20.8 所示。

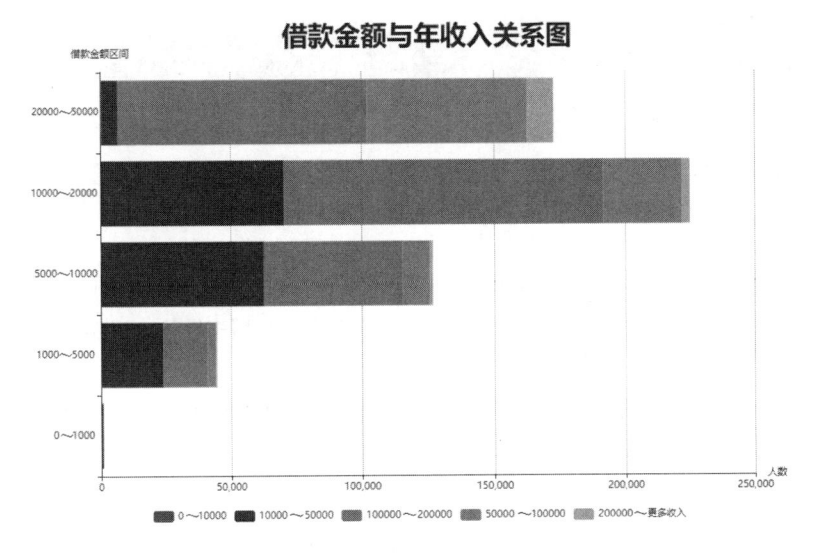

图 20.8 借款金额与年收入关系图

由图 20.8 可以看出，该网贷平台的绝大多数客户的年收入为 10000～20000 美元，较高收入的客户比较少。这也反映出收入较低的人群对网贷的需求较大；收入较高的人群一般很少通过网贷满足经济需求。

5. 借款金额与房屋所有权状态的关联关系

借款金额与房屋所有权状态关系图如图 20.9 所示。

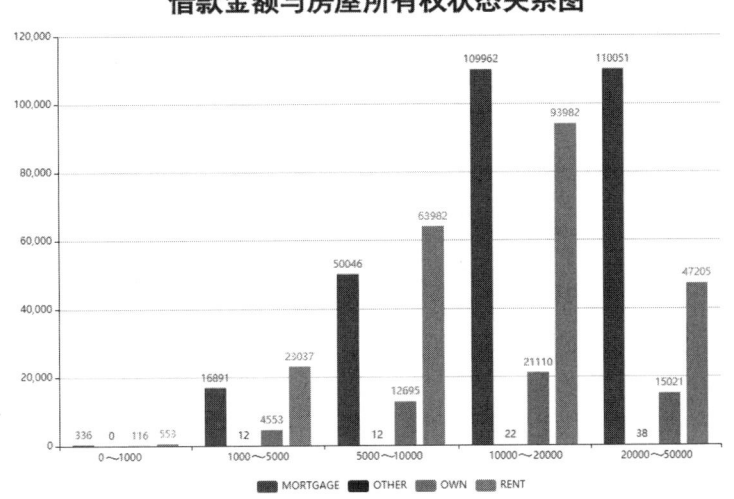

图 20.9 借款金额与房屋所有权状态关系图

由图 20.9 可以看出，MORTGAGE（按揭）和 RENT（租住）房屋的人群在此网贷平台借款较多；自主住房 OWN 状态的客户较少。

20.5 综合分析

由上述的可视化结果可以看到,该网贷平台面向的多为收入较低(年收入为 10000～20000 美元)的客户,其工作年限较短,一般没有自主住房,满足这些特征的人群出现经济状况无法满足生活需求的概率较大,需求金额在 10000～20000 美元的人数较多,借款金额基本为一年的年收入。

对于这样的客户群,可以在借款时着重参考个人的信用档案,对于信用度较低的客户,可以提高借款门槛并降低借款金额;借款后通过多种渠道进行沟通,以降低还款风险。

20.6 本章小结

本章通过 P2P 网络借贷平台的借款数据,利用 Spark 计算框架分析了借款客户的借款行为和客户画像,使用 Flask+Echarts 框架对分析结果进行了可视化。通过本章的学习,读者可以对大数据的项目开发有一个整体认识,从而提升项目实战能力。

第 21 章 典型大数据平台监控运维项目实战

学习目标

- 掌握大数据平台监控运维的基本流程。
- 掌握 Ganglia 的安装及配置方法。
- 掌握如何利用 Ganglia 分析 HDFS 的上传操作。
- 掌握如何利用 Ganglia 分析 Hive 的查询操作。

本章通过 Ganglia 工具监控大数据平台上传、查询网站用户行为数据中各主/从节点的状态。本章着重介绍了 Ganglia 的安装及配置方法,以及如何利用 Ganglia 分析数据的上传和查询操作,并给出了具体指令供读者练习参考。

21.1 实验背景和流程

21.1.1 实验背景

Ganglia 是一个可扩展的分布式监视系统,用于高性能计算系统,如集群和网格。它采用了针对集群联合的分层设计。它利用了广泛使用的技术,如数据表示技术 XML,紧凑、便携式数据传输技术 XDR,数据存储和可视化技术 RRDtool。它使用精心设计的数据结构和算法实现非常低的每节点开销和高并发性。Ganglia 实现功能强大,并且已移植到了广泛的操作系统和处理器体系结构中,目前全球成千上万的集群中都有它的身影。

Ganglia 由 Gmond、Gmetad 和 Gweb 三部分组成,如图 21.1 所示。

(1) Gmond(Ganglia Monitoring Daemon)是一种轻量级服务,安装在每台需要收集指标数据的节点主机上。Gmond 在每台主机上完成实际意义上的指标数据收集工作,并通过侦听/通告协议和集群内的其他节点共享数据。使用 Gmond 可以很容易地收集到很多系统指标数据,如 CPU、内存、磁盘、网络和活跃进程的数据等。

（2）Gmetad（Ganglia Meta Daemon）是一种从其他 Gmetad 或 Gmond 源收集指标数据并将其以 RRD 格式存储至磁盘的服务。Gmetad 为从主机组收集到的特定指标信息提供了简单的查询机制，并支持分级授权，使得创建联合检测域成为可能。

（3）Gweb（Ganglia Web）是完整的 Ganglia 不能缺少的网络接口。为了评估集群的运行状态，在收集了多种不同指标数据后，需要将这些指标数据的展现形式可视化，即能够在 Web 界面中以图表方式展现出来，Gweb 由此应运而生。Gweb 是一种利用浏览器显示 Gmetad 存储数据的 PHP 前端。

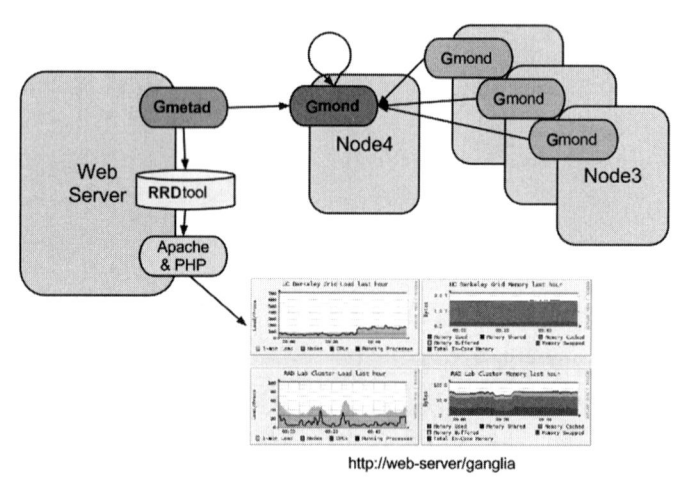

图 21.1　Ganglia 系统

21.1.2　实验流程

本实验是在 Hadoop 集群上进行的，包含一个主节点 master 和两个从节点 slave1 和 slave2。其中，master（192.168.87.128）作为监控端，slave1（192.168.87.129）和 slave2（192.168.87.130）作为被监控端。在安装好 Ganglia 后，需要我们在集群中做相应的操作，这样就可以通过 Ganglia 在监控端网页上观察到各节点对应操作的状态变化了。在集群中，比较常用的操作就是数据的上传和查询操作，因此，本实验以集群中的这两项操作作为被监控的对象。

本实验需要完成以下任务，其流程如图 22.2 所示。

（1）开启 Ganglia 以监控 Hadoop 集群。

（2）将本地数据上传到分布式文件系统 HDFS 中。

（3）用数据仓库 Hive 查询数据。

（4）两项操作过程中 Ganglia 监控到的状态。

图 21.2　本实验流程

21.2 数据说明及预处理

21.2.1 数据说明

本实验提供了一个包含 30 万条记录的网站用户行为数据集 small_user.csv，其内容如表 21.1 所示。

表 21.1 数据集内容

序　号	字　　段	含　　义
1	user_id	用户 id
2	item_id	商品 id
3	behaviour_type	用户行为类型（包括浏览 1、收藏 2、加购物车 3、购买 4）
4	user_geohash	用户地理位置的哈希值
5	item_category	商品分类
6	time	该记录的产生时间

21.2.2 数据预处理

步骤 1：在 master 节点中创建目录，并将数据集放入该目录中。

首先建立一个用于运行本实验的目录 bigdatacase：

```
[root@master src]# mkdir bigdatacase
```

其次给 hadoop 用户赋予针对 bigdatacase 目录的各种操作权限：

```
[root@master src]# chown -R hadoop:hadoop ./bigdatacase
[root@master src]# cd bigdatacase
```

然后在 bigdatacase 目录下创建一个 dataset 目录，用于保存数据集：

```
[root@master bigdatacase]# mkdir dataset
```

最后将下载好的数据集 small_user.csv 放到 dataset 目录下。

取出前面 5 行记录看一下：

```
[root@master dataset]# head -5 small_user.csv
user_id,item_id,behavior_type,user_geohash,item_category,time
10001082,285259775,1,97lk14c,4076,2014-12-08 18
10001082,4368907,1,,5503,2014-12-12 12
10001082,4368907,1,,5503,2014-12-12 12
10001082,53616768,1,,9762,2014-12-02 15
```

可以看出，每行记录都包含 6 个字段。数据集中的字段及其含义如下。

（1）user_id：用户 id。

（2）item_id：商品 id。

（3）behavior_type：包括浏览、收藏、加购物车、购买，其对应取值分别是 1、2、3、4。

（4）user_geohash：用户地理位置的哈希值，有些记录中没有这个字段值，因此后面我们在用脚本做数据预处理时会把这个字段全部删除。

（5）item_category：商品分类。

（6）time：该记录的产生时间。

步骤 2：删除文件的第一行记录，即字段名称。

small_user.csv 中的第一行都是字段名称，我们在将文件中的数据导入数据仓库 Hive 中时，不需要第一行字段名称，因此，这里在做数据预处理时要删除第一行：

```
[root@master dataset]# cd /usr/local/src/bigdatacase/dataset
```

下面删除 small_user.csv 中的第 1 行：

```
[root@master dataset]# sed -i '1d' small_user.csv
```

下面再用 head 命令去查看文件的前 5 行记录，就看不到字段名称这一行了：

```
[root@master dataset]# head -5 small_user.csv
10001082,285259775,1,97lk14c,4076,2014-12-08 18
10001082,4368907,1,,5503,2014-12-12 12
10001082,4368907,1,,5503,2014-12-12 12
10001082,53616768,1,,9762,2014-12-02 15
10001082,151466952,1,,5232,2014-12-12 11
```

步骤 3：对字段进行预处理。

下面对数据集进行一些预处理，包括为每行记录增加一个 id 字段（让记录具有唯一性）、增加一个省份字段并丢弃 user_geohash 字段（后面查询不需要这个字段）。

下面我们要新建一个脚本文件 pre_deal.sh，并把这个脚本文件放在 dataset 目录下，与数据集 small_user.csv 放在同一个目录下：

```
[root@master dataset]# vim pre_deal.sh
```

在这个脚本文件中加入下面的代码：

```
#!/bin/bash
#下面设置输入文件，把用户在执行 pre_deal.sh 命令时提供的第一个参数作为输入文件名称
infile=$1
#下面设置输出文件，把用户在执行 pre_deal.sh 命令时提供的第二个参数作为输出文件名称
outfile=$2
#注意！！最后的$infile > $outfile 必须跟在"}'"这两个字符的后面
awk -F "," 'BEGIN{
        srand();
        id=0;
        Province[0]=" 山 东 ";Province[1]=" 山 西 ";Province[2]=" 河 南 ";Province[3]="河北";Province[4]="陕西";Province[5]="内蒙古";Province[6]="上海市";
        Province[7]=" 北 京 市 ";Province[8]=" 重 庆 市 ";Province[9]=" 天 津 市 ";Province[10]="福建";Province[11]="广东";Province[12]="广西";Province[13]="云南";
        Province[14]=" 浙 江 ";Province[15]=" 贵 州 ";Province[16]=" 新 疆 ";Province[17]="西藏";Province[18]="江西";Province[19]="湖南";Province[20]="湖北";
        Province[21]=" 黑 龙 江 ";Province[22]=" 吉 林 ";Province[23]=" 辽 宁 ";Province[24]="江苏";Province[25]="甘肃";Province[26]="青海";Province[27]="四川";
        Province[28]=" 安 徽 "; Province[29]=" 宁 夏 ";Province[30]=" 海 南 ";Province[31]="香港";Province[32]="澳门";Province[33]="台湾";
}
{
        id=id+1;
        value=int(rand()*34);
        print id"\t"$1"\t"$2"\t"$3"\t"$5"\t"substr($6,1,10)"\t"Province[value]
}' $infile > $outfile
```

最后，保存 pre_deal.sh 代码文件，退出 vim 编辑器。

下面就可以通过执行 pre_deal.sh 脚本文件对 small_user.csv 进行数据预处理了：

```
[root@master dataset]# bash ./pre_deal.sh small_user.csv user_table.txt
```
查看处理后的前 10 行数据：
```
[root@master dataset]# head -10 user_table.txt
1    10001082    285259775    1    4076     2014-12-08    河北
2    10001082    4368907      1    5503     2014-12-12    四川
3    10001082    4368907      1    5503     2014-12-12    新疆
4    10001082    53616768     1    9762     2014-12-02    山东
5    10001082    151466952    1    5232     2014-12-12    香港
6    10001082    53616768     4    9762     2014-12-02    江苏
7    10001082    290088061    1    5503     2014-12-12    宁夏
8    10001082    298397524    1    10894    2014-12-12    重庆市
9    10001082    32104252     1    6513     2014-12-12    广西
10   10001082    323339743    1    10894    2014-12-12    云南
```

21.3 安装 Ganglia

21.3.1 安装 Ganglia 所需的依赖

在进行监控实验前，先要把监控工具 Ganglia 安装好，首要工作是安装 Ganglia 所需的依赖。

步骤 1，关闭 SELinux：
```
[root@master ~]# setenforce 0
```
步骤 2，安装 CentOS 企业扩展 YUM 源（从节点也要安装）：
```
[root@master~]# yum install epel-release
#注意：如果报 no package 可用的错误，则用这个办法安装
[root@master                  ~]#                                    wget
http://dl.fedoraproject.org/pub/epel/epel-release-latest-7.noarch.rpm
[root@master~]# rpm -ivh epel-release-latest-7.noarch.rpm
[root@master~]# yum repolist
#如果无法上外网，则可以通过附件中的 rpm 安装包进行安装
[root@master ~]# rpm -ivh epel-release-latest-7.noarch.rpm
```
步骤 3，安装依赖包：
```
#更新检索密钥
[root@master~]# rpm --import /etc/pki/rpm-gpg/RPM-GPG-KEY-CentOS-7
[root@master ganglia]#   wget  -O  /etc/yum.repos.d/CentOS-Base.repo
http://mirrors.aliyun.com/repo/Centos-7.repo
[root@master ganglia]#  sed -i  's/$releasever/7/g' /etc/yum.repos.d/
CentOS-Base.repo
[root@master ganglia]#  yum repolist
#这步要保证全部依赖安装完成，不然后面会出问题
[root@master~]# yum -y install gcc glibc glibc-common rrdtool rrdtool-devel
apr apr-devel expat expat-devel  pcre pcre-devel dejavu-lgc-sans-mono-fonts
dejavu-sans-mono-fonts zlib zlib-devel libconfuse libconfuse-devel
#如果无法上外网，则可以通过附件中的 rpm 安装包进行安装
[root@master 附件]# rpm -ivh gcc-4.8.5-39.el7.x86_64.rpm
[root@master 附件]# rpm -ivh glibc-2.17-307.el7.1.x86_64.rpm
[root@master 附件]# rpm -ivh glibc-common-2.17-307.el7.1.x86_64.rpm
[root@master 附件]# rpm -ivh rrdtool-1.4.8-9.el7.x86_64.rpm
[root@master 附件]# rpm -ivh rrdtool-devel-1.4.8-9.el7.x86_64.rpm
[root@master 附件]# rpm -ivh apr-1.4.8-5.el7.x86_64.rpm
[root@master 附件]# rpm -ivh apr-devel-1.4.8-5.el7.x86_64.rpm
```

```
[root@master 附件]# rpm -ivh expat-2.1.0-11.el7.x86_64.rpm
[root@master 附件]# rpm -ivh expat-devel-2.1.0-11.el7.x86_64.rpm
[root@master 附件]# rpm -ivh pcre-8.32-17.el7.x86_64.rpm
[root@master 附件]# rpm -ivh pcre-devel-8.32-17.el7.x86_64.rpm
[root@master 附件 ]# rpm -ivh dejavu-lgc-sans-mono-fonts-2.33-6.el7.noarch.rpm
[root@master 附件]# rpm -ivh dejavu-sans-mono-fonts-2.33-6.el7.noarch.rpm
[root@master 附件]# rpm -ivh zlib-1.2.7-18.el7.x86_64.rpm
[root@master 附件]# rpm -ivh zlib-devel-1.2.7-18.el7.x86_64.rpm
[root@master 附件]# rpm -ivh libconfuse-2.7-7.el7.x86_64.rpm
[root@master 附件]# rpm -ivh libconfuse-devel-2.7-7.el7.x86_64.rpm
```

21.3.2 监控端安装 Gmeta、Gmond、Gweb、Nginx、Php

步骤 1，下载 Ganglia 和 Gweb：

```
#Ganglia
#将附件的安装包复制到/usr/local/src/中，然后解压 ganglia-3.7.2.tar.gz
[root@master 附件]# cp ganglia-3.7.2.tar.gz /usr/local/src/
[root@master src]# tar -zxvf ganglia-3.7.2.tar.gz
[root@master src]# mv ganglia-3.7.2 /usr/local/src/ganglia
#Gweb
#将附件的安装包复制到/usr/local/src/中，然后解压 ganglia-web-3.7.2.tar.gz
[root@master 附件]# cp ganglia-web-3.7.2.tar.gz /usr/local/src/
[root@master src]#tar -zxvf ganglia-web-3.7.2.tar.gz
```

步骤 2，监控端安装 Gmond 及 Gmeta：

```
[root@master ~]# cd /usr/local/src/ganglia
[root@master ganglia]# ./configure --prefix=/usr/local/src/ganglia_make --with-gmetad
--enable-gexec
[root@master ganglia]# # make && make install
```

步骤 3，安装 Nginx：

```
[root@master ~]# yum install nginx -y
[root@master ~]# systemctl enable nginx
```

启动时有可能出现 80 端口冲突导致无法启动 Nginx 服务的情况，解决方法是查看哪个服务占用了 80 端口：

```
[root@master ~]# netstat -ntlp
```

关闭占用 80 端口的服务：

```
[root@master ~]# systemctl stop httpd.service
```

启动 Nginx：

```
[root@master ~]# systemctl start nginx
```

步骤 4，安装 Php：

```
[root@master ~]# yum --enablerepo=remi,remi-php55 install php-fpm php-common
php-devel php-mysqlnd php-mbstring php-mcrypt
[root@master ~]# chkconfig php-fpm on
[root@master ~]# systemctl start php-fpm
```

步骤 5，配置 Nginx 代理访问 Php：

```
[root@master ~]# vim /etc/nginx/nginx.conf
## 在 server 处增加 location 配置块
location ~ \.php$ {
```

```
            root              /var/www;
            fastcgi_pass      127.0.0.1:9000;
            fastcgi_index     index.php;
            fastcgi_param                SCRIPT_FILENAME          $document_root/
$fastcgi_script_name;
            include           fastcgi_params;
        }

##重启 Nginx
[root@master ~]# systemctl restart nginx
```

步骤 6，测试 Php+Nginx：

```
[root@master ~]# mkdir /var/www
[root@master ~]# cd /var/www
[root@master www]# vim test.php
<?php
phpinfo();
?>
```

访问 192.168.87.128/test.php，出现如图 21.3 所示的界面，表明调试成功。

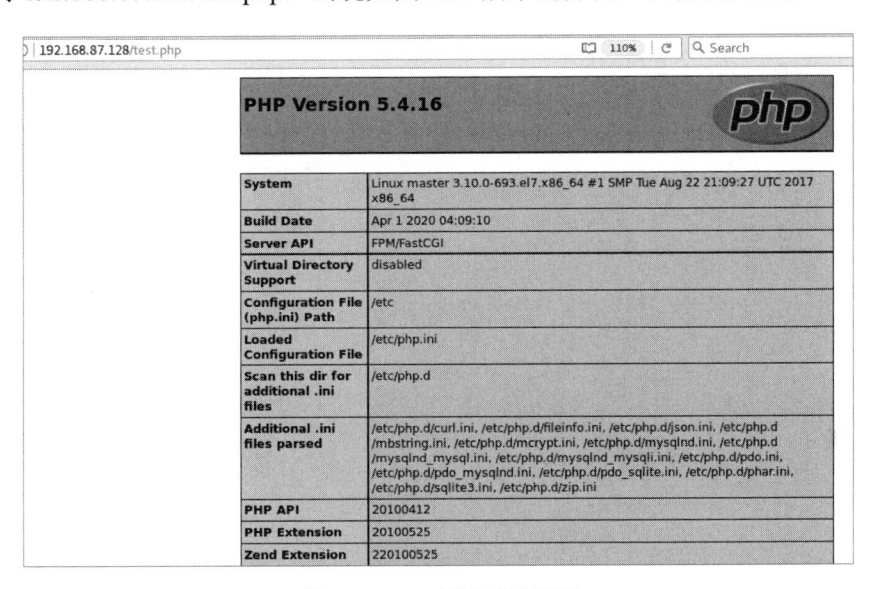

图 21.3　Php 调试成功界面

步骤 7，配置 Gmeta 组件：

```
[root@master ~]# mkdir -p /var/lib/ganglia/rrds
[root@master ~]# chown nobody:nobody /var/lib/ganglia/rrds
[root@master ~]# cd /usr/local/src/ganglia
[root@master ganglia]# cp ./gmetad/gmetad.init /etc/init.d/gmetad
#修改 Gmetad，具体值通过 "find / -name 'gmetad' -print" 命令查询
[root@master ganglia]# vim /etc/init.d/gmetad
  GMETAD=/usr/local/src/ganglia_make/sbin/gmetad
#修改 gmetad.conf 配置文件
#如果文件不存在：cp ./gmetad/gmetad.conf /usr/local/ganglia/etc
[root@master ganglia]# vim /usr/local/src/ganglia_make/etc/gmetad.conf
    data_source "my grid" 192.168.87.128
    xml_port 8651
    interactive_port 8652
    rrd_rootdir "/var/lib/ganglia/rrds"
```

```
            case_sensitive_hostnames 0
[root@master ganglia]# chkconfig --add gmetad
[root@master ganglia]# mkdir /usr/local/src/ganglia_make/var/run/
[root@master ganglia]# cd /usr/local/src/ganglia_make/var/run/
#新建 gmetad.pid 文件
[root@master run]# vim gmetad.pid
[root@master run]# service gmetad restart
#可以通过日志 tail -f /var/log/messages 查看启动情况
```

步骤 8，配置 Gmond 组件：

```
[root@master run]# cd /usr/local/src/ganglia
[root@master ganglia]# cp ./gmond/gmond.init  /etc/init.d/gmond
[root@master ganglia]# ./gmond/gmond -t > /usr/local/src/ganglia_make/etc/gmond.conf
#修改 Gmond 配置
[root@master ganglia]# vim /etc/init.d/gmond
    GMOND=/usr/local/src/ganglia_make/etc/gmond.conf
#修改 gmond.conf 配置
[root@master ganglia]# vim /usr/local/src/ganglia_make/etc/gmond.conf
    cluster {
      name = "my grid" #要与 gmated.conf 中 data_source 的名称相同
      owner = "nobody"
      latlong = "unspecified"
      url = "unspecified"
    }
    ##配置网络（多播或单播）
    udp_send_channel {
      #bind_hostname = yes # Highly recommended, soon to be default
                  # This option tells gmond to use a source address
                  # that resolves to the machine's hostname.  Without
                  # this, the metrics may appear to come from any
                  # interface and the DNS names associated with
                  # those IPs will be used to create the RRDs
                  #这个选项告诉 Gmond 使用一个解析为机器主机名的源地址
                  #如果没有这一点，metrics 可能看起来来自任何接口
                  #与这些 IP 相关联的 DNS 名称将用于创建 RRD
      mcast_join = master
      port = 8649
      ttl = 1
    }

    udp_recv_channel {
      #mcast_join = 239.2.11.71
      port = 8649
      #bind = 239.2.11.71
      retry_bind = true
      # Size of the UDP buffer. If you are handling lots of metrics you really
      # should bump it up to e.g. 10MB or even higher
      # UDP 缓冲区的大小。如果你要处理很多指标，则应该把它提高到 10MB 甚至更高
      # buffer = 10485760
    }

    tcp_accept_channel {
      port = 8649
      # If you want to gzip XML output
      gzip_output = no
```

```
    }
#重启 Gmond
[root@master ganglia]# service gmond restart
```

步骤 9，安装 GWeb 组件：

```
[root@master src]# tar -zxvf ganglia-web-3.7.2.tar.gz
[root@master src]# cd ganglia-web-3.7.2
[root@master ganglia-web-3.7.2]# vim Makefile
GDESTDIR = /var/www/ganglia
APACHE_USER = apache    # 与/etc/php-fpm.d/www.conf 中的 user 保持一致
[root@master ganglia-web-3.7.2]# make install
```

步骤 10，配置 Nginx 访问 Ganglia 组件。

Nginx 新增 Ganglia 文件目录访问配置：

```
[root@master ganglia-web-3.7.2]# vim /etc/nginx/nginx.conf
location /ganglia {
    root    /var/www;
    index   index.html index.htm index.php;
}
[root@master ganglia-web-3.7.2]# cd /var/www
[root@master www]# chown -R apache:apache ganglia/
[root@master ~]# mkdir /var/www/ganglia/dwoo/compiled
[root@master ~]# mkdir /var/www/ganglia/dwoo/cache
[root@master ~]# chmod 777 /var/www/ganglia/dwoo/compiled
[root@master ~]# chmod 777 /var/www/ganglia/dwoo/cache
```

步骤 11，配置 Gweb 组件。

```
[root@master www]# cd /var/www/ganglia
[root@master ganglia]# cp conf_default.php conf.php
[root@master ganglia]# vim conf.php
#在 conf.php 中，如果有些默认配置和以上设置不一样，则需要进行修改
==================================================
$conf['gweb_root'] = "/var/www/ganglia";
$conf['gweb_confdir'] = "/var/www/ganglia";

include_once $conf['gweb_root'] . "/version.php";

#
# 'readonly': No authentication is required.  All users may view all
resources.  No edits are allowed.
#   'enabled': Guest users may view public clusters. Login is required to
make changes.
#           An administrator must configure an authentication scheme and ACL
rules.
#   'disabled': Guest users may perform any actions, including edits.  No
authentication is required.
    $conf['auth_system'] = 'readonly';


#
# The name of the directory in "./templates" which contains the
# templates that you want to use. Templates are like a skin for the
# site that can alter its look and feel.
#
    $conf['template_name'] = "default";


#
# If you installed gmetad in a directory other than the default
```

```
# make sure you change it here.
#

# Where gmetad stores the rrd archives.
$conf['gmetad_root'] = "/var/lib/ganglia";
$conf['rrds'] = "${conf['gmetad_root']}/rrds";

# Where Dwoo (PHP templating engine) store compiled templates
$conf['dwoo_compiled_dir'] = "${conf['gweb_confdir']}/dwoo/compiled";
##如果不存在，则可以手动创建并注意权限
$conf['dwoo_cache_dir'] = "${conf['gweb_confdir']}/dwoo/cache";

# Where to store web-based configuration
$conf['views_dir'] = $conf['gweb_confdir'] . '/conf';
$conf['conf_dir'] = $conf['gweb_confdir'] . '/conf';

# Where to find filter configuration files, if not set filtering
# will be disabled
#$conf['filter_dir'] = "${conf['gweb_confdir']}/filters";

# Leave this alone if rrdtool is installed in $conf['gmetad_root'],
# otherwise, change it if it is installed elsewhere (like /usr/bin)
$conf['rrdtool'] = "/bin/rrdtool";    ##通过命令 which rrdtool 查看
```

步骤 12，重启服务并查看结果：

```
[root@master ~]# service gmond start
[root@master ~]# service gmetad start
[root@master ~]# systemctl restart php-fpm
[root@master ~]# systemctl restart nginx
```

访问 http://192.168.87.128/ganglia/ 以查看结果。

21.3.3 被监控端安装 Gmond

```
[root@slave1 ~]# yum -y install ganglia-gmond
#在 master 节点上复制配置文件并将其放进被监控机器中
    [root@master    ~]#    scp    /usr/local/src/ganglia_make/etc/gmond.conf
slave1:/etc/ganglia/
    [root@master    ~]#    scp    /usr/local/src/ganglia_make/etc/gmond.conf
slave2:/etc/ganglia/
    [root@slave1 ~]# service gmond start    #在 salve1 节点上启动 Gmond 服务
    [root@slave2 ~]# service gmond start    #在 slave2 节点上启动 Gmond 服务
```

至此，Ganglia 安装完成。

21.4 开启 Ganglia

21.4.1 修改 Ganglia-monitor 的配置文件

在每台机器上都进行如下配置：

```
[root@master src]# vim /usr/local/src/ganglia_make/etc/gmond.conf
[root@slave1 ~]# vim /etc/ganglia/gmond.conf
[root@slave2 ~]# vim /etc/ganglia/gmond.conf
cluster {
```

```
    name = "hadoop"
    owner = "nobody"
    latlong = "unspecified"
    url = "unspecified"
}
udp_send_channel {
 #the host who gather this cluster's monitoring data and send these data   to
gmetad node
    host = 192.168.87.128
    port = 8649
}
udp_recv_channel {
    port = 8649
}
tcp_accept_channel {
    port = 8649
}
```

21.4.2 主节点配置

主节点配置如下：

```
[root@master src]# vim /usr/local/src/ganglia_make/etc/gmetad.conf
data_source    "hadoop"    3    192.168.87.128:8649    192.168.87.129:8649
192.168.87.130:8649
```

21.4.3 修改 Hadoop 的配置文件

修改 Hadoop 的配置文件：

```
[root@master ~]# vim /usr/local/src/hadoop/etc/hadoop/hadoop-metrics2.properties

namenode.sink.ganglia.servers=192.168.103.223:8649
resourcemanager.sink.ganglia.servers=192.168.103.223:8649
mrappmaster.sink.ganglia.servers=192.168.103.223:8649
jobhistoryserver.sink.ganglia.servers=192.168.103.223:8649
*.sink.ganglia.class=org.apache.hadoop.metrics2.sink.ganglia.GangliaSink31
*.sink.ganglia.period=10
*.sink.ganglia.supportsparse=true
*.sink.ganglia.slope=jvm.metrics.gcCount=zero,jvm.metrics.memHeapUsedM=both
*.sink.ganglia.dmax=jvm.metrics.threadsBlocked=70,jvm.metrics.memHeapUsedM=40

[root@slave1 ~]# vim /usr/local/src/hadoop/etc/hadoop/hadoop-metrics2.properties
[root@slave2 ~]# vim /usr/local/src/hadoop/etc/hadoop/hadoop-metrics2.properties
datanode.sink.ganglia.servers=192.168.103.223:8649
nodemanager.sink.ganglia.servers=192.168.103.223:8649
*.sink.ganglia.class=org.apache.hadoop.metrics2.sink.ganglia.GangliaSink31
*.sink.ganglia.period=10
*.sink.ganglia.supportsparse=true
```

```
    *.sink.ganglia.slope=jvm.metrics.gcCount=zero,jvm.metrics.memHeapUsedM=b
oth
    *.sink.ganglia.dmax=jvm.metrics.threadsBlocked=70,jvm.metrics.memHeapUse
dM=40
```

21.4.4 重启所有服务

重启所有服务：

```
[root@slave1 ~]# systemctl stop firewalld
[root@slave2 ~]# systemctl stop firewalld
[root@master ~]# systemctl stop firewalld
[root@slave1 ~]# service gmond restart
[root@slave2 ~]# service gmond restart
[root@master ~]# service gmond restart
[root@master ~]# service gmetad restart
[root@master ~]# service nginx restart
#重启 Hadoop
[hadoop@master sbin]$ cd /usr/local/src/hadoop/sbin/
[hadoop@master sbin]$ ./stop-all.sh
[hadoop@master sbin]$ ./start-all.sh
```

21.4.5 访问页面查看各机器的节点信息

在打开监控页面前，先将 Gweb 所需的在线 js 文件替换成附件中的 js 文件：

```
[hadoop@master 附件]$ cp -r 22_js/. /var/www/ganglia/js
[hadoop @master www]# vim /var/www/ganglia/conf.php
#将以下插件资源注释掉，然后换成本地js的文件路径，否则加载不出
    #$conf['jquery_js_path']                                                =
"https://cdnjs.cloudflare.com/ajax/libs/jquery/1.9.1/jquery.min.js";
    #$conf['jquerymobile_js_path']                                          =
"https://cdnjs.cloudflare.com/ajax/libs/jquery-mobile/1.4.5/jquery.mobile.m
in.js";
    #$conf['jqueryui_js_path']                                              =
"https://cdnjs.cloudflare.com/ajax/libs/jqueryui/1.10.2/jquery-ui.min.js";
    #$conf['rickshaw_js_path']                                              =
"https://cdnjs.cloudflare.com/ajax/libs/rickshaw/1.5.1/rickshaw.min.js";
    #$conf['cubism_js_path']                                                =
"https://cdnjs.cloudflare.com/ajax/libs/cubism/1.6.0/cubism.v1.min.js";
    #$conf['d3_js_path']                                                    =
"https://cdnjs.cloudflare.com/ajax/libs/d3/3.5.5/d3.min.js";
    #$conf['protovis_js_path']                                              =
"https://cdnjs.cloudflare.com/ajax/libs/protovis/3.3.1/protovis.min.js";
    #$conf['jstree_js_path']                                                =
"https://cdnjs.cloudflare.com/ajax/libs/jstree/3.2.1/jstree.min.js";
    #$conf['jstree_css_path']                                               =
"https://cdnjs.cloudflare.com/ajax/libs/jstree/3.2.1/themes/default/style.m
in.css";
    #$conf['jquery_flot_base_path']                                         =
"https://cdnjs.cloudflare.com/ajax/libs/flot/0.8.3/jquery.flot";
    #换成
    $conf['jquery_js_path'] = "js/jquery.min.js";
    $conf['jquerymobile_js_path'] = "js/jquery.mobile-1.4.5.min.js";
    $conf['jqueryui_js_path'] = "js/jquery-ui.js";
```

```
$conf['rickshaw_js_path'] = "js/rickshaw.min.js";
$conf['cubism_js_path'] = "js/cubism.v1.min.js";
$conf['d3_js_path'] = "js/d3.min.js";
$conf['protovis_js_path'] = "js/protovis.min.js";
$conf['jstree_js_path'] = "js/jstree.min.js";
$conf['jstree_css_path'] = "js/style.min.css";
```

在浏览器中打开页面 http://192.168.87.128/ganglia/，如图 21.4 所示。

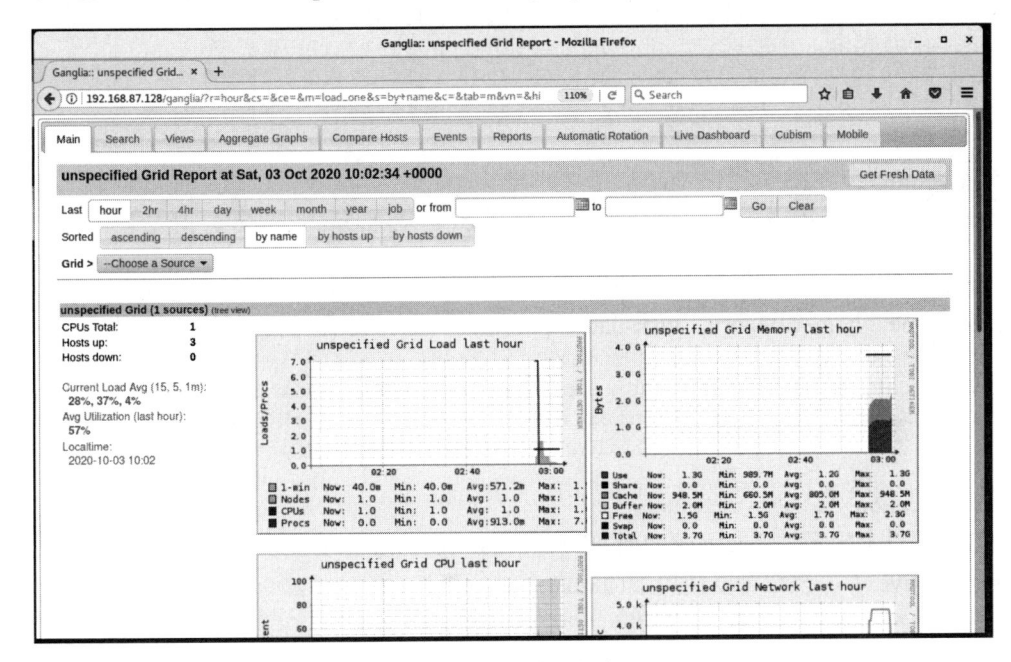

图 21.4　监控页面

21.5　进行上传操作

user_table.txt 中的数据最终将导入数据仓库 Hive 中。为了完成这项操作，首先要把 user_table.txt 上传到分布式文件系统 HDFS 中，然后在 Hive 中创建一个外部表，完成数据的导入：

```
#启动 Hadoop 集群
[hadoop@master hadoop]$ /usr/local/src/hadoop/sbin/start-dfs.sh
[hadoop@master hadoop]$ /usr/local/src/hadoop/sbin/start-yarn.sh
#在 HDFS 的根目录下创建一个新的目录 bigdatacase,并在这个目录下创建一个子目录 dataset
[root@master dataset]# cd /usr/local/src/hadoop
[root@master dataset]# ./bin/hdfs dfs -mkdir -p /bigdatacase/dataset
#把 Linux 本地文件系统中的 user_table.txt 上传到分布式文件系统 HDFS 中
#存放在 HDFS 中的/bigdatacase/dataset 目录下
[root@master dataset]
#./bin/hdfs dfs -put /usr/local/src/bigdatacase/dataset/user_table.txt
/bigdatacase/dataset
```

下面可以查看一下 HDFS 中的 user_table.txt 的前 10 条记录：

```
[root@master hadoop]# ./bin/hdfs dfs -cat /bigdatacase/dataset/user_table.txt | head -10
```

结果如下：

1	10001082	285259775	1	4076	2014-12-08	河北
2	10001082	4368907	1	5503	2014-12-12	四川
3	10001082	4368907	1	5503	2014-12-12	新疆
4	10001082	53616768	1	9762	2014-12-02	山东
5	10001082	151466952	1	5232	2014-12-12	香港
6	10001082	53616768	4	9762	2014-12-02	江苏
7	10001082	290088061	1	5503	2014-12-12	宁夏
8	10001082	298397524	1	10894	2014-12-12	重庆市
9	10001082	32104252	1	6513	2014-12-12	广西
10	10001082	323339743	1	10894	2014-12-12	云南

21.6 进行查询操作

在数据库 dblab 中创建一个外部表 bigdata_user，它包含字段 id、uid、item_id、behavior_type、item_category、visit-date、province，在 hive 命令提示符下输入如下命令：

```
hive> CREATE EXTERNAL TABLE dblab.bigdata_user(id INT,uid STRING,item_id
STRING,behavior_type  INT,item_category   STRING,visit_date  DATE,province
STRING) COMMENT 'Welcome to xmu dblab!' ROW FORMAT DELIMITED FIELDS TERMINATED
BY '\t' STORED AS TEXTFILE LOCATION '/bigdatacase/dataset';
OK
Time taken: 5.606 seconds
```

若出现以上提示，则表示成功把 HDFS 中的/bigdatacase/dataset 目录下的数据加载到了数据仓库 Hive 中，现在可以使用下面的命令进行查询：

```
hive> select * from bigdata_user limit 10;
1    10001082    285259775    1    4076    2014-12-08    河北
2    10001082    4368907      1    5503    2014-12-12    四川
3    10001082    4368907      1    5503    2014-12-12    新疆
4    10001082    53616768     1    9762    2014-12-02    山东
5    10001082    151466952    1    5232    2014-12-12    香港
6    10001082    53616768     4    9762    2014-12-02    江苏
7    10001082    290088061    1    5503    2014-12-12    宁夏
8    10001082    298397524    1    10894   2014-12-12    重庆市
9    10001082    32104252     1    6513    2014-12-12    广西
10   10001082    323339743    1    10894   2014-12-12    云南
hive> select behavior_type from bigdata_user limit 10;
```

结果如下：

```
1
1
1
1
1
4
1
1
1
1
```

21.7 Ganglia 监控结果

21.7.1 基本指标

开启 Ganglia 后，其上的上传和查询操作中各节点的状态变化都能被监控到。下面先简单介绍一些基本指标。

cpu_aidle：自启动开始，CPU 空闲时间所占百分比。

cpu_idle：CPU 空闲，系统没有显著磁盘 I/O 请求的时间所占的百分比。

cpu_nice：以 user level、nice level 模式运行时的 CPU 占用率。

cpu_steal：管理程序在维护另一台虚拟处理器时，虚拟 CPU 等待实际 CPU 的时间的百分比。

cpu_system：系统进程对 CPU 的占用率。

cpu_user：以 user level 模式运行的 CPU 占用率。

cpu_wio：用于进程等待磁盘 I/O 而使 CPU 处于空闲状态的百分比。

21.7.2 上传操作前后集群状态的变化

打开 http://192.168.87.128/ganglia/，在进行上传操作前后，Ganglia 监控到的 Hadoop 中的 master 节点的状态如图 21.5 和图 21.6 所示。

图 21.5 上传操作前 master 节点的状态

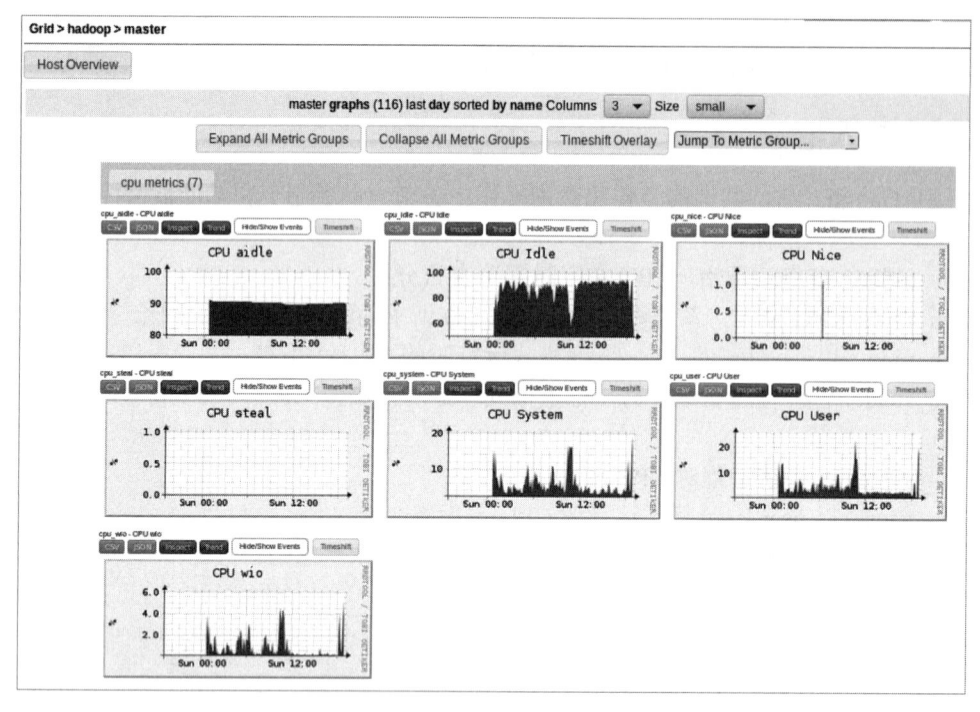

图 21.6　上传操作后 master 节点的状态

21.7.3　查询操作前后集群状态的变化

在进行查询操作前后，Ganglia 监控到的 Hadoop 中的 master 节点的状态如图 21.7 和图 21.8 所示。

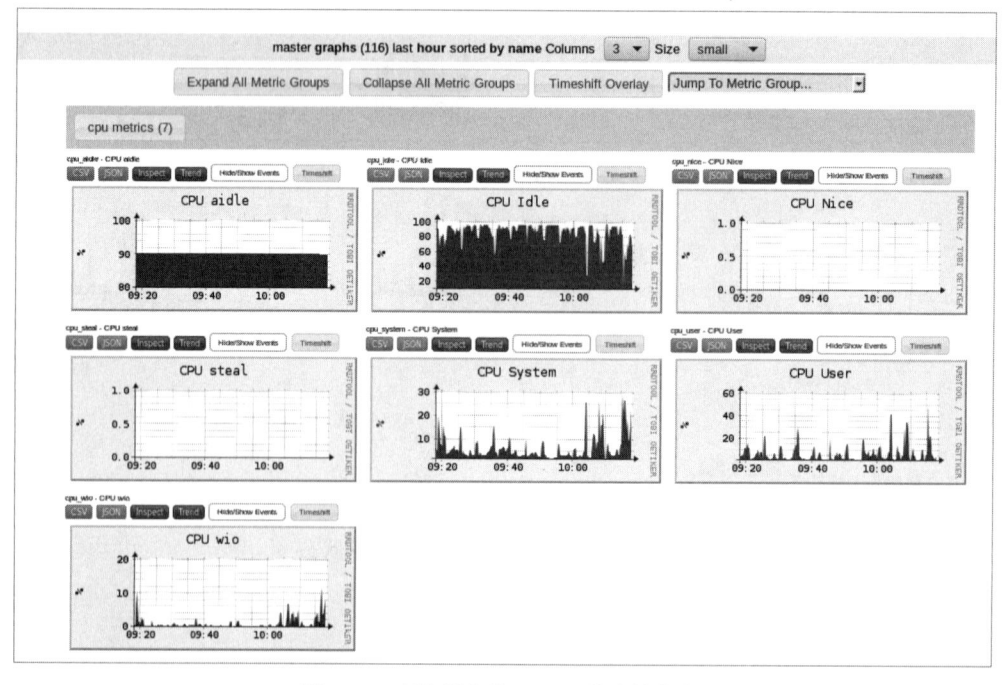

图 21.7　查询操作前 master 节点的状态

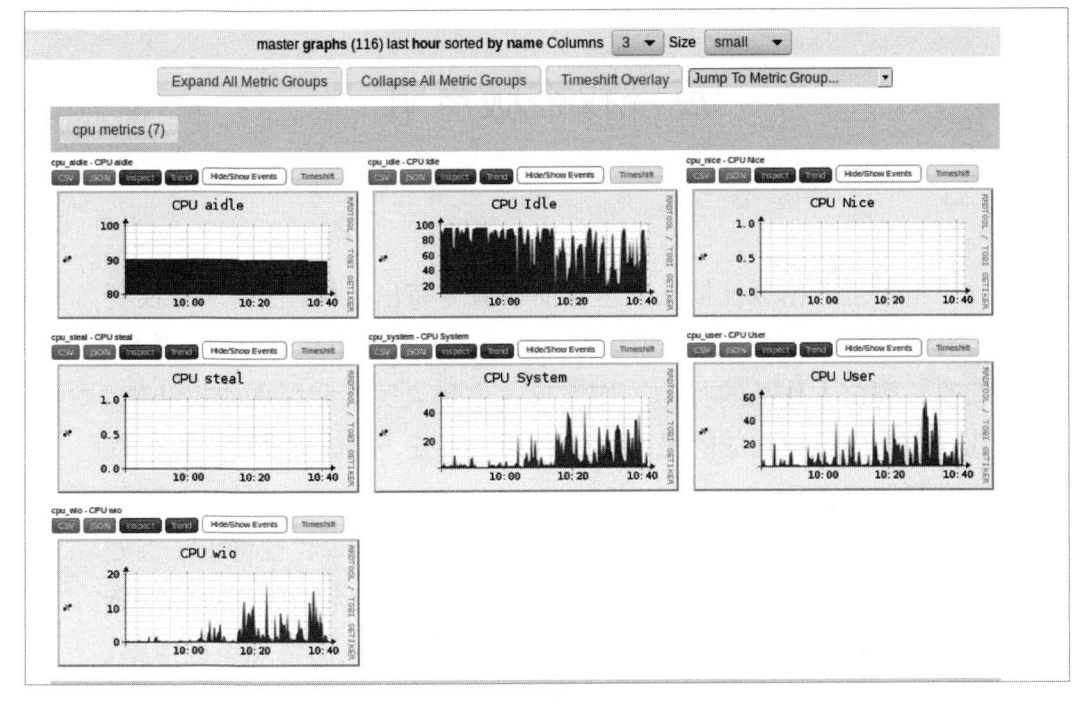

图 21.8　查询操作后 master 节点的状态

21.8　本章小结

本章通过 Ganglia 工具完成了监控大数据平台上传、查询网站用户行为数据中各主/从节点的状态的实验，读者可以利用相关数据进行分析练习。

反侵权盗版声明

电子工业出版社依法对本作品享有专有出版权。任何未经权利人书面许可，复制、销售或通过信息网络传播本作品的行为；歪曲、篡改、剽窃本作品的行为，均违反《中华人民共和国著作权法》，其行为人应承担相应的民事责任和行政责任，构成犯罪的，将被依法追究刑事责任。

为了维护市场秩序，保护权利人的合法权益，我社将依法查处和打击侵权盗版的单位和个人。欢迎社会各界人士积极举报侵权盗版行为，本社将奖励举报有功人员，并保证举报人的信息不被泄露。

举报电话：（010）88254396；（010）88258888
传　　真：（010）88254397
E-mail：dbqq@phei.com.cn
通信地址：北京市万寿路173信箱
　　　　　电子工业出版社总编办公室
邮　　编：100036